高等职业教育系列教材

数控车削编程与加工

主　编　赵剑庆　姚平喜
副主编　王永玲　徐善伟
参　编　曾　敏　祁美华　段良泽

机械工业出版社

本教材是基于企业生产任务编写的理虚实一体化教材，以职业能力培养为导向，精选八个典型零件生产任务，涵盖轴类零件、轴套类零件、多槽类零件、盘类零件、内外成形类零件、螺纹类零件和非圆曲面零件，循序渐进，递进安排。每个生产任务按照企业生产流程编排，即领取生产任务、知识准备、工作任务分析、编写零件加工程序、零件的仿真实战、零件的生产加工、工作任务评价、技能巩固，实现教、学、做一体化的教学模式。且以"共话空间"讨论的形式，真正落实德技并修的育人宗旨。

本教材依托"数控车削编程与加工"省级精品课程，助力线上线下混合式教学，以适应新时代大学生学习特点。本教材可作为高等职业院校本科和专科装备制造大类专业的教材，也可作为企业或培训机构的参考用书。

本教材配有动画、视频等资源，可扫描书中二维码直接观看，还配有授课电子课件、教学设计、试题、职业技能标准等，需要的教师可登录机械工业出版社教育服务网（www.cmpedu.com）免费注册后下载，或联系编辑索取（微信：13261377872，电话：010-88379739）。

图书在版编目（CIP）数据

数控车削编程与加工 / 赵剑庆，姚平喜主编．
北京：机械工业出版社，2024.10.--（高等职业教育系列教材）.-- ISBN 978-7-111-76518-9
Ⅰ.TG519.1
中国国家版本馆 CIP 数据核字第 2024TD2245 号

机械工业出版社（北京市百万庄大街 22 号　邮政编码 100037）
策划编辑：曹帅鹏　　　　　责任编辑：曹帅鹏　赵小花
责任校对：张亚楠　陈　越　责任印制：郜　敏
中煤（北京）印务有限公司印刷
2024 年 11 月第 1 版第 1 次印刷
184mm×260mm・17 印张・432 千字
标准书号：ISBN 978-7-111-76518-9
定价：69.00 元

电话服务　　　　　　　　网络服务
客服电话：010-88361066　机　工　官　网：www.cmpbook.com
　　　　　010-88379833　机　工　官　博：weibo.com/cmp1952
　　　　　010-68326294　金　书　网：www.golden-book.com
封底无防伪标均为盗版　　机工教育服务网：www.cmpedu.com

Preface 前 言

党的二十大报告指出，"培养造就大批德才兼备的高素质人才，是国家和民族长远发展大计"。数控技术是制造强国之基，培养更多高素质技术技能人才、能工巧匠、大国工匠，助力制造业迈向高端化、智能化、绿色化。为发挥提升数控技术技能人才培养质量的正向作用，切实有效提高数控教材质量十分必要。本书遵循技术技能人才成长规律，以立德树人为根本，以职业能力为导向，以生产任务为载体，以生产流程为主线，实行"知行合一、工学结合"育人模式，具有以下特点：

（1）精选企业生产任务，由简单阶梯轴到复杂椭圆盖，八个典型零件递进安排。每个任务的知识点与技能点，坚持"够用为度，实用为本"的原则，教学内容符合专业理论的学习规律和技能的形成规律。

（2）机械制造企业生产流程与教学过程有机融合。将制造工艺新方法，虚拟仿真技术，数控车加工新规范有机结合，每个项目按照生产流程分为领取生产任务、知识准备、工作任务分析、编写零件加工程序、零件的仿真实战、零件的生产加工、工作任务评价、技能巩固八个阶段，实现理虚实一体化教学，促使数控技术人才成长走上正轨。

（3）挖掘生产任务具备的"依法合规、劳模精神、工匠精神"的职业素养，将"安全规范、奋楫笃行、严谨细致、追求卓越"的思政元素由表及里地融入生产任务与生产流程。

（4）依托"数控车削编程与加工"省级精品课程，助力线上线下混合式教学，以适应新时代大学生学习特点。

本书由晋中职业技术学院赵剑庆、太原理工大学姚平喜任主编；晋中职业技术学院王永玲、徐善伟任副主编；山西职业技术学院曾敏，晋中职业技术学院祁美华，经纬智能纺织机械有限公司段良泽参与编写。其中，赵剑庆编写项目1，王永玲编写项目2，姚平喜编写项目3，祁美华编写项目4，曾敏编写项目5，段良泽和王永玲合编项目6，徐善伟编写项目7，赵剑庆和段良泽合编项目8，赵剑庆和王永玲合编附录，赵剑庆和姚平喜负责统稿工作。

尽管编者在本书的特色与创新建设方面做了诸多努力，但由于水平有限，书中仍可能存在疏漏之处，恳请读者提出宝贵意见。请将反馈信息发至邮箱429159625@qq.com，在此深表感谢！

编 者

Contents

目 录

前言

项目 1　阶梯轴的编程与加工 ………… 1

思维导学 ………………………………… 1
领取生产任务 …………………………… 2

任务 1.1　知识准备 …………………… 2
1.1.1　参观数控车间 …………………… 3
1.1.2　数控车床的编程基础 …………… 6
1.1.3　相关编程指令 …………………… 16

任务 1.2　数控车削加工工艺分析 …… 24
1.2.1　分析零件图样 …………………… 24
1.2.2　制定工艺方案 …………………… 24

任务 1.3　工作任务分析 ……………… 39
1.3.1　分析零件图样 …………………… 39
1.3.2　制定工艺方案 …………………… 39

任务 1.4　编写零件加工程序 ………… 42
1.4.1　数值计算 ………………………… 42
1.4.2　编写加工程序 …………………… 43

任务 1.5　宇龙数控加工仿真软件 …… 44
1.5.1　工作界面 ………………………… 44
1.5.2　操作面板功能 …………………… 45
1.5.3　系统面板功能 …………………… 47

任务 1.6　阶梯轴的仿真实战 ………… 49
1.6.1　加工准备 ………………………… 49
1.6.2　程序的输入与校验 ……………… 53
1.6.3　对刀设置 ………………………… 55
1.6.4　首件试切 ………………………… 63
1.6.5　零件的检测与质量分析 ………… 63

任务 1.7　认识数控车床面板 ………… 65
1.7.1　数控车床操作面板功能 ………… 65
1.7.2　数控车床系统面板功能 ………… 67

任务 1.8　阶梯轴的生产加工 ………… 69
1.8.1　加工准备 ………………………… 69
1.8.2　程序的输入与校验 ……………… 71
1.8.3　对刀设置 ………………………… 72
1.8.4　首件试切 ………………………… 74
1.8.5　零件的检测与质量分析 ………… 75
1.8.6　生产订单 ………………………… 75

工作任务评价 …………………………… 76

技能巩固 ·· 76
共话空间——"8S"管理 ····················· 77

项目 2　定位套的编程与加工 ························· 78

思维导学 ·· 78
领取生产任务 ····································· 79

任务 2.1　知识准备 ························· 79
2.1.1　套类零件的加工工艺 ················ 79
2.1.2　相关编程指令 ·························· 82

任务 2.2　工作任务分析 ···················· 90
2.2.1　分析零件图样 ·························· 90
2.2.2　制定工艺方案 ·························· 90

任务 2.3　编写零件加工程序 ············· 92
2.3.1　数值计算 ································· 92
2.3.2　编写加工程序 ·························· 94

任务 2.4　定位套的仿真实战 ············· 96
2.4.1　加工准备 ································· 97

2.4.2　程序的输入与校验 ··················· 98
2.4.3　对刀设置 ································· 99
2.4.4　首件试切 ······························· 103
2.4.5　零件的检测与质量分析 ··········· 103

任务 2.5　定位套的生产加工 ··········· 105
2.5.1　加工准备 ······························· 105
2.5.2　程序的输入与校验 ················· 106
2.5.3　对刀设置 ······························· 106
2.5.4　首件试切 ······························· 108
2.5.5　零件的检测与质量分析 ··········· 108
2.5.6　生产订单 ······························· 108

工作任务评价 ·································· 108
技能巩固 ·· 108
共话空间——榜样 ··························· 109

项目 3　液压阀芯的编程与加工 ····················· 110

思维导学 ·· 110
领取生产任务 ·································· 111

任务 3.1　知识准备 ······················· 111
3.1.1　槽的加工工艺 ························ 111
3.1.2　相关编程指令 ························ 116

任务 3.2　工作任务分析 ·················· 119
3.2.1　分析零件图样 ························ 119
3.2.2　制定工艺方案 ························ 120

任务 3.3　编写零件加工程序 ··········· 123
3.3.1　数值计算 ······························· 123

3.3.2　编写加工程序 ························ 124

任务 3.4　液压阀芯的仿真实战 ······· 126
3.4.1　加工准备 ······························· 127
3.4.2　程序的输入与校验 ················· 128
3.4.3　对刀设置 ······························· 129
3.4.4　首件试切 ······························· 129
3.4.5　零件的检测与质量分析 ··········· 129

任务 3.5　液压阀芯的生产加工 ······· 131
3.5.1　加工准备 ······························· 131
3.5.2　程序的输入与校验 ················· 131
3.5.3　对刀设置 ······························· 132

3.5.4　首件试切……………………132
3.5.5　零件的检测与质量分析………132
3.5.6　生产订单……………………132

工作任务评价………………………133
技能巩固……………………………133
共话空间——传承…………………133

项目 4　陀螺的编程与加工 …………………………………… 134

思维导学……………………………134
领取生产任务………………………135

任务 4.1　知识准备　135

任务 4.2　工作任务分析　136
4.2.1　分析零件图样………………136
4.2.2　制定工艺方案………………137

任务 4.3　编写零件加工程序　140
4.3.1　数值计算……………………140
4.3.2　编写加工程序………………141

任务 4.4　陀螺的仿真实战　144
4.4.1　加工准备……………………144
4.4.2　程序的输入与校验…………146

4.4.3　对刀设置……………………147
4.4.4　首件试切……………………155
4.4.5　零件的检测与质量分析……155

任务 4.5　陀螺的生产加工　157
4.5.1　加工准备……………………158
4.5.2　程序的输入与校验…………158
4.5.3　对刀设置……………………158
4.5.4　首件试切……………………162
4.5.5　零件的检测与质量分析……162
4.5.6　生产订单……………………162

工作任务评价………………………162
技能巩固……………………………162
共话空间——自信…………………163

项目 5　手柄的编程与加工 …………………………………… 164

思维导学……………………………164
领取生产任务………………………165

任务 5.1　知识准备　165

任务 5.2　工作任务分析　167
5.2.1　分析零件图样………………167
5.2.2　制定工艺方案………………167

任务 5.3　编写零件加工程序　170
5.3.1　数值计算……………………170
5.3.2　编写加工程序………………171

任务 5.4　手柄的仿真实战　172
5.4.1　加工准备……………………173
5.4.2　程序的输入与校验…………174
5.4.3　对刀设置……………………175
5.4.4　首件试切……………………175
5.4.5　零件的检测与质量分析……175

任务 5.5　手柄的生产加工　177
5.5.1　加工准备……………………177
5.5.2　程序的输入与校验…………178
5.5.3　对刀设置……………………178

5.5.4 首件试切 …………………………… 178	工作任务评价 …………………………… 179
5.5.5 零件的检测与质量分析 …………… 178	技能巩固 ………………………………… 179
5.5.6 生产订单 …………………………… 178	共话空间——逐梦 ……………………… 180

项目 6　酒杯的编程与加工 …………………………………………… 181

思维导学 ………………………………………… 181	6.3.4 首件试切 …………………………… 192
领取生产任务 …………………………………… 182	6.3.5 零件的检测与质量分析 …………… 192
任务 6.1　工作任务分析 ………………… 182	**任务 6.4　酒杯的生产加工** ……………… 194
6.1.1 分析零件图样 ……………………… 182	6.4.1 加工准备 …………………………… 195
6.1.2 制定工艺方案 ……………………… 183	6.4.2 程序的输入与校验 ………………… 195
任务 6.2　编写零件加工程序 …………… 186	6.4.3 对刀设置 …………………………… 196
6.2.1 数值计算 …………………………… 186	6.4.4 首件试切 …………………………… 196
6.2.2 编写加工程序 ……………………… 187	6.4.5 零件的检测与质量分析 …………… 196
任务 6.3　酒杯的仿真实战 ……………… 189	6.4.6 生产订单 …………………………… 196
6.3.1 加工准备 …………………………… 189	工作任务评价 …………………………… 196
6.3.2 程序的输入与校验 ………………… 191	技能巩固 ………………………………… 196
6.3.3 对刀设置 …………………………… 192	共话空间——精益求精 ………………… 197

项目 7　螺纹轴的编程与加工 ………………………………………… 198

思维导学 ………………………………………… 198	7.3.2 编写加工程序 ……………………… 217
领取生产任务 …………………………………… 199	**任务 7.4　螺纹轴的仿真实战** …………… 219
任务 7.1　知识准备 ……………………… 199	7.4.1 加工准备 …………………………… 220
7.1.1 螺纹的加工工艺 …………………… 199	7.4.2 程序的输入与校验 ………………… 221
7.1.2 相关编程指令 ……………………… 206	7.4.3 对刀设置 …………………………… 222
任务 7.2　工作任务分析 ………………… 213	7.4.4 首件试切 …………………………… 226
7.2.1 分析零件图样 ……………………… 213	7.4.5 零件的检测与质量分析 …………… 226
7.2.2 制定工艺方案 ……………………… 213	**任务 7.5　螺纹轴的生产加工** …………… 228
任务 7.3　编写零件加工程序 …………… 216	7.5.1 加工准备 …………………………… 228
7.3.1 数值计算 …………………………… 216	7.5.2 程序的输入与校验 ………………… 229
	7.5.3 对刀设置 …………………………… 229

7.5.4　首件试切 ………………………… 231
7.5.5　零件的检测与质量分析 ………… 231
7.5.6　生产订单 ………………………… 231

工作任务评价 …………………………… 232
技能巩固 ………………………………… 232
共话空间——创新 ……………………… 233

项目 8　椭圆盖的编程与加工 …………………………………………… 234

思维导学 ………………………………… 234
领取生产任务 …………………………… 235

任务 8.1　知识准备 …………………… 235
8.1.1　用户宏程序 ……………………… 235
8.1.2　知识拓展 ………………………… 241

任务 8.2　工作任务分析 ……………… 243
8.2.1　分析零件图样 …………………… 243
8.2.2　制定工艺方案 …………………… 244

任务 8.3　编写零件加工程序 ………… 248
8.3.1　数值计算 ………………………… 248

8.3.2　编写加工程序 …………………… 250

任务 8.4　椭圆盖的生产加工 ………… 252
8.4.1　加工准备 ………………………… 252
8.4.2　程序的输入与校验 ……………… 253
8.4.3　对刀设置 ………………………… 253
8.4.4　首件试切 ………………………… 253
8.4.5　零件的检测与质量分析 ………… 253
8.4.6　生产订单 ………………………… 254

工作任务评价 …………………………… 255
技能巩固 ………………………………… 255
共话空间——工匠 ……………………… 255

附录 ………………………………………………………………………… 256

附录 A　安全技术操作总则 …………… 256
附录 B　数控车床安全操作规程 ……… 257
附录 C　机械加工工艺守则总则 ……… 258
附录 D　数控车加工工艺守则 ………… 259

附录 E　数控车床的维护与保养 ……… 260
附录 F　设备点检卡（数控车）……… 261
附录 G　工作任务评价表 ……………… 262

参考文献 …………………………………………………………………… 264

项目 1　阶梯轴的编程与加工

思维导学

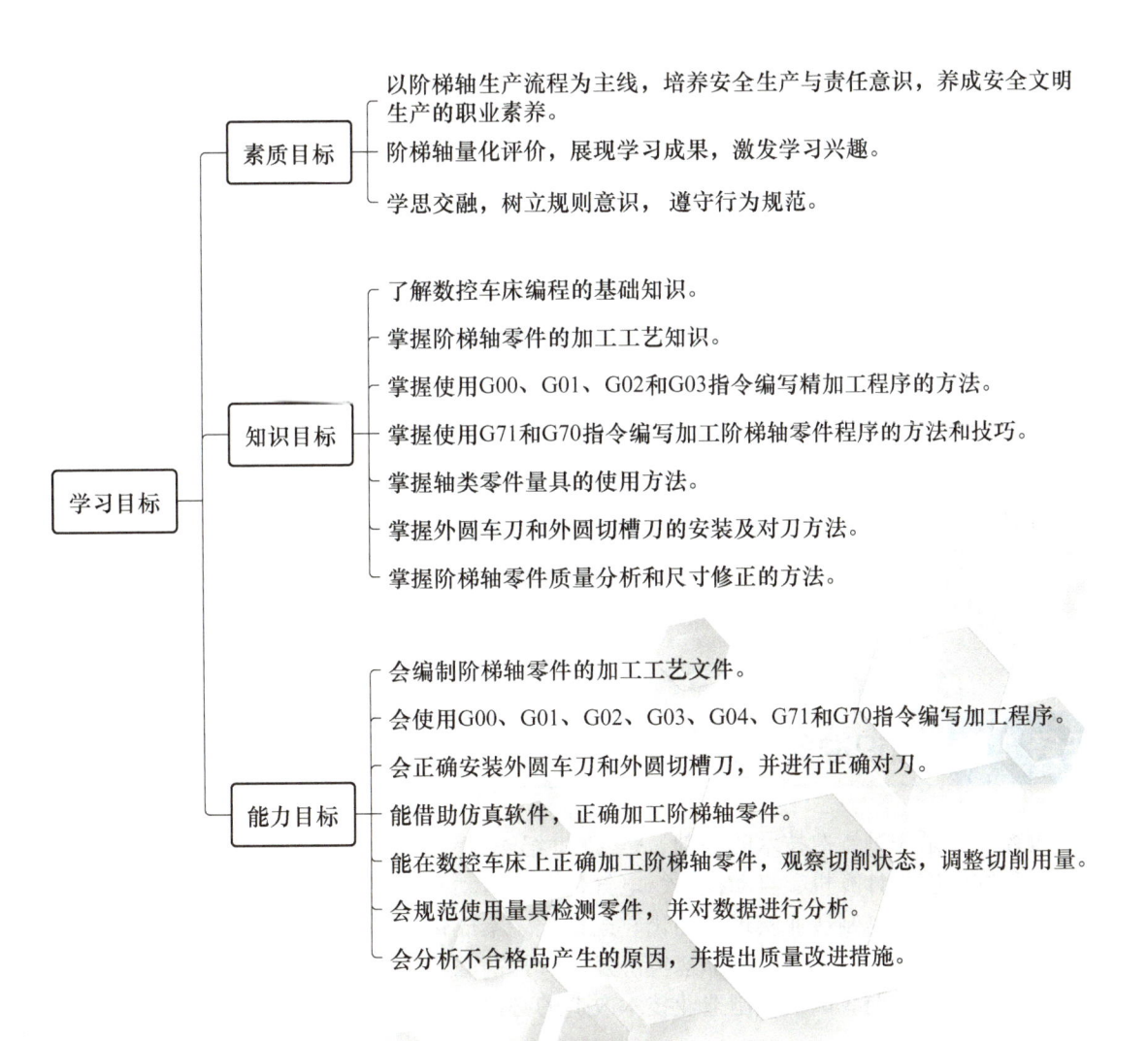

- **学习目标**
  - **素质目标**
    - 以阶梯轴生产流程为主线，培养安全生产与责任意识，养成安全文明生产的职业素养。
    - 阶梯轴量化评价，展现学习成果，激发学习兴趣。
    - 学思交融，树立规则意识，遵守行为规范。
  - **知识目标**
    - 了解数控车床编程的基础知识。
    - 掌握阶梯轴零件的加工工艺知识。
    - 掌握使用G00、G01、G02和G03指令编写精加工程序的方法。
    - 掌握使用G71和G70指令编写加工阶梯轴零件程序的方法和技巧。
    - 掌握轴类零件量具的使用方法。
    - 掌握外圆车刀和外圆切槽刀的安装及对刀方法。
    - 掌握阶梯轴零件质量分析和尺寸修正的方法。
  - **能力目标**
    - 会编制阶梯轴零件的加工工艺文件。
    - 会使用G00、G01、G02、G03、G04、G71和G70指令编写加工程序。
    - 会正确安装外圆车刀和外圆切槽刀，并进行正确对刀。
    - 能借助仿真软件，正确加工阶梯轴零件。
    - 能在数控车床上正确加工阶梯轴零件，观察切削状态，调整切削用量。
    - 会规范使用量具检测零件，并对数据进行分析。
    - 会分析不合格品产生的原因，并提出质量改进措施。

领取生产任务

机械制造厂数车生产班组接到一个阶梯轴零件的生产订单，如图 1-1 所示，来料毛坯为 $\phi 50\text{mm} \times 600\text{mm}$ 的 2A11 铝棒，加工数量为 10 件，工期为 1 天。

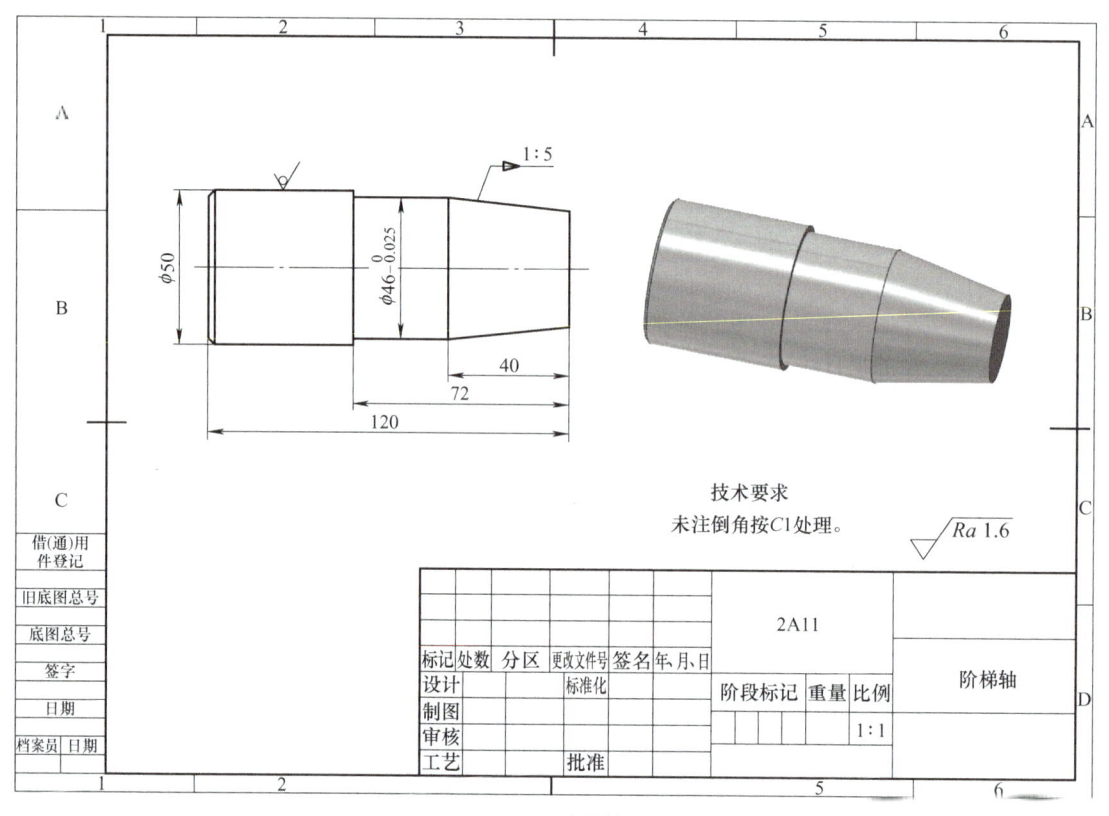

图 1-1 阶梯轴

任务 1.1 知识准备

数控技术是先进制造技术的基础，是 20 世纪 40 年代后期发展起来的一种自动化加工技术，是综合应用计算机、自动控制、电气传动、自动检测、精密机械制造和管理信息等高新技术的产物，是制造业实现自动化、柔性化、集成化生产的基础。大力发展以数控技术为核心的先进制造技术已成为加速经济发展、提高综合国力的重要途径。同样，发展数控加工技术也是当前我国机械制造业技术改造的必由之路，是未来工厂自动化的基础。

1. 数控的基本定义

（1）数控　数控即数字控制（Numerical Control，NC），是一种用数字化信号对控制对象进行自动控制的技术，简称数控。

（2）数控技术　数控技术也称计算机数控技术（Computerized Numerical Control，CNC），是一种采用计算机实现数字程序控制的技术，即用数字化信号发出指令并控制机器执行预定动作的技术。

（3）数控系统　数控系统即数字控制系统（Numerical Control System），是采用数控技术实现数字控制的一整套装置和设备。

（4）数控机床　数控机床（NC Machine）是装有数控系统，采用数字信息对机床运动及其加工过程进行自动控制的机床。

2. 数控机床的控制原理

将按照数控机床规定的指令代码及程序格式编写的程序输入数控系统，通过译码、刀补计算、插补计算来控制各坐标轴的运动，再通过 PLC 的协调控制，实现零件的自动加工。

1.1.1　参观数控车间

实地考察机械制造企业的数控生产车间，熟悉生产环境，了解安全操作规程，认识数控设备，了解数控加工。

1. 参观准备

"安全生产，人人有责"。所有人员必须认真贯彻落实"安全第一、预防为主、综合治理"的方针，严格遵守安全技术操作规程和各项安全生产规章制度。

（1）学习要求　学习《安全技术操作总则》（附录 A）和各项安全生产规章制度，并严格执行。

（2）安全防护要求　进入工作场所，必须按照劳动防护要求和现场安全要求穿戴好防护用品。戴好防护眼镜、安全帽，穿好工作衣；不准穿脚趾及脚跟外露的凉鞋、拖鞋；不准系领带或围巾；女生不准穿裙子，要把过长的发辫放入帽内；操作旋转机床时，严禁戴手套或敞开衣袖（襟）；尘毒作业人员在现场工作时，必须戴好防护口罩或面具；在可能引起爆炸的场所，不准穿能集聚静电的服装。

（3）纪律要求　严格听从带队教师和企业教师的安排，严禁在车间嬉戏、打闹。发现异常，应立即向带队教师和企业教师汇报，及时进行处理。

2. 参观数控加工车间

数控加工车间环境如图 1-2 所示。

图 1-2　数控加工车间环境

3. 认识数控加工车间设备

数控车床是目前使用最广泛的数控机床之一，其加工范围比普通车床大得多，主要用于加工轴类、盘类和套类等回转体零件。通过数控加工程序的运行，可自动完成内外圆柱面、圆锥面、成形表面、螺纹和端面等内容的切削加工，还能加工椭圆、抛物线等特殊曲面，并能进行车槽、钻孔、扩孔和铰孔等工作。数控车削中心和数控车铣中心可在一次装夹中完成更多的加工内容，提高加工精度和生产效率，特别适合于复杂形状回转类零件的加工。

（1）常用的数控系统　目前常用的数控系统有 FANUC（发那科）数控系统、SIEMENS（西门子）数控系统、HNC（华中）数控系统和 GSK（广州）数控系统等，每一种数控系统有多种型号。各种数控系统指令各不相同，即使同一数控系统的不同型号，其数控指令也略有不同，使用时应以数控机床使用说明书为准。

（2）数控车床的分类　数控车床的分类方法比较多，其中，按主轴位置分类的数控车床类别及特点见表 1-1；按控制方式分类的数控车床类别及特点见表 1-2；按数控系统功能分类的数控车床类别及特点见表 1-3。

表 1-1　按主轴位置分类的数控车床类别及特点

类别	图例	特点
立式数控车床		主轴轴线垂直于水平面，并配有回转工作台来装夹工件，主要用于加工径向尺寸较大、轴向尺寸相对较小的大型复杂回转类零件
水平导轨卧式数控车床		主轴轴线与导轨均处于水平位置，与普通车床类似，常见于经济型数控车床。主要用于加工径向尺寸较小的轴类、盘类和套类零件
倾斜导轨卧式数控车床		主轴轴线处于水平位置，导轨处于倾斜位置，机床刚性大，加工排屑方便，常见于全功能数控车床及车削加工中心。主要用于加工径向尺寸较小的轴类、盘类和套类等复杂零件

表 1-2　按控制方式分类的数控车床类别及特点

类别	特点
开环控制数控车床	开环控制系统中没有检测反馈装置，由步进电动机作为执行机构。数控装置经过控制运算发出脉冲信号，每一个脉冲信号使步进电动机转动一定的角度，通过滚珠丝杠推动工作台移动一定的距离。此类控制系统结构简单、调试方便、成本低，但是步进电动机的步距精度、工作频率以及传动机构的传动精度将影响被加工零件的精度，多应用于经济型数控车床或旧车床数控化改造上

(续)

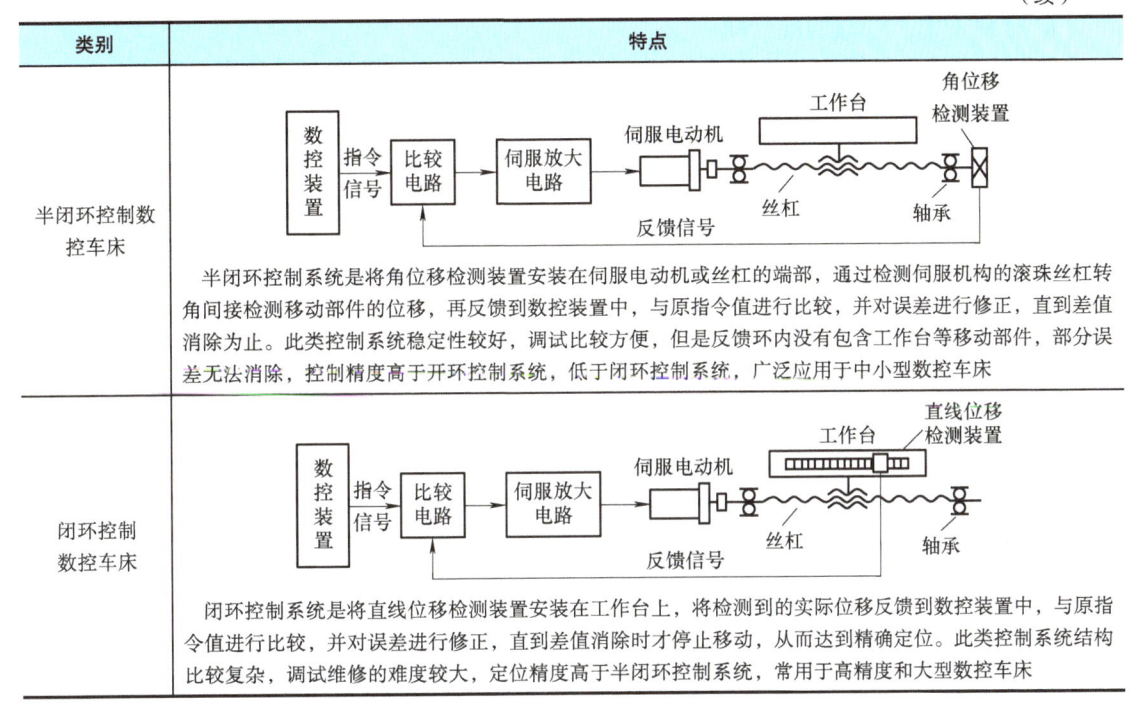

类别	特点
半闭环控制数控车床	半闭环控制系统是将角位移检测装置安装在伺服电动机或丝杠的端部，通过检测伺服机构的滚珠丝杠转角间接检测移动部件的位移，再反馈到数控装置中，与原指令值进行比较，并对误差进行修正，直到差值消除为止。此类控制系统稳定性较好，调试比较方便，但是反馈环内没有包含工作台等移动部件，部分误差无法消除，控制精度高于开环控制系统，低于闭环控制系统，广泛应用于中小型数控车床
闭环控制数控车床	闭环控制系统是将直线位移检测装置安装在工作台上，将检测到的实际位移反馈到数控装置中，与原指令值进行比较，并对误差进行修正，直到差值消除时才停止移动，从而达到精确定位。此类控制系统结构比较复杂，调试维修的难度较大，定位精度高于半闭环控制系统，常用于高精度和大型数控车床

表 1-3　按数控系统功能分类的数控车床类别及特点

类别	特点
经济型数控车床	此类属于低档数控车床，采用开环和半闭环控制系统。其结构与普通车床相似，结构简单、价格低廉，自动化程度和功能都比较差，加工精度不高，编程计算比较繁琐
全功能型数控车床	此类属于中档数控车床，采用半闭环和闭环控制系统。一般具有恒线速控制、刀尖圆弧半径补偿、固定循环、螺纹切削、图形显示及用户宏程序等功能，并且具有高刚度、高精度和高效率等特点，自动化程度和加工精度大幅提高
车削加工中心	在全功能型数控车床的基础上配备有刀库和换刀装置。卧式车削中心还具备铣削动力头和C轴功能，一次装夹可实现多工序复合加工，功能全面，但价格昂贵
FMC车削单元	车削柔性加工单元（FMC）是一个由数控车床和机器人等构成的柔性加工单元。能实现工件的搬运、装卸的自动化和加工调整准备的自动化

（3）数控车床的组成　数控车床主要由输入/输出装置、数控装置、伺服系统、辅助控制装置和机床本体等部分组成。

（4）数控车床的加工特点　数控车床加工的优点主要有以下六点：

① 适合形状复杂零件的加工。可实现多坐标联动，能加工形状复杂的零件，在汽车、造船、航空航天以及军事领域中被广泛地应用。

② 加工精度高，产品质量稳定，经济效益好。实现计算机控制，消除人为误差，零件加工一致性好，质量稳定可靠，总体成本下降，可获得良好的经济效益。

③ 高柔性，即加工对象改型的适应性强。当改变加工对象时，一般只需要重新制定工艺方案，编制数控程序，为单件、小批量以及试制新产品提供了极大的便利，不仅缩短了生产准备周期，而且节省了大量工艺装备费用。

④ 生产效率高。自动化程度高，有效提高了生产效率。

⑤ 可减轻劳动强度，改善劳动条件。
⑥ 有利于生产管理的现代化。

数控车床加工的缺点是投资大，生产准备工作复杂，对操作人员的素质要求较高，且维修困难。

（5）数控车床的主要加工对象　数控车床的主要加工对象包括：
① 多品种、小批量生产或新产品试制的零件。
② 精度要求高的回转体零件。
③ 表面质量要求高的回转体零件。
④ 轮廓形状复杂的回转体零件。
⑤ 特殊螺纹的回转体零件。
⑥ 淬硬零件的加工。对于形状复杂的零件经热处理后变形较大，此时可以以车代磨，提高加工效率。

4. 数控车床的维护与保养

设备操作人员按《数控车床安全操作规程》（附录 B）、《机械加工工艺守则总则》（附录 C）和《数控车加工工艺守则》（附录 D）进行操作，合理使用设备，按《数控车床的维护与保养》（附录 E），做好日常和定期的清洁、润滑保养工作。操作者逐步熟悉设备的结构、性能，掌握"三好""四会""五定"；对设备进行检查、清扫，使设备达到整齐、清洁、润滑和安全的状态；减少设备的磨损、清除设备事故隐患，排除一般故障，使设备处于正常状况，延长使用寿命。

（1）设备的三级保养　指设备的例行（日常）保养、一级保养和二级保养。
（2）操作人员要熟记"三好""四会""三不放过原则"及设备润滑"五定"守则。

5. 参观总结

经过实地考察，初步了解数控加工车间的生产环境、设备及其安全操作规程，写出参观总结报告。

1.1.2　数控车床的编程基础

1. 数控车床的坐标系

在数控机床上加工工件时，刀具与工件的相对运动是以数字的形式来体现的，因此必须建立相应的坐标系，才能明确刀具与工件的相对位置。

（1）机床坐标系与运动方向　为了保证数控机床的正确运动，简化程序的编制，并使所编程序具有互换性，ISO 标准和我国国家标准都规定了数控机床坐标轴及其运动方向。

1）机床相对运动的规定　为使编程人员在不考虑机床上工件与刀具具体运动的情况下，就可以根据零件图样确定车床的加工过程，规定：永远假定刀具相对于静止的工件坐标系运动。

2）标准坐标系的规定　在数控机床上加工零件时，为了确定机床的运动方向和移动距离，在机床上建立的坐标系就是标准坐标系，也称为机床坐标系。

标准的机床坐标系是一个右手笛卡儿直角坐标系，如图 1-3 所示。右手的拇指、食指、中指互相垂直，分别代表+X、+Y、+Z轴。围绕X、Y、Z轴旋转的坐标分别用A、B、C表示。

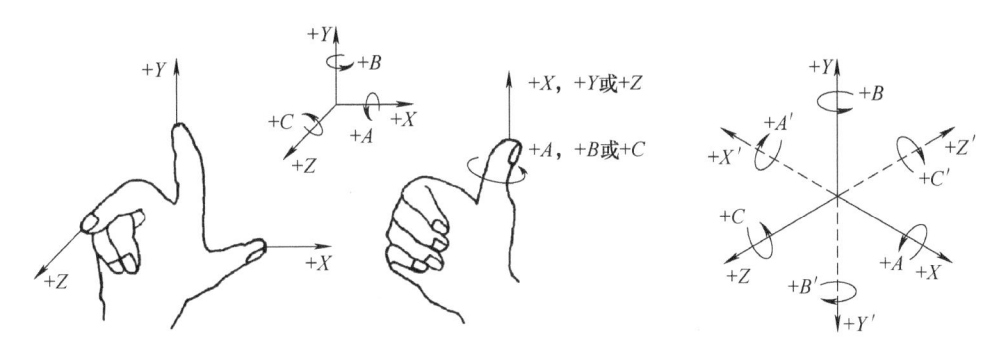

图 1-3 右手笛卡儿直角坐标系

3）运动方向的规定　机床某一部件运动的正方向，是增大刀具与工件之间距离的方向。

4）坐标轴方向的确定　一般是先确定Z轴，再确定X轴，最后确定Y轴。

① Z轴　Z轴由传递切削力的主轴所决定，与主轴轴线平行的坐标轴即为Z轴。

② X轴　X轴平行于工件的装夹面，一般在水平面内，且垂直于Z轴。X坐标是在刀具或工件定位平面内运动的主要坐标。

数控车床有前置刀架和后置刀架两种。后置刀架是指X轴正方向远离操作者，适用于斜床身或平床身（斜导轨）的卧式数控车床，刀架位于工件后方，如图1-4a所示；前置刀架是指X轴正方向靠近操作者，适用于平床身（水平导轨）的卧式数控车床，刀架位于工件前方，如图1-4b所示。为适应笛卡儿坐标习惯，编程加工时一般按后置式。

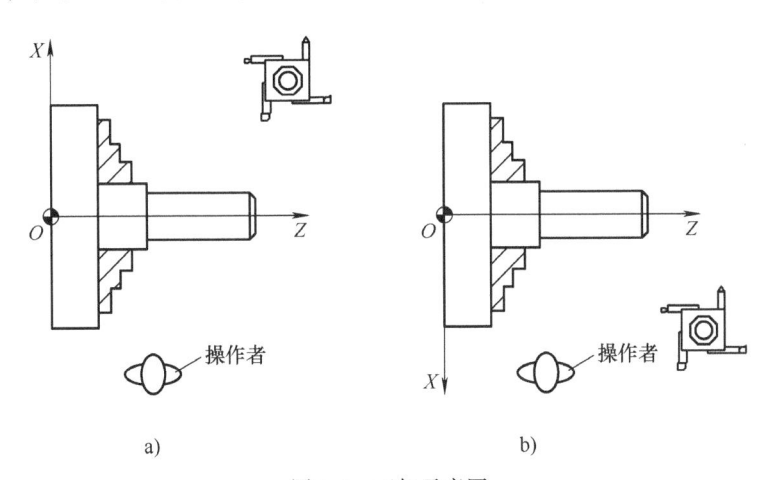

图 1-4 刀架示意图
a）后置刀架　b）前置刀架

③ Y轴　Y轴垂直于X轴、Z轴，其运动的正方向根据X轴和Z轴的正方向，按照右手笛卡儿直角坐标系来确定。

④ 旋转坐标A、B、C　其正方向用右手螺旋定则确定。大拇指的指向为X、Y、Z坐标中任意轴的正方向，其余四指的旋转方向即为旋转坐标A、B、C的正方向。

（2）机床坐标系　机床坐标系又称为机械坐标系，是机床上固有的坐标系，是机床制造和调整的标准,也是工件坐标系设定的标准。机床坐标系是通过机床出厂时预先在机床上设定的一固定点来建立的。

1)机床原点　机床原点又称机械原点,是机床坐标系的原点。该点是机床上设置的一个固定点,是数控机床进行加工运动的基准参考点。数控车床的机床原点一般取在卡盘后端面与主轴轴线的交点处,如图 1-5 所示的 O 点。

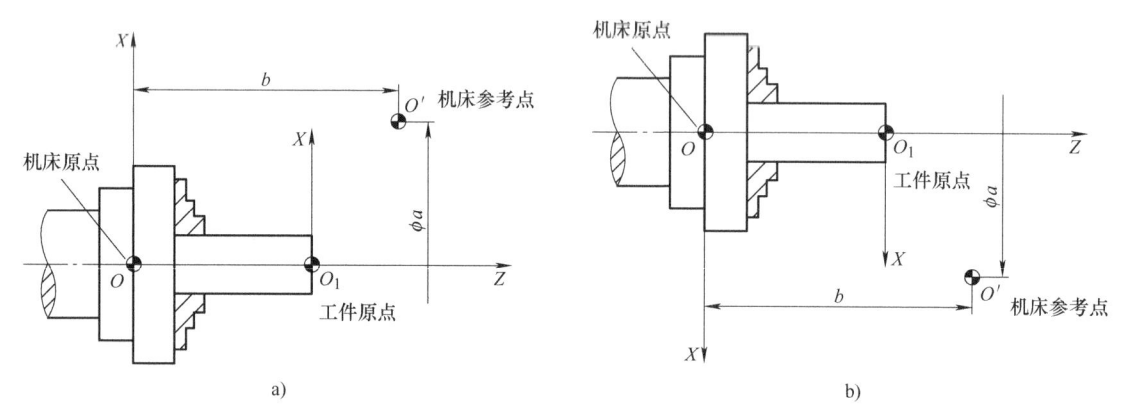

图 1-5　数控车床的机床坐标系
a)刀架后置式　b)刀架前置式

2)机床参考点　机床参考点是用于对机床运动进行检测和控制的固定位置点。其位置是由机床制造厂家在每个进给轴上用限位开关精确调整好的,坐标值已经输入到数控系统中,因此参考点对机床原点的坐标是一个已知数。数控车床的机床参考点是离机床原点最远的极限点,如图 1-5 所示的 O' 点。

对于需要返回参考点操作的机床,开机时,应首先进行返回参考点操作。通过确认参考点,即可确定机床原点,刀具或工作台的移动才有基准。

(3)编程坐标系(工件坐标系)　编程坐标系又称工件坐标系,是编程人员根据零件图样及加工工艺等建立的坐标系。

1)编程原点　编程原点又称工件原点或加工原点,是编程(工件)坐标系的原点。

2)编程坐标系(工件坐标系)方向的选择　为保证编程与机床加工的一致性,编程坐标系(工件坐标系)的方向必须与机床坐标系保持一致,应是右手笛卡儿直角坐标系。

(4)加工坐标系　加工坐标系是指以确定的加工原点为基准建立的坐标系。

1)加工原点　加工原点是指工件被装夹好后,相应的编程原点在机床坐标系中的位置。

2)选择工件原点(加工原点或编程原点)的一般原则:

① 尽量选在零件图样的尺寸基准或工艺基准上,这样便于坐标值的计算,减少错误。

② 尽量选在尺寸精度和表面质量要求高(表面粗糙度值低)的工件表面上,以提高被加工零件的加工精度和同一批零件的一致性。

③ 能使工件方便地装夹和检测。

总之,数控车床的工件原点,一般设在工件装夹后的右端面与主轴轴线的交点上,如图 1-5 所示的 O_1 点。

（5）刀位点、对刀点及换刀点的确定　在工件加工前，必须通过对刀来建立机床坐标系和工件坐标系的位置关系。所谓对刀，就是使刀具的刀位点和对刀点重合的操作。

1）刀位点　刀位点是指刀具的定位基准点，也就是指在程序编制中，用于表示刀具特征的点，是对刀和加工的基准点。车削加工常用刀具的刀位点如图1-6所示。

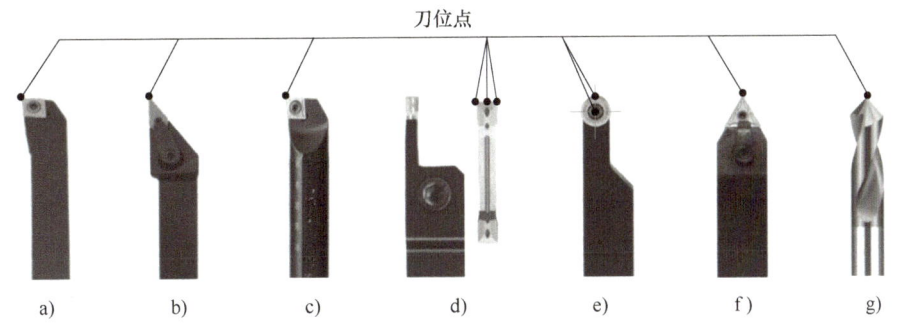

图1-6　车削加工常用刀具的刀位点

a）外圆车刀　b）菱形车刀　c）内孔镗刀　d）切槽刀　e）圆弧车刀　f）螺纹车刀　g）钻头

2）对刀点　对刀点是指通过对刀确定刀具与工件相对位置的基准点。

3）换刀点　换刀点是指换刀时刀架所在的位置，即在编制需要多把刀具加工的程序中，为了防止换刀时刀具与工件、夹具、尾座等部位发生干涉、碰撞而设定的一个安全位置。

2. 数控编程的内容

编制程序是数控加工的一项重要工作，理想的加工程序不仅应保证加工出符合图纸要求的合格零件，同时，也应能使数控车床安全可靠且高效地工作。

零件加工程序的编制，是根据零件图样的要求，通过对零件图的分析，把零件的加工工艺路线、工艺参数、刀具的运动轨迹、位移量、切削参数以及辅助动作，按照数控车床规定的指令代码及程序格式编写成加工程序，输入到数控装置中，从而控制数控车床加工零件。

数控程序的编制分为五个步骤，一般包括以下方面的内容：

（1）分析零件图样，制定工艺方案　首先根据零件图，分析零件的材料、形状、尺寸、精度及毛坯形状和热处理要求等，明确加工的内容和要求。然后选择合适的数控机床，拟定零件的加工方案，确定加工顺序、进给路线（走刀路线）、装夹方案、刀具类型及合理的切削用量等。再填写相关的工艺文件，如数控加工刀具卡、数控加工工序卡等。工件的装夹次数应尽可能少，加工路线尽可能短，要正确选择对刀点、换刀点，减少换刀次数，在保证加工质量的前提下，降低加工成本，提高加工效率。

（2）数值计算　根据零件的几何尺寸、加工路线和允许的编程误差等，计算刀具中心运动轨迹，以获得刀位数据。

对于加工由圆弧和直线组成的较简单的平面零件，只需要计算出零件轮廓上相邻几何元素交点或切点的坐标值，得出各几何元素的起点、终点、圆弧的圆心坐标值等，就能满足编程要求。对于加工几何形状复杂（如非圆曲线、曲面组成）的零件，一般需要使用计算机绘图软件（如AutoCAD、CAXA、UG NX、Creo等）辅助完成数值计算。

（3）编写加工程序　使用数控系统规定的功能指令代码及程序段格式，编写加工程序。

（4）输入加工程序　可以直接通过系统面板上的键盘手工输入，也可通过串行接口 RS-232 或计算机 DNC 通信接口传输的方式输入到数控系统中。

（5）程序校验与首件试切　在正式加工之前，必须对程序进行校验和首件试切。

① 程序校验　通常可采用机床空运行的方式，检查机床动作和运动轨迹的正确性。在具有图形模拟显示功能的数控机床上，通过显示走刀轨迹或模拟刀具对工件的切削过程，对程序进行校验。这些方法只能检验出运动是否正确，不能检验被加工零件的加工精度。

② 首件试切　对于形状复杂和要求高的零件，也可采用铝件、塑料或石蜡等易切削材料进行试切来校验程序。通过检查试件，不仅可以确认程序是否正确，还可以知道加工精度是否符合要求。若采用与被加工零件相同的材料进行试切，则更能反映实际的加工效果。当试切的零件不符合加工技术要求时，应分析误差产生的原因，采取相应措施，加以修正。

3. 数控编程的方法

数控编程的方法有手工编程和自动编程两种。手工编程是自动编程的基础，自动编程中许多核心经验都来源于手工编程，二者相辅相成。

（1）手工编程　手工编程是指从分析零件图样、制定工艺方案、数值计算、编写零件加工程序、加工程序的输入到程序校验与首件试切等各步骤主要由人工完成的编程方法。

手工编程具有及时、快速、经济的特点，适用于几何形状简单，计算量小，程序段不多，编程易于实现的场合。

（2）自动编程　自动编程是指在程序编制过程中，除了分析零件图样和制定工艺方案由人工进行外，其余工作由计算机软件辅助完成的编程方法。

自动编程可以提高编程效率，有效解决手工编程无法解决的编程难题，适用于几何形状复杂的零件，尤其是由非圆曲线、空间曲线及曲面组成的零件，或计算工作量大而繁琐，又容易出错的场合，必须采用自动编程。

4. 数控程序的结构与格式

（1）编程的基本术语　编程的基本术语就是指字符和代码。

1）字符（Character）是机器能进行存储或传送的记号，也是加工程序的最小组成单位。常规加工程序用的字符有四类，分别是字母（26 个大写英文字母 A～Z，表示地址符）、数字（0～9 共 10 个阿拉伯数字及小数点）、数学运算符号[正（+）号和负（-）号]和功能字符[程序段结束符（;）、程序跳段符（/）等]。

2）代码由字符组成，数控机床功能代码有国际标准化组织（ISO）制定和美国电子工业协会（EIA）制定两种标准。我国根据 ISO 标准制定了相应的标准，规定新产品一律采用 ISO 代码。但目前数控机床种类较多，系统类型也各有不同，其所用的代码、指令及其含义也不完全相同，因此，编程时必须按照数控机床说明书中的编程规定执行。

（2）程序的结构　一个完整的程序都是由程序号、程序内容和程序结束三部分组成的。程序内容由若干程序段组成，程序段由若干字组成，每个字由字母和数字组成。如图 1-7 所示为一个阶梯轴的零件图，该阶梯轴的精加工参考程序 O0107 见表 1-4。

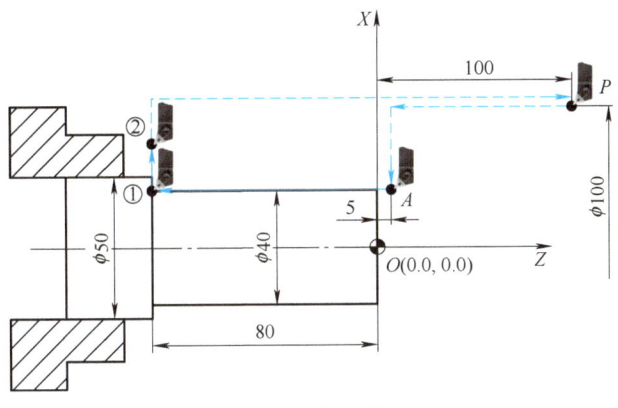

图 1-7 阶梯轴

表 1-4 阶梯轴零件的精加工程序

程序段号	程序	程序说明	程序组成	
	O0107;	程序号	程序号	
N10	G21 G40 G97 G99;	程序初始化	程序头	程序内容
N20	T0101 S1200 M03;	换1号刀，调用1号刀补，主轴以每分钟1200转正转，精加工外轮廓		
N30	G00 X100.0 Z100.0;	快速移动到1号刀的安全点 P		
N40	G00 Z5.0;	快速移动到切削起点 A 的 Z 坐标		
N50	X40.0;	快速移动到切削起点 A 的 X 坐标	零件轮廓程序	
N60	G01 X40.0 Z-80.0 F0.1;	直线插补到 φ40mm 外圆的终点①		
N70	X52.0 Z-80.0;	退刀到距离外圆 X 坐标 2mm 处退刀点②		
N80	G00 X100.0;	快速返回到安全点 P 的 X 坐标	程序尾	
N90	Z100.0;	快速返回到安全点 P 的 Z 坐标		
N100	M05;	主轴停止		
N110	M30;	程序结束	程序结束	

1）程序号　程序号是零件加工程序的代号，是加工程序的识别标记。不同程序号对应着不同零件的加工程序，且必须放在程序的开头，并单独占一行，包括主程序号和子程序号。在 FANUC 系统中，采用英文字母"O"开头加4位数字组成，如 O0110。程序号 O9999、O0000 在数控系统中通常有特殊的含义，编程时应尽量避免使用。

2）程序内容　程序内容是程序的核心，由程序段组成，表示数控机床要完成的全部动作。每个程序段由若干字和程序段结束符构成，如"N60 G01 X40.0 Z-80.0 F0.1;"。在书写程序段时，每个程序段一般占一行，在屏幕显示程序时也是如此。

3）程序结束　以程序结束指令 M02 或 M30 结束程序，常用 M30 结束程序。

（3）程序段格式　程序段格式是指一个程序段中字、字符和数据的书写格式，常用的字-地址可变程序段格式见表1-5，程序字与地址符的说明见表1-6。

表 1-5　字 – 地址可变程序段格式

1	2	3	4	5	6	7	8	9	10	11
N __	G __	X __ U __ P __	Y __ V __ Q __	Z __ W __ R __	I __ J __ K __ R __	M __	S __	F __	T __	;
程序段号	准备功能字	尺寸字				辅助功能字	主轴功能字	进给功能字	刀具功能字	结束代码

表 1-6　程序字与地址符的说明

序号	功能字	地址符	说明
1	程序段号	N	用于识别程序段的编号，位于程序段之首，由地址 N 和后面的若干位数字构成，如"N100"。只起一个标记的作用，用于程序的校对、检索和修改。加工时按程序段的先后顺序执行，与程序段号无关
2	准备功能字	G	机床或数控系统建立起某种加工方式的指令
3	尺寸字	X、Y、Z、U、V、W、P、Q、I、J、K、R	用于确定加工时刀具运动的坐标位置
4	进给功能字	F	用于指定切削进给量，单位为 mm/min 和 mm/r
5	主轴功能字	S	用于指定线速度或主轴转速
6	刀具功能字	T	用于指定加工所用刀具和刀具补偿号
7	辅助功能字	M	表示机床操作时各种辅助动作及其状态
8	结束代码	;	写在每一段程序之后，表示程序段结束

5. 数控车床的系统功能代码

不同的数控系统，其指令的功能也不同，编程时需要参考机床使用说明书。本书以 FANUC 0i Mate 系统数控车床为例。

（1）准备功能　准备功能又称 G 代码，是使机床或数控系统建立起某种加工方式的指令。由地址 G 和后面的两位数字构成，从 G00 ~ G99 共 100 种。FANUC 0i Mate 系统数控车床常用准备功能 G 代码见表 1-7。

表 1-7　常用准备功能 G 代码

G 代码	组别	功能	G 代码	组别	功能
* G00	01	快速点定位（快速进给）	G20	06	寸制（英制）输入
G01		直线插补（切削进给）	G21		米制（公制）输入
G02		顺时针圆弧插补	G32	01	单一螺纹切削
G03		逆时针圆弧插补	* G40	07	刀尖圆弧半径补偿取消
G04	00	暂停	G41		刀尖圆弧半径左补偿
G17	16	XY 平面选择	G42		刀尖圆弧半径右补偿
* G18		ZX 平面选择	G50	00	坐标系设定
G19		YZ 平面选择			主轴最高转速限制

(续)

G 代码	组别	功能	G 代码	组别	功能
G96	02	恒线速控制	G70	00	精加工循环（G71、G72、G73 完成粗加工后的精加工）
*G97		恒转速控制（恒线速取消）			
G98	05	每分钟进给量（mm/min）	G71		内/外圆粗车复合循环
*G99		每转进给量（mm/r）	G72		端面粗车复合循环
G65	00	宏程序调用	G73		仿形（封闭）复合切削循环
G66	12	宏程序模态调用	G74		端面切槽（钻孔）复合循环
*G67		宏程序模态调用取消	G75		径向切槽（钻孔）复合循环
G90	01	内/外圆切削单一固定循环	G76		螺纹切削复合循环
G92		螺纹切削单一固定循环			
G94		端面切削单一固定循环			

准备功能 G 代码使用说明：

1）说明　表 1-7 中标有 * 的代码为数控系统通电后的代码。

2）分组　G 代码按其功能的不同分为若干组。指令分组就是将系统中不能同时执行的指令分为一组。不同组的 G 代码在同一个程序段中可以出现多个，但同一组的 G 代码在同一个程序段中如果出现两个或两个以上时，最后的 G 代码有效，有的数控机床会出现报警。

3）分类　G 代码分为模态代码和非模态代码两类。模态代码又称为续效代码，即一次指定后持续有效，直到被同组其他代码所取代；非模态代码又称为非续效代码，只在本程序段内有效。00 组的 G 代码为非模态代码，其他各组中的 G 代码均为模态代码。

（2）辅助功能　辅助功能又称 M 代码，表示机床操作时的各种辅助动作及其状态，靠继电器的得、失电来实现其控制过程，由地址 M 和后面的两位数字构成，常用的 M 代码见表 1-8。

表 1-8　常用的 M 代码

M 代码	功能	M 代码	功能
M00	程序暂停	M08	切削液开
M01	计划暂停	M09	切削液关
M02	程序结束	M30	程序结束，返回起始位置
M03	主轴正转（顺时针方向旋转）	M98	子程序调用
M04	主轴反转（逆时针方向旋转）	M99	子程序结束，返回主程序
M05	主轴停止		

辅助功能 M 代码使用说明：

1）程序暂停 M00　执行 M00 指令，将停止机床所有的动作，重新按下"循环启动"按钮，可使程序继续运行。该指令用于自动加工过程中临时停车，方便操作者进行工件的尺寸测量、刀具更换及工件的掉头装夹等操作。M00 指令适用于单件加工。

2）计划暂停 M01　该指令与 M00 作用相似，不同的是执行 M01 指令前，需先按下机床操作面板上的"选择停"按钮，M01 指令才有效。M01 指令适用于大批量的零件加工。

3）程序结束 M02　执行 M02 指令，将终止程序的执行，但不会回到程序的起始位置，需要按下控制面板上的"RESET"复位键才可返回。

4）程序结束 M30　执行 M30 指令，将终止程序的执行，并返回到程序的起始位置。

（3）主轴功能　主轴功能又称 S 代码，用于指定线速度或主轴转速，由地址 S 和其后的数字构成。分为恒线速控制和恒转速控制两种方式。

1）恒线速控制 G96　指令格式：G96 S __；

S 后面的数字表示恒定的线速度，单位为 m/min。例如："G96 S260；"表示切削点线速度控制在 260m/min。

在使用 G96 方式加工端面、锥面和圆弧面时，当刀具接近工件旋转中心时，主轴的转速会越来越高，会因离心力过大而产生危险，甚至超过额定转速，影响机床的使用寿命。因此，采用恒线速控制指令 G96 时，必须限制主轴最高转速。

2）主轴最高转速限制 G50　指令格式：G50 S __；

S 后面的数字表示最高转速，单位为 r/min。例如："G50 S3000；"表示主轴最高转速限制为 3000r/min。

当车削端面或工件直径变化较大时，为了保证车削表面质量一致性，常使用恒线速控制指令 G96，并配合使用主轴最高转速限制指令 G50。

【例 1-1】如图 1-8 所示的零件，为保持 A、B、C 点的线速度控制在 200m/min，求各点在加工时的主轴转速。

解：$\because v_c = \pi D n / 1000 \quad \therefore n = 1000 v_c / \pi D$

$n_A = 1000 v_c / \pi D_A = 1000 \times 200 \div (3.14 \times 30) \approx 2123 \, r/min$

$n_B = 1000 v_c / \pi D_B = 1000 \times 200 \div (3.14 \times 50) \approx 1274 \, r/min$

$n_C = 1000 v_c / \pi D_C = 1000 \times 200 \div (3.14 \times 60) \approx 1062 \, r/min$

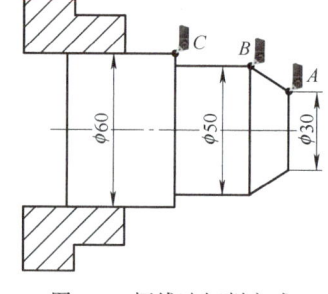

图 1-8　恒线速切削方式

3）恒转速控制（恒线速取消）G97　指令格式：G97 S __；

S 后面的数字表示恒线速度控制取消后的主轴转速，单位为 r/min。如 S 未指定，将保留 G96 的最终值。例如："G97 S3000；"表示恒转速为 3000r/min。

恒转速控制一般在车螺纹或车削工件直径变化不大的场合使用。

（4）进给功能　进给功能又称 F 代码，用于指定切削进给量，由地址 F 和后面若干位数字构成，在程序中有每分钟进给量 G98 和每转进给量 G99 两种使用方法。

1）每分钟进给量 G98　指令格式：G98 F __；

F 后面的数字表示主轴每转一分钟刀具沿进给方向移动的距离，单位为 mm/min，如图 1-9a 所示。例如："G98 F100；"表示切削进给量为 100mm/min。

2）每转进给量 G99　指令格式：G99 F __；

F 后面的数字表示主轴每转一转刀具沿进给方向移动的距离，单位为 mm/r，如图 1-9b 所示。例如："G99 F0.2；"表示切削进给量为 0.2mm/r。

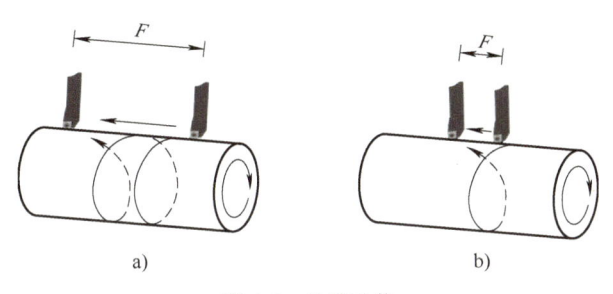

图 1-9 进给功能

a) 每分钟进给量 G98 b) 每转进给量 G99

（5）刀具功能 刀具功能又称 T 代码，用于指定加工所用刀具和刀具参数，由地址 T 和其后面的四位数字构成，前两位是刀具号，后两位是刀具补偿号。

指令格式：T __ ;

刀具号从 01～04；刀具补偿号从 00～16，其中 00 表示取消某号刀的刀具补偿。通常用同一编号指定刀具号和刀具补偿号，以减少编程时的错误。例如："T0303;" 表示换 3 号刀并调用 3 号刀具补偿值。

6. 数控车床的编程特点

（1）直径编程方式 由于被加工零件的径向尺寸在图样上和测量时都是以直径表示的，因此，在编写车削加工程序时，X 值取零件图样上的直径值。

编程方式可由指令指定，也可由参数设定，一般默认直径方式。如图 1-10 所示，图中 A 点的坐标值为（40.0，5.0），P 点的坐标值为（100.0，100.0）。

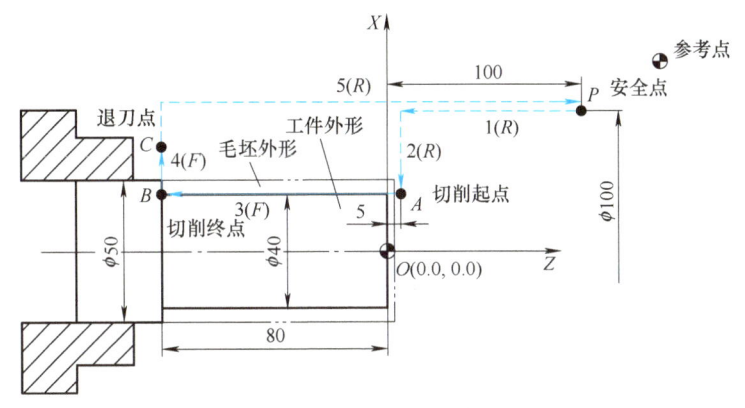

图 1-10 进刀和退刀方式

（2）绝对坐标与增量坐标编程 数控编程一般都是按照组成图形的线段或圆弧端点的坐标来进行的，可以采用绝对坐标编程、增量坐标编程或二者混合编程。

绝对坐标（X，Z）：指令轮廓终点坐标相对于工件原点给出的绝对坐标值。

增量坐标（U，W）：又称相对坐标，指令轮廓终点坐标相对于前一点的坐标增量。

（3）进刀和退刀方式 对于车削加工，进刀时采用快速移动到达工件切削起点，再改用切削进给，以减少空走刀的时间，提高加工效率。退刀时，采用切削进给沿轮廓延长线退出至工件附近，再快速退刀，如图 1-10 所示。外圆车刀一般先退 X 轴，再退 Z 轴。

切削起点的确定与工件毛坯余量大小有关，应以刀具快速移动到该点时刀尖不与工件发生碰撞为原则。

（4）刀尖圆弧半径补偿功能　使用刀尖圆弧半径补偿指令 G40/G41/G42，可以自动修正刀具的安装误差、刀具磨损和自动进行刀尖圆弧半径的补偿。在编程时，可直接按工件轮廓尺寸进行。

（5）固定循环功能　由于车削加工常用棒料或锻件作为毛坯，加工余量较大，加工时需要多次走刀，FANUC 系统为了简化编程而配备了固定循环功能，包括单一固定循环指令和多重复合循环指令，主要有内/外圆、端面、成形面的粗/精加工指令，还有螺纹加工、内外沟槽及端面槽的加工指令。

1.1.3　相关编程指令

1. 单位设定指令　米制 G21/ 寸制 G20

该指令用于设定单位是使用米制还是寸制。G21/G20 指令格式、参数含义及使用说明见表 1-9。

表 1-9　G21/G20 指令格式、参数含义及使用说明

类别	内容
指令格式	G21/G20
参数含义	（1）G21　米制（公制）输入（毫米） （2）G20　寸制（英制）输入（英寸）
使用说明	（1）必须在程序的开头用一个独立的程序段指定 G20 或 G21，才能输入坐标尺寸 （2）当系统通电后，NC 保留前次关机时的 G20 或 G21 （3）在程序执行过程中不能转换 （4）FANUC 系统需使用小数点输入数字，用于输入距离、速度或角度。小数点表示毫米、英寸、度数或秒

2. 平面选择指令 G17/G18/G19

该指令用于选择圆弧插补平面和刀具半径补偿平面。G17/G18/G19 指令格式、参数含义及使用说明见表 1-10。

表 1-10　G17/G18/G19 指令格式、参数含义及使用说明

类别	内容
指令格式	G17/G18/G19
参数含义	（1）G17—XY 平面选择 （2）G18—ZX 平面选择 （3）G19—YZ 平面选择 卧式数控车床的默认平面为 G18 （4）G17/G18/G19 为模态指令，可相互取消

3. 快速点定位指令 G00

该指令使刀具在点位控制方式下,从刀具所在点快速移动到目标点。G00 指令格式、参数含义及使用说明见表 1-11。

表 1-11　G00 指令格式、参数含义及使用说明

类别	内容
指令格式	G00 X(U)＿ Z(W)＿;
参数含义	(1) X(U)＿ Z(W)＿ —目标点坐标。当采用绝对坐标 X、Z 编程时,坐标值为终点的坐标值,当采用增量坐标 U、W 编程时,坐标值为目标点相对于前一点的增量值,编程时二者可以混合使用。不运动的坐标可以省略 (2) X(U)＿ —坐标值为直径量
使用说明	(1) G00 快速移动的速度不需要指定,由生产厂家确定。可通过操作面板上的速度修调开关进行调节 (2) 因各轴的进给速率不同,机床在执行指令时运动轨迹不一定是直线,所以使用时一定要特别注意避免刀具和工件及夹具发生碰撞 (3) G00 指令为模态指令,可由 G01/G02/G03 指令取消
适用场合	一般用于加工前的快速定位或加工后的快速退刀

4. 直线插补指令 G01

该指令使刀具以 F 指定的进给速度,从当前位置直线移动到目标点位置。G01 指令格式、参数含义及使用说明见表 1-12。

表 1-12　G01 指令格式、参数含义及使用说明

类别	内容
指令格式	G01 X(U)＿ Z(W)＿ F＿;
参数含义	(1) X(U)＿ Z(W)＿ —目标点坐标。当采用绝对坐标 X、Z 编程时,坐标值为终点的坐标值,当采用增量坐标 U、W 编程时,坐标值为目标点相对于前一点的增量值,其中 X(U) 为直径量。编程时二者可以混合使用,不运动的坐标可以省略 (2) F —进给速度,F 为模态代码
使用说明	(1) 在 G98 指令下,F 为每分钟进给量,单位是 mm/min；在 G99 指令下,F 为每转进给量,单位是 mm/r (2) 实际进给速度等于指令速度 F 与进给速度修调倍率的乘积 (3) G01 和 F 都是模态代码,若后续的程序段不改变加工的方式和进给速度,可以不再书写这些代码 (4) G01 指令为模态指令,可由 G00/G02/G03 指令取消
适用场合	一般作为切削加工运动指令,既可以单坐标移动,又可以两坐标同时插补运动

【例 1-2】分析如图 1-11a 所示锥轴零件的刀具运动轨迹(进刀、切削、退刀和返回轨迹),并应用 G00、G01 指令编写精加工程序。

(1) 工艺分析及数值计算　以锥轴零件装夹后的右端面与主轴轴线的交点为原点建立工件(编程)坐标系,如图 1-11b 所示。图中刀具运动轨迹为 P-→A→①→②→③-→P,其中- →为 G00 方式,→为 G01 方式。圆锥参数及计算公式见表 1-13,锥轴的精加工坐标见表 1-14。

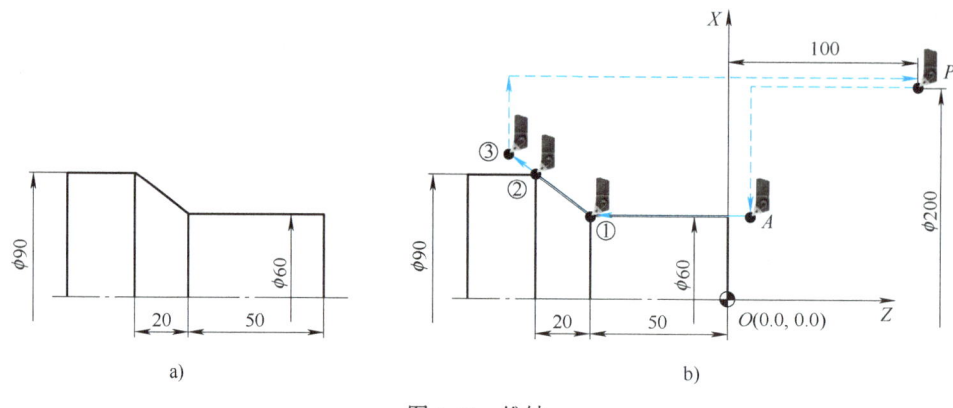

图 1-11 锥轴
a）零件图　b）走刀路线与数值计算点位

表 1-13 圆锥参数及计算公式

参数及计算公式	圆锥
$C=(d_1-d_2)/l$ （1-1） 式中　C——锥度； 　　　d_1——大端直径； 　　　d_2——小端直径； 　　　l——锥长。	

圆锥切削起点和切削终点在加工条件允许范围内，一般按锥度比例取其延长线上的点。

表 1-14 锥轴的精加工坐标

	编程原点 O	对刀点 O	安全点 P	切削起点 A
X 坐标值	0.0	0.0	200.0	60.0
Z 坐标值	0.0	0.0	100.0	2.0

	圆锥起点①	圆锥终点②	退刀点③	退刀点③的计算过程
X 坐标值	60.0	90.0	93.0	$X_③=X_②+3=90.0+3=93.0$
Z 坐标值	−50.0	−70.0	−72.0	$Z_③=Z_②+2=−(70.0+2)=−72.0$
锥度 C	根据式（1-1）计算可得：$C=(d_1-d_2)/l=(90-60)/20=3/2$			

（2）编写加工程序　锥轴的精加工参考程序 O0111 见表 1-15。

表 1-15 锥轴的精加工参考程序

程序段号	程序	程序说明
	O0111;	程序号
	G21 G40 G97 G99;	程序初始化
	T0101 S1200 M03;	换 1 号刀调用 1 号刀补，主轴以每分钟 1200 转正转，精加工外轮廓

(续)

程序段号	程序	程序说明
	G00 X200.0 Z100.0；	快速移动到1号刀的安全点 P
	G00 Z2.0；	快速移动到切削起点 A 的 Z 坐标
	X60.0；	快速移动到切削起点 A 的 X 坐标
	G01 Z-50.0 F0.1；	直线插补到圆锥起点①
	X93.0 Z-72.0；	直线插补到圆锥延长线上的点（退刀点）③
	G00 X200.0；	快速返回到安全点 P 的 X 坐标
	Z100.0；	快速返回到安全点 P 的 Z 坐标
	M05；	主轴停止
	M30；	程序结束

5. 刀尖圆弧半径补偿指令 G40/G41/G42

（1）假想刀尖与刀尖圆弧半径　在编程时，通常将车刀的刀尖假想成一个点，该点即为假想刀尖，如图1-12所示的 O' 点。在实际对刀时，是以外径切削点和端面切削点进行对刀，即以假想刀尖对刀。实际上刀尖是一段圆弧，该刀尖圆弧所构成的假想圆半径即刀尖圆弧半径，如图1-12所示的 R。

（2）未使用刀尖圆弧半径补偿时加工误差的分析

1）当加工端面、外径、内径等与轴线平行或垂直的表面时，对加工表面的尺寸和形状影响不大，如图1-13所示，此时可以不考虑刀尖圆弧半径补偿。

2）当加工倒角、锥面、圆弧及曲面时，则会产生少切或过切现象，影响工件的加工精度，如图1-13所示，此时必须考虑刀尖圆弧半径补偿。

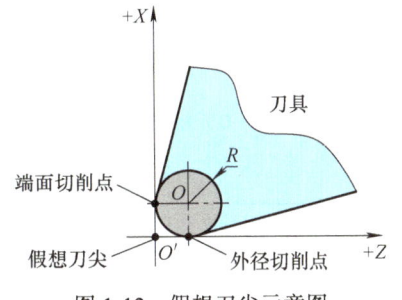

图1-12　假想刀尖示意图

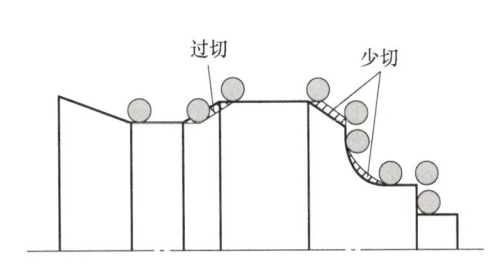

图1-13　刀尖圆弧 R 造成的少切与过切

（3）刀尖半径的确定　采用刀尖圆弧半径补偿后，刀具会自动偏离零件一个半径的距离。在编程时，只需按工件的轮廓尺寸编写程序，不必考虑刀具的刀尖圆弧半径大小。加工前，需先把刀尖圆弧半径值输入到相应刀具的参数页面。加工时，数控系统就会自动计算补偿值。一般情况下，粗加工取0.8mm，半精加工取0.4mm，精加工取0.2mm，若粗精加工选用同一把刀则取0.4mm。

（4）刀尖方位号的确定　根据各种刀尖形状和切削时所处的位置不同，数控车刀的刀尖方位号共有9种，后置刀架刀尖方位号的规定如图1-14所示，其中，0与9的假想刀尖与刀尖圆弧中心点重叠。当用假想刀尖编程时，刀尖方位号为1~8号；当用假想刀尖圆弧中心编程时，刀尖方位号为0或9号。不论是前置刀架还是后置刀架，从右向左车外轮廓时，外圆车刀的刀尖方位号为 3；从右向左车内轮廓时，内孔镗刀的刀尖方位号为 2。

在加工前，需先把刀尖方位号输入到相应刀具的参数页面，才能保证进行正确的刀补，否则会产生少切或过切现象，影响工件的加工精度。

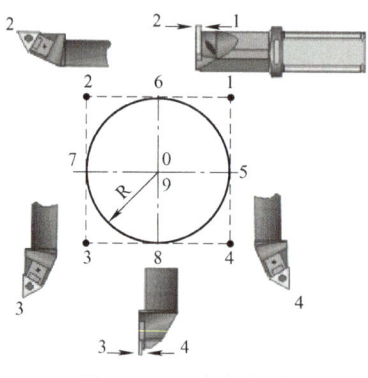

图 1-14 刀尖方位号

（5）刀尖圆弧半径补偿指令 G40/G41/G42 该指令可以自动修正刀具的安装误差、刀具磨损，并且能自动进行刀尖圆弧半径的补偿。G40/G41/G42 指令格式、参数含义及使用说明见表 1-16。

表 1-16 G40/G41/G42 指令格式、参数含义及使用说明

类别	内容
指令格式	G41 G42 {G00 G40 X（U）_ Z（W）_ F _； G01}
参数含义	（1）G41—刀尖圆弧半径左补偿 （2）G42—刀尖圆弧半径右补偿 （3）G40—刀尖圆弧半径补偿取消，用于取消 G41/G42 指令 （4）X（U）_ Z（W）_ —目标点的绝对坐标或增量坐标，其中 X（U）为直径量，编程时二者可以混合使用 （5）F—进给速度，F 为模态代码
补偿方向的判别	（1）补偿方向的判别方法：在补偿平面内，沿着刀具前进方向看，刀具位于工件左侧用左补偿 G41；刀具位于工件右侧用右补偿 G42 （2）无论是前置刀架还是后置刀架，从右向左车外轮廓一般用刀尖圆弧半径右补偿 G42；从右向左车内轮廓一般用刀尖圆弧半径左补偿 G41
使用说明	（1）在调用新的刀具前，必须用 G40 指令取消刀尖圆弧半径补偿 （2）在 MDI 方式下，不能使用刀尖圆弧半径补偿 （3）在 G90～G94、G74～G76 固定循环指令中不能使用刀尖圆弧半径补偿 （4）在使用 G41/G42 指令前，需通过数控系统操作面板输入刀尖圆弧半径 R 和刀尖方位号 T，作为刀尖圆弧半径补偿的依据 （5）G41/G42/G40 为模态指令，可相互取消
注意事项	（1）G41/G42/G40 指令只能与 G00 和 G01 指令写在同一个程序段内，不允许与圆弧插补指令 G02/G03 写在同一个程序段内，否则报警 （2）在使用 G41 或 G42 指令模式中，不允许有两个连续的非移动指令，否则刀具在前面程序段终点的垂直位置停止，且产生过切或少切现象 （3）在加工比刀尖圆弧半径小的圆弧内侧时，产生报警

（6）刀尖圆弧半径补偿过程　刀尖圆弧半径补偿过程分为三步：刀补的建立（G41/G42）、刀补的进行和刀补的取消（G40）。

6. 内/外圆粗车复合循环指令 G71

多重复合循环指令是为了适应零件外径、内径或端面的加工余量较大，必须重复多次加工才能达到规定尺寸的场合而设计的。在使用此指令时，只需给出精加工零件的形状数据，便可自动完成从粗加工到精加工的全过程，主要包括 G70～G76 指令。

内/外圆粗车复合循环指令 G71 用于需要多次进给才能完成的棒料毛坯外圆和内径的粗加工。G71 指令格式、参数含义及使用说明见表 1-17。

表 1-17　G71 指令格式、参数含义及使用说明

类别	内容
指令格式	G71　U（Δd）　R（e）； G71　P（ns）　Q（nf）　U（Δu）　W（Δw）　F（f）　S（s）　T（t）；
参数含义	（1）Δd—每次切削深度（半径值），其值为模态值 （2）e—退刀量（半径值），其值为模态值 （3）ns—精加工程序段的开始程序段的段号 （4）nf—精加工程序段的结束程序段的段号 （5）Δu—X 轴方向（径向）的精加工余量（直径值） （6）Δw—Z 轴方向（轴向）的精加工余量 （7）F、S、T—粗加工时的进给速度、主轴转速和刀补设定
运动轨迹	精车路线：A→A1→B→A
注意事项	（1）ns～nf 程序段中的 F、S、T，在执行 G70 指令时有效 （2）在 ns～nf 程序段中，不能调用子程序 （3）零件轮廓必须符合 X、Z 轴同时单调增大或单调减小的模式 （4）零件沿 X 轴方向进行分层，沿平行于 Z 轴的方向进行切削
适用场合	适用于轴类零件（X 向余量小、Z 向余量大）毛坯的粗加工

7. 精加工循环指令 G70

该指令在 G71、G72、G73 指令完成粗加工后，用于精加工。G70 指令格式、参数含义及使用说明见表 1-18。

表 1-18　G70 指令格式、参数含义及使用说明

类别	内容
指令格式	G70　P（ns）　Q（nf）　F（f）　S（s）　T（t）；
参数含义	（1）ns—精加工程序段的开始程序段的段号 （2）nf—精加工程序段的结束程序段的段号 （3）F、S、T—精加工时的进给速度、主轴转速和刀补设定

8. 知识拓展——圆弧插补指令 G02/G03

该指令使刀具在指定的平面内，以 F 指定的进给速度从圆弧起点沿着圆弧移动到圆弧终点，切削出圆弧轮廓。G02/G03 指令格式、参数含义及使用说明见表 1-19。

表 1-19　G02/G03 指令格式、参数含义及使用说明

类别	内容
指令格式	$\left.\begin{array}{l}\text{G02}\\\text{G03}\end{array}\right\}$ X（U）＿ Z（W）＿ $\left\{\begin{array}{l}\text{I\_\_ K\_\_}\\\text{R\_\_}\end{array}\right\}$ F —；
参数含义	（1）G02—顺时针圆弧插补 （2）G03—逆时针圆弧插补 （3）X（U）＿ Z（W）＿—圆弧终点坐标。采用绝对坐标 X、Z 编程时，其值为圆弧终点的坐标值；采用增量坐标 U、W 编程时，其值为圆弧终点相对于圆弧起点在各坐标轴方向上的增量值。其中 X（U）为直径量，编程时二者可以混合使用，不运动的坐标可以省略 （4）坐标字 I＿ K＿—圆弧圆心坐标值，I/K 分别与 X/Z 轴相对应，分别表示圆弧圆心相对于圆弧起点在各坐标轴方向上的增量值，为零时可省略，取值由圆心坐标值减去圆弧起点坐标值所得 （5）R—圆弧半径 （6）F—进给速度，F 为模态代码
圆弧方向的判别方法	圆弧方向的判别方法：在右手笛卡儿直角坐标系中，沿着不在圆弧平面内的坐标轴，由正方向往负方向看，顺时针方向为 G02，逆时针方向为 G03，如右图所示
使用说明	（1）如右图所示圆弧，设圆心 O 和圆弧端点 A、B 的坐标为 $O(X_O, Z_O)$、$A(X_A, Z_A)$、$B(X_B, Z_B)$ ① 当 A 点为起点时，该圆弧为逆时针圆弧，用 G03 表示，则： $I_{OA}=X_O-X_A$，$K_{OA}=Z_O-Z_A$ ② 当 B 点为起点时，该圆弧为顺时针圆弧，用 G02 表示，则： $I_{OB}=X_O-X_B$，$K_{OB}=Z_O-Z_B$

类别	内容
使用说明	（2）用半径法编写程序时应注意，在使用同一半径R的情况下，从起点A到终点B的圆弧有两个，如右图所示的圆弧段a与b。规定圆弧段所对应的圆心角α≤180°时（圆弧段a），半径用"+R"表示；圆心角α>180°时（圆弧段b），半径用"-R"表示
	（3）G02/G03为模态指令，可相互取消
注意事项	（1）如果I、K与R同时出现，则R值有效 （2）在编写圆心角α>180°的圆弧程序时，优先选用I、K圆心矢量法编写程序 （3）在编写整圆程序时，只能用I、K圆心矢量法，并且I、K圆心矢量不能同时为零，否则系统会发出错误信息

【练 1-1】如图 1-15a 所示的曲面轴零件，毛坯为 φ45mm×100mm 的铝棒料，试分析其刀具运动轨迹，分别用半径法和圆心矢量法编写精加工程序。

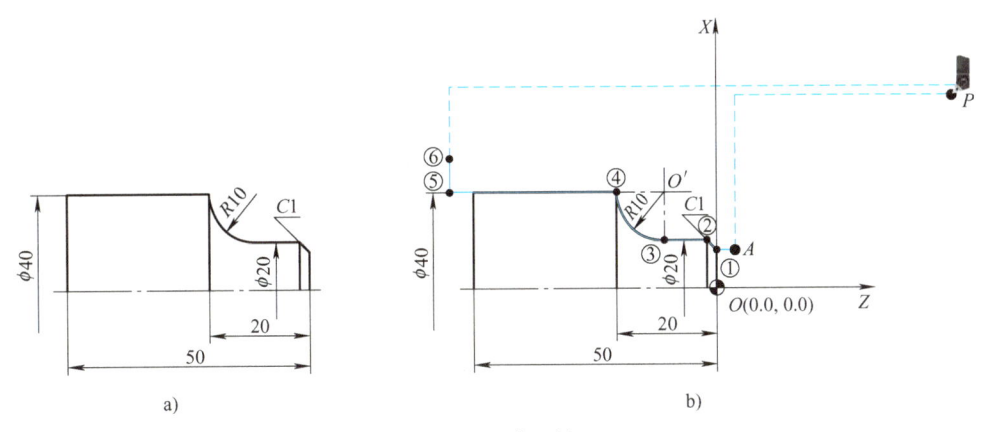

图 1-15 曲面轴
a）零件图　b）走刀路线与数值计算点位

（1）建立如图 1-15b 所示的工件（编程）坐标系，图中刀具运动轨迹为 P→A→①→②→③→④→⑤→⑥→P，其中-→为 G00 方式，→为 G01 方式。

（2）曲面轴的精加工参考程序 O0115 与 O0116 见表 1-20。

表 1-20　曲面轴的半径法和圆心矢量法编程参考程序

半径法编程	圆心矢量法编程	程序说明
O0115；	O0116；	程序号
G21 G40 G97 G99；	G21 G40 G97 G99；	程序初始化
T0101 S1000 M03；	T0101 S1000 M03；	换1号刀调用1号刀补，主轴以每分钟1000转正转，精加工外轮廓

(续)

半径法编程	圆心矢量法编程	程序说明
G00 X100.0 Z100.0;	G00 X100.0 Z100.0;	快速移动到1号刀的安全点 P
G00 Z2.0;	G00 Z2.0;	快速移动到切削起点 A 的 Z 坐标
X18.0;	X18.0;	快速移动到切削起点 A 的 X 坐标
G01 Z0.0 F0.1;	G01 Z0.0 F0.1;	直线插补到倒角起点①
X20.0 Z-1.0;	X20.0 Z-1.0;	直线插补到倒角终点②
Z-10.0;	Z-10.0;	直线插补到圆弧的起点③
G02 X40.0 Z-20.0 R10.0;	G02 X40.0 Z-20.0 I20.0 K0.0;	顺时针圆弧插补到圆弧的终点④
G01 Z-56.0;	G01 Z-56.0;	直线插补到外圆延长线上的点⑤
X47.0;	X47.0;	直线插补到工件外退刀点⑥
G00 X100.0;	G00 X100.0;	快速返回到安全点 P 的 X 坐标
Z100.0;	Z100.0;	快速返回到安全点 P 的 Z 坐标
M05;	M05;	主轴停止
M30;	M30;	程序结束

任务 1.2 数控车削加工工艺分析

加工工艺分析是编写数控加工工艺文件的一项十分重要的内容。数控加工工艺文件是规定数控加工工艺过程和操作方法等信息的工艺文件，既是指导产品加工和工人操作的主要工艺文件，也是企业计划、组织和控制生产的基本依据，还是企业保证产品质量、提高劳动生产率的重要保证。工艺文件是对数控加工的具体说明，目的是使操作者更明确加工的内容、装夹方式、选用的刀具及其他技术问题。

数控加工工艺文件主要包括数控刀具卡片、数控加工工序卡、数控加工程序单等。数控加工工艺文件尚无统一的国家标准，各企业主要根据自身特点制定相应的工艺文件。

1.2.1 分析零件图样

零件图样分析是制定数控车削工艺的首要工作，主要包括分析零件图的完整性和正确性、尺寸标注、精度及技术要求、零件的材料及结构工艺性等内容。本书中未注公差尺寸按 GB/T 1804-m 执行，未注几何公差按 GB/T 1184-k 执行。

1.2.2 制定工艺方案

制定工艺方案是数控加工中非常重要的环节。应结合数控车床的特点，遵循加工工艺原则，详细制定合理的数控车削加工工艺方案。

1. 确定装夹方案

在数控车床上加工零件，应根据零件的结构形状不同，合理选择定位基准和夹紧方案，通常选择外圆或内孔装夹，并力求使设计基准、工艺基准和编程基准统一。

（1）定位基准的选择　加工零件时，合理选择定位基准对保证零件的尺寸精度和位置精度起着决定性作用。

1）粗基准的选择原则　相互位置要求原则、加工余量合理分配原则、重要表面原则、不重复使用原则和便于装夹原则。

2）精基准的选择原则　基准重合原则、基准统一原则、自为基准原则、互为基准原则、便于统一原则和便于装夹原则。

（2）夹具与夹紧方式的选择　在装夹工件时，应使工件相对于机床主轴有一个确定的位置，并且在工件受到外力时，仍能保持其既定位置不变。除此之外，选择夹具与夹紧方式还应考虑以下几点：

1）尽量选用通用夹具，减少装夹次数，一次装夹尽可能完成工件的大部分甚至全部加工内容。

2）夹具要开敞，应不妨碍工件各表面的加工。

3）装卸工件要方便、快速、可靠，以缩短机床的停顿时间。

4）夹具精度高，装夹定位准确，满足零件加工精度。

5）夹紧力的作用点应落在工件刚性较好的部位。

6）当加工批量较大的零件时，可采用气动或液压夹具、多工位夹具，以提高生产效率。

（3）常用的装夹方式　选择装夹方式应考虑工件的形状、尺寸、加工精度及生产批量等情况，做到装夹准确可靠。常用的装夹方式有用自定心卡盘装夹、用单动卡盘装夹、一夹一顶装夹和两顶尖装夹、花盘、心轴和弹簧夹头等。薄壁零件容易变形，普通自定心卡盘受力点少，采用开缝套筒或扇形软卡爪，可使工件均匀受力，减小变形；也可以改变夹紧力的作用点，采用轴向夹紧的方式。

1）自定心卡盘装夹　自定心卡盘是数控车床最常用的夹具，常见的有机械式和液压式两种，可装成正爪或反爪两种形式。通常使用的是指机械式自定心卡盘，其特点及应用见表1-21。

表1-21　自定心卡盘

类别	图例	特点及应用
自定心卡盘		能自动定心，装夹工件方便、省时，但定心精度不高，在加工高精度的工件时，也需要找正
正爪	a)　　b)	正爪实现由外向内夹紧，夹持工件直径不能太大。 正爪适用于装夹截面为圆形、三角形或六方形等形状规则的中小型零件。如左图所示，a为正爪装夹外圆柱面；b为正爪装夹内圆柱面

(续)

类别	图例	特点及应用
反爪		反爪可以实现由内向外夹紧,即撑夹;也可以实现由外向内夹紧盘类零件。反爪适用于装夹直径较大的工件
软爪		软爪是一种可以加工的卡爪,当加工同轴度要求高的工件在二次装夹时,常常使用软爪
液压卡盘		液压装置自动控制卡爪的夹紧与松开,无需找正,夹紧工件迅速可靠,效率高,是高档机床常用的装夹方式

温馨提示:卡爪伸出卡盘外圆的长度不应超过卡爪长度的三分之一,以免发生事故

2)单动卡盘装夹 单动卡盘的卡爪能通过四个调整螺钉,各自独立地径向移动。可装成正爪或反爪,也可以用一个或两个反爪而其余用正爪装夹工件,其特点及应用见表1-22。

表1-22 单动卡盘

类别	图例	特点及应用
单动卡盘		不能自动定心,找正装夹工件需要与划针盘、百分表配合进行,装夹效率低,但夹紧力较大,通过校正后的工件装夹精度较高,夹紧可靠
正爪		正爪实现由外向内夹紧。适用于装夹方形、长方形、椭圆形及各种不规则形状的零件,可以车偏心距较小的轴和孔
反爪		反爪实现由内向外夹紧,即撑夹(反夹)。适用于装夹直径较大,偏心距较小,长度较短的工件

3)一夹一顶装夹和两顶尖装夹 顶尖的头部带有60°锥形尖端,用来定位、支承工件并承受切削力,有前顶尖和后顶尖之分。一般前、后顶尖是不能直接带动工件转动的,必须借助拨盘和鸡心夹头来带动工件旋转。用顶尖装夹工件时,需在工件的两端面上预先钻出中心孔。一夹一顶装夹和两顶尖装夹的特点及应用见表1-23。

表1-23　一夹一顶装夹和两顶尖装夹

类别	图例	特点及应用
一夹一顶装夹工件	限位支撑 / 工作台限位	● 一端用卡盘夹住，另一端用后顶尖支撑。为了防止工件因切削力作用而产生轴向窜动，必须在卡盘内装一限位支承，或用工件的台阶作限位 ● 一夹一顶夹夹牢靠，工件刚性好，轴向定位准确，能承受较大的轴向切削力，比较安全 ● 适用于加工精度要求不太高的场合
两顶尖装夹工件	拨盘　拨杆　直尾鸡心夹头	● 工件用前后两顶尖支撑。重复定位精度高，无需找正，能保证轴类零件的同轴度，但刚性较差 ● 适用于长度尺寸较大或同轴度要求比较高且需要调头装夹的轴类零件

4）心轴和弹簧夹头装夹　当工件的形状复杂或内/外圆表面的位置精度要求较高时，以孔为定位基准，采用心轴装夹加工外表面；以外圆为定位基准，采用弹簧夹头装夹加工内表面；这有利于保证零件的外圆与内孔的同轴度及端面对孔的垂直度要求。心轴和弹簧夹头的特点及应用详见项目2。

5）花盘装夹　花盘的盘面上有几条长短不等的通槽和T形槽，使用时需配合角铁、压板、螺栓、螺母、垫块和平衡块等将工件装夹在工作面上。花盘多用于装夹形状比较特别的，自定心卡盘和单动卡盘无法装夹的工件。花盘的特点及应用见表1-24。

表1-24　花盘

类别	图例	特点及应用
花盘		在工件被加工表面的回转轴线与其基准面垂直的情况下，直接将工件装夹在花盘的工作面上
	工件　平衡块　角铁	在工件被加工表面的回转轴线与其基准面平行的情况下，装夹工件时，先根据预先在工件上划好的基准线来进行找正，再将工件压紧
		对于不规则的工件，应在花盘上装上平衡块保持平衡，以免因花盘重心与机床回转中心不重合而影响工件的加工精度，甚至导致意外事故发生

2.确定加工顺序及进给路线

（1）工序的划分　为保证零件的加工质量，合理地使用设备，通常把零件的加工过程分为粗加工、半精加工和精加工三个阶段。零件的加工工序通常包括切削加工、热处理和辅助工序。合理安排加工工序，并解决好工序间的衔接问题，可以提高零件的加工质量和生产效率。

在数控车床上加工零件时，应按工序集中的原则划分工序，减少装夹次数，一次装夹尽可能完成零件的大部分甚至全部加工内容。

（2）加工顺序的确定　在安排零件的加工顺序时，一般应遵循以下原则：

1）基面先行　首先加工用作精基准的表面，以减小后面工序的装夹误差。

2）先粗后精　各表面的加工顺序按照先粗加工，再半精加工，最后精加工和光整加工的顺序依次进行，逐步提高表面的加工精度和减小表面粗糙度。

3）先近后远　一般是指粗加工时，先加工离对刀点近的部位，后加工离对刀点远的部位，这样可以缩短刀具移动的距离，减少空行程时间，有利于保持工件的刚性，改善切削条件。

4）先主后次　先加工主要表面，后加工次要表面。

5）内外交叉　当工件上既有内轮廓又有外轮廓需要加工时，应先进行内、外表面粗加工，后进行内、外表面精加工。通常先加工内型和内腔，然后加工外表面。

6）先面后孔　先加工平面，再以平面为精基准加工孔。

7）刀具集中　使用同一把刀加工的部分应尽可能集中加工完后，再换另一把刀加工工件的其他部位。这样可以减少空行程和换刀时间。

（3）进给路线（走刀路线）的确定　进给路线也称为走刀路线，是刀具在加工过程中相对于工件的运动轨迹。它既包括切削加工的路线，又包括刀具切入、切出的空行程。不但包括了工步的内容，也反映出工步的顺序，是编写程序的依据之一。因为精加工的进给路线基本上是沿零件轮廓进行的，所以确定进给路线的重点在于确定粗加工及空行程的进给路线。

3. 选择刀具

刀具的选择是数控车削加工工艺设计的重要内容之一，刀具选择合理与否不仅影响机床的加工效率，还直接影响加工质量。数控车削加工对刀具的要求比普通车床高，不仅要求刀具刚性好、精度高、尺寸稳定、耐用度高、断屑和排屑性能好，还要求安装调整方便，以满足数控加工效率高的要求。为了实现机械加工的标准化，减少换刀时间和

图1-16　常见机夹可转位车刀

方便对刀，加工时常选用机夹可转位车刀，目前机夹可转位车刀已实现标准化、系列化，如图1-16所示。

（1）数控车刀的选择原则　在实际生产中，数控车刀的选择主要根据数控车床的加工能力、刀架结构和可以安装刀具的数量、刀具尺寸、加工材料、加工内容、加工要求及加工条件等从刀具库中选择，并注意避免刀具与机床、刀具与工件以及刀具相互之间的干涉现象。

在粗车时，加工的毛坯余量大，应保证生产效率。因此粗车加工具有切削深度大、进给量大、切削热大和排屑量大的特点，应选用强度大、排屑好的刀具。一般选择主偏角为90°、91°、93°、95°，副偏角、前角、后角和刃倾角较小，排屑顺畅的车刀。

在精车时，加工的余量小且均匀，应保证零件的尺寸精度和表面粗糙度。因此精车加工具有切削深度小、切削力小等特点，应选用刀刃锋利，带修光刃的车刀。一般选择主

偏角较大，副偏角较小，前角、后角和刃倾角较大，排屑顺畅且排向工件待加工表面的车刀。

（2）数控车削常用的刀具　数控车削加工常用的刀具有外圆车刀、内孔镗刀、内/外切槽刀、内/外螺纹车刀、钻头及中心钻等，数控车削加工常用的刀具见表1-25。

表 1-25　数控车削加工常用的刀具

刀具名称	图例	用途
外圆车刀		刀片为涂层硬质合金的机夹可转位外圆车刀。刀尖圆弧半径常选用 $R0.2\sim0.8$mm，其中精加工选 $R0.2$，粗加工选 $R0.8$，$R0.4$ 介于两者之间
		外圆车刀常用的主偏角有 91°、93°、95° 等，用于加工轴类零件外圆、端面和台阶面
		端面车刀常用的主偏角有 45°、91°、93°、95° 等，用于加工盘类零件端面
		菱形车刀用于加工成形面，用来车削台阶处的圆角、圆槽或车削特殊形状工件
内孔镗刀		有通孔和盲孔镗刀之分，用于加工通孔、不通孔和台阶孔。刀柄直径根据加工孔径选择
外切槽刀		适用于加工外沟槽和工件的切断，一般根据槽宽选择相应的刀片，常选用 3～5mm 宽的切槽刀片
内切槽刀		适用于加工内沟槽，一般根据槽宽选择相应的刀片，刀柄直径根据加工孔径选择
外螺纹车刀		外螺纹车刀用于加工外螺纹，常用的角度有 29°、30°、55°、60°。一般根据螺距选择相应的刀片
内螺纹车刀		内螺纹车刀用于加工内螺纹。一般根据螺距选择相应的刀片。刀柄直径需根据加工孔径选择
钻头		常用于钻孔加工
中心钻		常用于加工中心孔

（3）可转位车刀刀片常用参数的选择 可转位车刀刀片如图1-17所示，可转位车刀刀片常用参数的选择见表1-26。

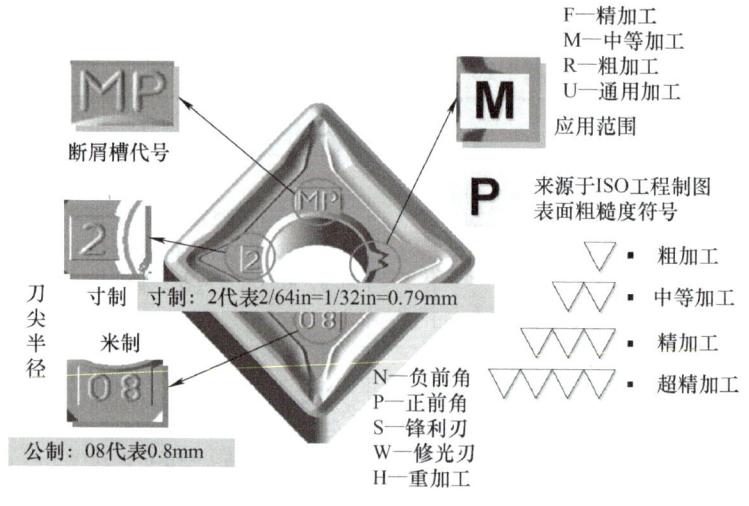

图1-17 可转位车刀刀片

表1-26 可转位车刀刀片常用参数的选择

常用参数	内容
刀片材料	常用的刀具材料有高速钢、硬质合金、涂层硬质合金、陶瓷、立方氮化硼和聚晶金刚石等，其中应用最多的是硬质合金和涂层硬质合金。选择刀片材料的主要依据是被加工工件的材料、被加工表面的精度要求、切削载荷的大小及切削过程中有无冲击和振动等 切削刀具常用硬质合金分类及标志如下： <table><tr><td>P类—加工长切屑的钢件</td><td>N类—加工短切屑的非金属材料</td></tr><tr><td>M类—加工不锈钢件</td><td>S类—加工难加工材料</td></tr><tr><td>K类—加工短切屑的铸铁件</td><td>H类—加工淬硬材料</td></tr></table>
刀片的切削方向	刀片切削方向有R（右手）、L（左手）和N（左右手）三种。选择时要考虑车床刀架是前置式还是后置式，前刀面是向上还是向下，主轴的旋转方向及进给方向等
刀片形状	刀片形状主要依据被加工工件的表面形状、切削方法、刀具寿命和刀片的转位次数等因素来选择。刀片外形与加工对象、刀具的主偏角和刀尖角等有关 不同的刀片形状有不同的刀尖强度，一般刀尖角越大，刀尖强度越高，切削刃强度增强，振动加大，通用性增强，所需功率减小。在机床刚性、功率允许的条件下，大余量、粗加工应选择刀尖角较大的刀片，反之选择刀尖角较小的刀片

(续)

常用参数	内容
刀片形状	一般外圆车削常用80°菱形（C型）、三角形（W型或T型）和90°四方形（S型）刀片。仿形加工常用55°菱形（D型）、35°菱形（V型）和圆形（R型）刀片。一般内孔车削常用80°菱形（C型）、三角形（W型或T型）和55°菱形（D型）刀片
刀片尺寸	刀片尺寸的大小取决于必要的有效切削刃长度，它与背吃刀量和车刀主偏角有关
刀尖圆弧半径	刀尖圆弧半径的大小直接影响刀尖的强度及被加工零件的加工精度和表面粗糙度。 刀尖圆弧半径大，刀刃强度增加，表面粗糙度值增大，切削力增大且易产生振动，切削性能下降，但刀具前后刀面磨损减少。通常在需要刀刃强度高、工件直径大的粗加工中，选用刀尖圆弧大些，一般选进给量的2～3倍；而在切深较小的精加工、细长轴加工、机床刚度较差的情况下，选用刀尖圆弧较小些

（4）数控加工刀具卡　数控加工刀具卡主要反映所使用刀具的编号、规格名称、刀具长度和半径补偿值等内容，是机床操作人员准备刀具、输入刀补参数的主要依据，见表1-27。

表1-27　数控加工刀具卡

产品名称或代号		零件名称		零件图号			
序号	刀具号	刀具名称及规格	数量	加工部位	刀尖半径/mm	备注	
1							
2							
编制		审核		批准		日期	共 页　第 页

4. 选择量具

（1）数控车削常用的量具　生产中使用的量具种类很多，主要分为外圆直径和长度量具、内孔直径量具、深度量具、角度量具和螺纹量具等，其中螺纹量具详见项目 7，其他常用的量具见表 1-28。

表 1-28　数控车削常用的量具

量具种类	图样	特点及应用
外圆直径和长度量具	游标卡尺	游标卡尺是一种应用游标原理制成的量具，有普通游标卡尺、数显游标卡尺和带表游标卡尺三种。游标卡尺的结构简单、使用方便、测量范围大。普通游标卡尺常用的分度值为 0.02mm，数显和带表游标卡尺的分度值为 0.01mm。游标卡尺的尺寸规格主要有 0～100mm、0～125mm、0～150mm、0～200mm 等几种，大于 200mm 的卡尺有微动装置
		游标卡尺可测零件的外径、长度、内径、宽度、深度和孔距等，主要用于中等精度零件的测量。下量爪用来测量工件的外径或长度；上量爪用来测量工件的内径和槽宽；深度尺用来测量工件的深度或长度
	温馨提示：测量前，必须校正零位。测量时，移动游标使量爪与工件接触，最好把螺钉旋紧再读数，以防尺寸变动	
	千分尺，又称螺旋测微器、分厘卡，是应用螺旋副转动原理将回转运动变为直线运动的一种量具。按用途分为外径千分尺、内径千分尺、深度千分尺和螺纹千分尺等	
外径千分尺		外径千分尺常见有普通和数显千分尺两种。其使用方便、读数准确，测量精度比游标卡尺高，可测零件的外径、长度及厚度。普通千分尺的分度值为 0.01mm，数显千分尺的分度值可达 0.001mm，通过转换键可测米制和寸制尺寸。尺寸规格主要有 0～25mm、25～50mm、50～75mm 等多种规格
	温馨提示：测量前，必须校正零位，如果零位不准，可用专用扳手转动固定套管	

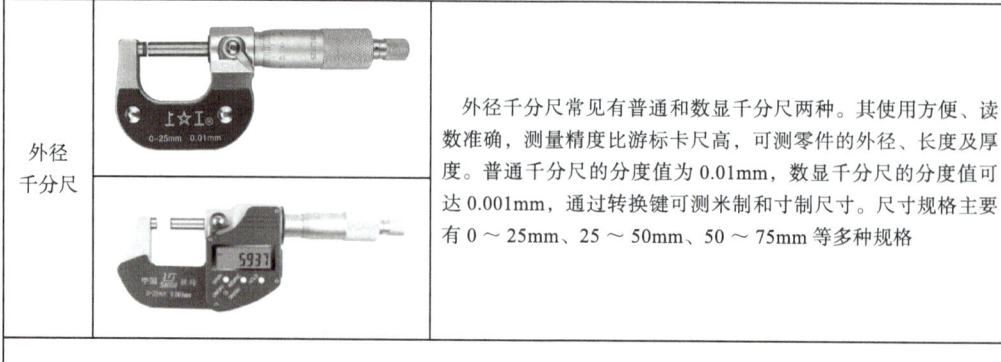

（续）

量具种类		图样	特点及应用
深度量具	深度游标卡尺		深度游标卡尺简称为深度尺，是用于精密测量深度尺寸的量具，有普通深度游标卡尺、数显深度游标卡尺和带表深度游标卡尺三种，用于测量凹槽或孔的深度、台阶等尺寸。普通深度游标卡尺常用的测量精度为 0.02mm
	深度千分尺		深度千分尺是用于精密测量深度尺寸的量具常见有普通深度千分尺和数显深度千分尺两种，用于测量台阶、凹槽和孔深等尺寸 普通深度千分尺的分度值一般为 0.01mm，数显深度千分尺的分度值可达 0.001mm。深度千分尺有 0～25mm、25～50mm、50～75mm 等多个测量头
	温馨提示：深度千分尺固定套筒上的刻线标注方向与外径千分尺相反，因此测量方向和读数方向都与外径千分尺相反		
内孔直径量具	内径千分尺		内径千分尺是用于内尺寸精密测量的量具，常见的有普通内径千分尺和数显内径千分尺两种。内径千分尺测量精度高，可用于测量浅孔直径。普通内径千分尺的分度值一般为 0.01mm，常见规格有 5～30mm 和 25～50mm 两种
			三点式内径千分尺，分度值为 0.01mm，因测量爪尺寸限制，常分为 6～12mm、11～20mm、20～40mm 和 40～100mm 几种成套使用
			数显内径千分尺的分度值为 0.001mm。其测量精度高，示值稳定，使用简捷，常用于孔的精密测量
	温馨提示：内径千分尺固定套筒上的刻线标注方向与外径千分尺相反，因此测量方向和读数方向都与外径千分尺相反		

（续）

量具种类		图样	特点及应用
内孔直径量具	内径百分表		内径百分表是将测头的直线位移转化为指针的角位移的计量器具，用比较测量法完成测量。常用内径百分表的分度值为0.01mm，测量精度高，用于测量不同孔径的尺寸及其形状误差
百分表/千分表	指针式百分表		指针式百分表和指针式千分表简称百分表和千分表，是将测杆的直线位移转化为指针的角位移的计量器具。其结构较简单，有较大的测量范围，不仅是精度较高的比较量具，而且能做绝对测量
			百分表的分度值为0.01mm，测量范围有0～3mm、0～5mm、0～10mm三个系列
	指针式千分表		千分表的测量精度高于百分表，分度值有0.005mm、0.002mm和0.001mm三种
			百分表和千分表主要用于测量零件的尺寸及形状和位置误差等，常用于装夹工件时的精密找正，还可作为专用计量器具及各种检测夹具的读数装置
	杠杆百分表		杠杆百分表又称为杠杆表或靠表，是将尺寸转化为指针的角位移，并指示出尺寸数值的计量器具。其体积小、精度高，常用于其他百分表难以测量的场所。杠杆表的分度值为0.01mm，测量范围不大于1mm
	杠杆千分表		杠杆千分表的分度值为0.002mm，测量精度高于百分表
			杠杆百分表和千分表用于测量零件的形状误差和相互位置正确性，并可用比较法测量长度，还可以测量小孔、凹槽、孔距和坐标尺寸等，也可用于装夹工件时的精密找正，还可作为专用计量器具及各种检测夹具的读数装置

温馨提示：使用时应注意使测量运动方向与测头中心线垂直，以免产生测量误差

（续）

量具种类		图样	特点及应用
角度量具	万能角度尺		万能角度尺又被称为角度规、游标角度尺和万能量角器，是利用游标读数原理来直接测量工件角度或进行划线的一种角度量具，有普通游标万能角度尺和数显万能角度尺两种，适用于机械加工中内、外角度的测量。普通万能角度尺读数精度为2′，其读数方法与游标卡尺完全相同，可测0°～320°外角及40°～130°内角
	锥度量规		锥度量规是综合检验工件内、外锥度的大径、锥度和接触率的专用综合量具。它分为锥度塞规和锥度环规两种。一般用标准量规检验锥度接触率要75%以上而且靠近大端，在工件测量中得到普遍使用
			锥度塞规主要用于检验产品的内径锥度和接触率，可分为尺寸塞规和涂色塞规两种。锥度环规主要用于检验产品的外径锥度和接触率，由工作环规和校对塞规组成，校对塞规用于校准工作环规
	倒角游标卡尺		倒角游标卡尺又称倒角规，用于零件倒角尺寸的测量。常见有普通倒角游标卡尺和数显倒角游标卡尺两种 普通倒角游标卡尺的分度值一般为0.02mm，数显倒角游标卡尺的分度值为0.01mm。可以选用的角度有15°、30°、45°、60°等
	R规		R规也称为R样板、半径规，是一种具有不同半径的标准圆弧薄片，是利用光隙法测量圆弧半径的工具，有普通半径规和数显半径规两种 普通半径规常用规格主要有1～6.5mm、7～14.5mm、15～25mm和25～50mm等几种。它的准确度不高，只能作定性测量。数显半径规可根据测量需求选取测量爪，准确度高
光滑极限量规			光滑极限量规是综合性测量量具，是批量生产时最方便快捷的检验工具。根据测量内外尺寸的不同分为塞规和卡规，一般分为通端（T）与止端（Z）。检测时，在不施加很大的力时，若通端能通过，而止端不通过，则判定合格。反之，不合格
	塞规		塞规一般用于检测工件的孔和槽等内尺寸

（续）

量具种类		图样	特点及应用
光滑极限量规	卡规		卡规用于测量距离，通常分为内径卡规与外径卡规两种。卡规一般用于检测轴的外形尺寸，或测量厚度、直径、口径及表面间的距离
检测仪	万向磁力表座		万向磁力表座用于安装百分表或千分表，表架上、下、前、后位置可以任意调节，使用时表架应放在平板、工作台或某一平整位置上
	偏摆检测仪		偏摆检测仪是集直线度、平行度和垂直度三线为一体的检测型仪器，用于检测轴类、盘类零件的径向圆跳动和端面圆跳动等形状和位置公差
	表面粗糙度检测仪		粗糙度仪又叫表面粗糙度检测仪、表面光洁度仪等，是传感器主机一体化的袖珍式仪器。此类仪器测量精度高、范围宽、测量迅速方便，便于携带、工作稳定，用于各种金属与非金属加工表面的检测

（2）量具的维护与保养　量具的维护与保养方法如下：

1）量具使用完毕后，应及时清理干净测量部位附着物，存放在规定的量具盒内。

2）生产现场在用量具应摆放在工艺定置位置，轻拿轻放，以防止磕碰而损坏测量表面。

3）长时间不用，应交计量管理部门妥善保管。

（3）数控加工量具清单　数控加工量具清单主要反映使用量具的名称、规格、精度和用途等内容，是机床操作人员准备量具的主要依据，见表1-29。

表1-29　数控加工量具清单

序号	用途	名称	简图	规格	分度值/mm	数量
1						
2						

5. 切削用量的选择

在数控车削加工中，切削用量包括背吃刀量 a_p、主轴转速 n 或切削速度 v_c、进给速度 v_f 或进给量 f。切削用量的选择是否合理直接影响机床性能、刀具磨损、加工质量和生产效率，对于实现优质、高产、低成本和安全操作具有重要的作用。

（1）切削用量的选择原则　选择切削用量的原则就是在保证加工质量和刀具寿命的前提下，充分发挥机床性能和刀具的切削性能，使切削效率最高，加工成本最低。

1）粗车切削用量的选择　在粗车时，一般以提高生产效率为主，兼顾经济性和加工成本。宜选择大的背吃刀量 a_p，较大的进给量 f，并在工艺系统刚性、刀具寿命和机床功率许可的条件下选择合理的切削速度 v_c。

2）半精车和精车切削用量的选择　在半精车和精车时，应在保证加工质量的前提下，兼顾切削效率、经济性和加工成本。根据零件加工精度和表面粗糙度的要求，通常选择较小的背吃刀量 a_p 和进给量 f，并在保证刀具寿命的前提下，尽可能提高切削速度 v_c。

（2）切削用量的选择

1）背吃刀量 a_p 的确定　背吃刀量应根据加工余量而定。粗加工阶段的主要任务是去除大部分加工余量。除留下精加工余量外，尽可能一次去除全部余量。切削表面有硬皮的铸锻件，应尽量使 a_p 大于硬皮的厚度，可使刀尖切削过毛坯的氧化层，减少刀具损坏。如外圆车刀可选 2～3mm。

半精加工阶段的主要任务是为精加工做准备，满足精加工余量均匀的要求。精加工阶段的主要任务是一次完成零件轮廓的精加工，保证各表面达到图纸规定的要求。半精加工和精加工时，可选择相同的背吃刀量 a_p，一般选取 0.1～0.5mm。

2）进给量 f 的确定　进给量 f 是切削用量中的重要参数，其大小直接影响工件的表面粗糙度和加工效率。在保证表面质量的前提下，应尽可能选择较大的进给量。最大进给量受机床、刀具、工件系统刚度和进给驱动及控制系统的限制，应根据零件的表面粗糙度、刀具、工件材料等因素查阅切削用量手册选取。当工件材料较软时，可选用较大的进给量，反之，应选择较小的进给量。粗加工一般选取 0.2～0.5mm/r，精加工一般选取 0.1～0.3mm/r，切断时宜取 0.05～0.2mm/r。

3）主轴转速 n 的确定　车光轴时的主轴转速根据机床和刀具允许的切削速度来确定，可以用计算法或查表法来选取。在切削速度确定之后，用下式计算主轴转速：

$$n = \frac{1000 v_c}{\pi D} \tag{1-2}$$

式中　n——主轴转速，单位为 r/min；

v_c——切削速度，单位为 m/min；

D——零件待加工表面的直径，单位为 mm。

在确定主轴转速时，还应考虑以下几点：

① 应尽量避开产生积屑瘤的区域。

② 加工带外皮的工件或断续切削时，要适当降低切削速度。

③ 加工大件、细长件和薄壁工件时，应选用较低的切削速度。

总之，切削用量的具体数值，应根据被加工表面质量要求、刀具材料和工件材料等因素，参考切削用量手册或有关资料，并结合加工经验，确定合理的切削用量。

6. 数控加工工序卡的拟定

数控加工工序卡是编制加工程序的主要依据和进行数控加工的指导性文件，与普通机械加工工序卡有较大区别。数控加工一般采用工序集中的原则，每一加工工序可划分为多个工步。工序卡不仅应包含每一工步的加工内容，还应包含工步顺序、工步内容、各工步所用的刀具及切削用量等内容。数控加工工序卡见表 1-30。

表 1-30 数控加工工序卡

数控加工工序卡		产品型号		零(部)件图号			部门		
		产品名称		零(部)件名称			共 页	第 页	

简图及技术要求

工序号	工序名称			材料牌号	
毛坯种类	规格尺寸	每毛坯可制件数		每台件数	
设备 名称/编号		夹具 名称/编号		同时加工件数	
辅具 名称/编号		量具 名称/编号		工时 min	单件	准备

工步号	加工内容及要求	刀具号	刀具名称及规格	切削速度 v_c/(m/min)	主轴转速 n/(r/min)	进给量 f/(mm/r)	背吃刀量 a_p/mm
1							
2							
		设计(日期)	校对、标准化(日期)	会签	会签	会签	
更改文件号				定额(日期)	审核(日期)	批准(日期)	
	签字						
	日期						

任务 1.3 　工作任务分析

1.3.1 　分析零件图样

1）如图 1-1 所示，该零件属于轴类。加工内容主要包括圆锥和圆柱，虽然径向尺寸精度要求较高，但零件整体形状简单，且 $\phi50mm$ 的外圆柱部分不加工，加工难度不大。

2）零件图上的重要尺寸直接标注，锥度小端尺寸可通过已知条件计算得出，符合数控加工尺寸标注的特点。零件图样上注有公差的尺寸，编程时取其中间公差尺寸；未注公差的尺寸编程时取其公称尺寸。

3）表面粗糙度以及技术要求的标注齐全、合理。

4）零件材料 2A11 是一种标准硬铝，具有中等强度，切削加工性能良好，在退火、淬火和热状态下可塑性好，可热处理强化。该零件无热处理和硬度要求，安排工序时，一次装夹即可完成零件的加工。

1.3.2 　制定工艺方案

1. 确定装夹方案

根据该零件的形状、尺寸、加工精度及生产批量要求，选择自定心卡盘（软卡爪）夹持毛坯棒料，伸出卡盘外 130～135mm，找正工件。

2. 确定加工顺序及进给路线

（1）工序的划分　该零件的数控加工工序可划分为：粗车、半精车外轮廓→精车外轮廓→切断三个工步。

（2）加工顺序及进给路线（走刀路线）的确定　该阶梯轴的加工顺序按基面先行、先粗后精、先主后次、先近后远、刀具集中等原则确定，一次装夹即可完成零件的加工。整体轮廓形状简单，符合单调增，且为小批量生产，设计进给路线（走刀路线）时可不考虑最短进给路线和最短空行程路线，可利用数控系统的复合循环功能，沿循环进给路线进行。

1）加工零件的外轮廓，用 G71 指令进行粗加工，用 G70 指令进行精加工。这种方案只需给出精加工零件的形状数据，便可自动完成从粗加工到精加工的全过程。

2）切断，保总长。

3. 选择刀具

根据加工要求，选用两把机夹可转位车刀和配套的涂层硬质合金刀片，将刀具信息填入表 1-31 阶梯轴数控加工刀具卡。采用试切法对刀，对外圆车刀的同时车出右端面，以此端面与主轴轴线的交点为原点建立工件坐标系。

表1-31　阶梯轴数控加工刀具卡

产品名称或代号			零件名称		阶梯轴	零件图号	1-1
序号	刀具号	刀具名称及规格	数量		加工部位	刀尖半径/mm	备注
1	T0101	91°外圆车刀	1		车端面，粗、精车外轮廓	0.4	
2	T0202	B=4mm切槽刀	1		切断，保总长		左刀尖
编制		审核		批准	日期	共1页	第1页

4. 选择量具

根据加工要求选用检测阶梯轴的量具，将信息填入表1-32阶梯轴数控加工量具清单中。

表1-32　阶梯轴数控加工量具清单

序号	用途	名称	简图	规格	分度值/mm	数量
1	测量长度方向尺寸	游标卡尺		0～125mm	0.02	1
2	测量外圆直径尺寸	外径千分尺		25～50mm	0.01	1
3	测量锥度尺寸	锥度环规		锥度1:5		1
4	测量深度	深度游标卡尺		0～150mm	0.02	1
5	测量倒角	倒角游标卡尺		0～6mm/45°	0.02	1
6	测量表面粗糙度	表面粗糙度检测仪		Ra1.6μm		1
7	工件装夹时找正或测量几何公差	百分表		0～3mm	0.01	1
8		万向磁力表座				1

5. 切削用量的选择

根据切削用量选择原则，确定合适的切削用量，将数据填入表1-33阶梯轴数控加工工序卡中。

6. 数控加工工序卡的拟定

将前面分析的各项内容填入表1-33阶梯轴数控加工工序卡中。

表 1-33 阶梯轴数控加工工序卡

数控加工工序卡	产品型号		零(部)件图号	1-1		部门		共 1 页	第 1 页
	产品名称		零(部)件名称	阶梯轴					

简图及技术要求：

技术要求
未注倒角按C1处理。

工序号	工序名称	数控加工	材料牌号	2A11
10				

毛坯种类	规格尺寸	每毛坯可制件数	每台件数
棒料	ϕ50mm×600mm	4	1

设备 名称/编号	夹具 名称/编号	同时加工件数
	自定心卡盘	

辅具 名称/编号	量具 名称/编号	工时 min	单件	准备

工步号	加工内容及要求	刀具号	刀具名称及规格	主轴转速 n/(r/min)	切削速度 v_c (m/min)	进给量 f (mm/r)	背吃刀量 a_p mm
1	手动车右端面	T0101	91°外圆车刀	500			
2	粗车外轮廓	T0101	91°外圆车刀	500		0.2	0.5
3	精车外轮廓	T0101	91°外圆车刀	1200		0.1	2.0
4	切断，保总长	T0202	B=4mm 切槽刀	400		0.1/0.05	0.2

	设计（日期）	校对、标准化（日期）	会签（日期）		定额（日期）	审核（日期）	批准（日期）
签字							
日期							

更改文件号								

任务 1.4　编写零件加工程序

1.4.1　数值计算

阶梯轴零件的走刀路线与数值计算点位如图 1-18 所示。外轮廓走刀路线为：$P_1 \to A_1 \to ① \to ② \to ③ \to A_1 \to H_1$，坐标值见表 1-34；倒角、切断走刀路线为：$P_2 \to ④ \to ⑤ \to ⑥ \to ⑦ \to ⑧ \to H_2$，坐标值见表 1-35。

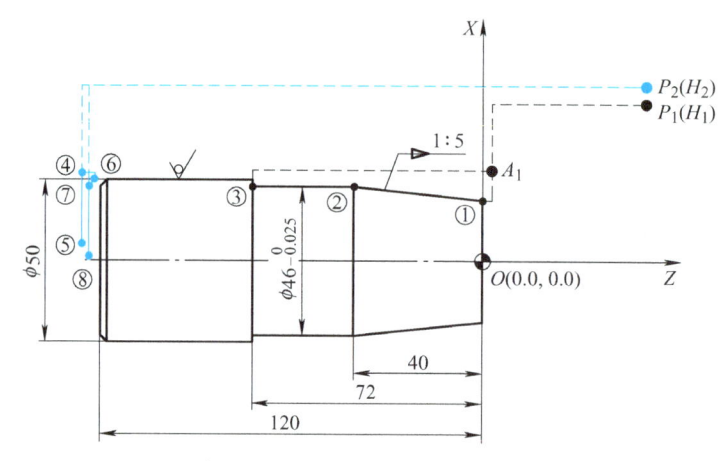

图 1-18　走刀路线与数值计算点位

表 1-34　阶梯轴外轮廓坐标

	编程原点 O	对刀点 O	安全点 P_1	换刀点 H_1	循环起点 A_1
X 坐标值	0.0	0.0	100.0	100.0	52.0
Z 坐标值	0.0	0.0	100.0	100.0	2.0
	①	②	③		
X 坐标值	37.99	45.99	45.99		
Z 坐标值	0.0	-40.0	-72.0		

表 1-35　阶梯轴倒角、切断坐标

	编程原点 O	对刀点 O	安全点 P_2	换刀点 H_2	
X 坐标值	0.0	0.0	100.0	100.0	
Z 坐标值	0.0	0.0	100.0	100.0	
	④	⑤	⑥	⑦	⑧
X 坐标值	52.0	10.0	50.0	48.0	2.0
Z 坐标值	-124.1	-124.1	-123.0	-124.0	-124.0

1.4.2 编写加工程序

阶梯轴的数控加工参考程序 O0101 见表 1-36。

表 1-36 阶梯轴的数控加工参考程序

程序段号	程序	程序说明
	O0101;	程序号
	G21 G40 G97 G99;	程序初始化
	T0101 S500 M03;	换1号刀调用1号刀补,主轴以每分钟500转正转,粗加工外轮廓
	G00 X100.0 Z100.0;	快速移动到1号刀的安全点 P_1
	M08;	切削液开
	G00 Z2.0;	快速移动到循环起点 A_1 的 Z 坐标
	X52.0;	快速移动到循环起点 A_1 的 X 坐标
	G71 U2.0 R1.0;	内/外圆粗车复合循环指令 G71
	G71 P100 Q200 U0.4 W0.0 F0.2;	
N100	G00 G42 X37.99;	精加工程序开始段。加刀尖圆弧半径右补偿快速移动到圆锥起点①的 X 坐标
	G01 Z0.0;	直线插补到圆锥起点①的 Z 坐标
	X45.99 Z-40.0;	直线插补到圆锥终点②
	Z-72.0;	车 $\phi 46$ mm 的外圆至③点
N200	G01 G40 X52.0;	退刀到循环起点 A_1 的 X 坐标,取消刀尖圆弧半径右补偿
	G00 X52.0 Z2.0;	快速移动到精加工循环起点 A_1
	G70 P100 Q200 S1200 M03 F0.1;	精加工外轮廓
	G00 X100.0;	快速返回到换刀点 H_1 的 X 坐标
	Z100.0;	快速返回到换刀点 H_1 的 Z 坐标
	T0202 S400 M03;	换2号刀调用2号刀补,主轴以每分钟400转正转,倒角、切断
	G00 X100.0 Z100.0;	快速移动到2号刀的安全点 P_2
	Z-124.1;	快速移动到切断起点④的 Z 坐标
	X52.0;	快速移动到切断起点④的 X 坐标
	G01 X10.0 F0.1;	直线插补到⑤点
	X52.0 F0.2;	退刀到距离外圆 X 坐标 2mm 处
	W1.1;	直线插补到倒角起点⑥的 Z 坐标
	X50.0 F0.1;	直线插补到倒角起点⑥的 X 坐标

(续)

程序段号	程序	程序说明
	X48.0 W−1.0 F0.05；	直线插补到倒角终点⑦
	X2.0；	直线插补到切断终点⑧
	G01 X52.0 F0.2；	退刀到距离外圆 X 坐标 2mm 处
	G00 X100.0；	快速返回到换刀点 H_2 的 X 坐标
	Z100.0；	快速返回到换刀点 H_2 的 Z 坐标
	M05 M09；	主轴停止，切削液关
	M30；	程序结束

任务 1.5　宇龙数控加工仿真软件

虚拟现实技术（Virtual Reality，缩写为 VR），包括计算机、电子信息、仿真技术，其基本实现方式是以计算机技术为主，综合三维图形技术、多媒体技术、仿真技术、显示技术、伺服技术等多种高科技的最新发展成果，借助计算机等设备产生一个逼真的三维视觉、触觉、嗅觉等多种感官体验的虚拟世界，从而使处于虚拟世界中的人产生一种身临其境的感觉。将其应用到传统机械设备制造业中，使操作者掌握正确的操作规程和有效应对机械事故，对于企业安全规范生产具有重要意义。

宇龙数控加工仿真系统是一个应用虚拟现实技术进行数控加工操作技能培训和考核的仿真软件。

1.5.1　工作界面

以沈阳机床厂生产的 FANUC 0i Mate 系统数控车床为例。宇龙数控加工仿真软件的工作界面由菜单栏、工具栏、机床显示区和操作面板四部分组成，见表 1-37。

表 1-37　宇龙数控加工仿真软件的工作界面

序号	组成	软件界面	说明
1	用户登录界面		教师机运行数控加工仿真系统的步骤是： ① 启动加密锁管理程序； ② 双击桌面快捷图标； ③ 单击"快速登录"按钮。 学生机运行数控加工仿真系统的步骤是： ① 双击桌面快捷图标； ② 单击"快速登录"按钮

（续）

序号	组成	软件界面	说明
2	菜单栏	文件(F) 视图(V) 机床(M) 零件(P) 塞尺检查(L) 测量(T) 互动教学(R) 系统管理(S) 辅助(H)	菜单栏的基本功能
3	工具栏		软件操作的常用功能按钮
4	机床显示区		控制机床的显示效果。包括机床及图形轨迹的显示，还能对视图进行动态平移、旋转和缩放
5	操作面板		与数控车床操作面板对应。左侧为数控系统面板，包括屏幕和键盘区，右侧为机床操作面板，包括功能按钮、开关和旋钮等

1.5.2 操作面板功能

FANUC 0i Mate 系统数控车床的面板包括操作面板和系统面板。操作面板用于直接控制机床的动作和加工过程，主要由操作模式选择开关、主轴倍率旋钮、进给倍率旋钮、手轮（手摇脉冲发生器）和各种辅助功能选择开关等组成。FANUC 0i Mate 系统数控车床操作面板各键的功能见表 1-38。

表 1-38 FANUC 0i Mate 系统数控车床操作面板各键的功能

按键或按钮	名称		功能说明
自动	操作模式选择	自动	单击此键，系统进入自动加工模式
编辑		编辑	单击此键，系统进入程序编辑状态，用于直接通过操作面板输入程序和编辑程序
MDI		MDI	单击此键，系统进入 MDI 模式，用于手动输入数据并执行指令
手动		手动	单击此键，系统进入手动模式，通过手动连续移动各轴
返参考点		返参考点	单击此键，系统进入返参考点（回零）模式，开机后首先执行返参考点操作

（续）

按键或按钮	名称	功能说明
单段	单段执行	在自动和MDI模式下单击此键，运行程序时每次执行一条程序指令
跳步	程序跳步	在自动模式下单击此键，程序中的"/"符号有效，程序运行时直接跳过标有"/"的程序段
选择停	选择停	程序运行前单击此键，程序中的"M01"指令有效，程序停止
机床锁住	机床锁住	单击此键，各轴被锁定，只运行程序
空运行	空运行	单击此键，系统进入空运行模式，各轴以固定的速度快速运动，用于检查机床的运动
手动选刀	手动选刀	每按一次，刀架顺时针方向转动一个刀位
主轴正转	主轴控制开关 / 主轴正转	在手动模式下单击此键，主轴正转
主轴反转	主轴反转	在手动模式下单击此键，主轴反转
主轴停止	主轴停止	在手动模式下单击此键，主轴停止
手轮X	手轮轴 / X轴选择键	在手轮模式下单击此键，执行X轴的移动
手轮Z	Z轴选择键	在手轮模式下单击此键，执行Z轴的移动
X↑Z ←快速→ ↓	移动方向键和快速进给键	在手动模式下，按下相应的坐标轴方向，控制机床向相应的坐标轴方向移动（+X/-X/+Z/-Z）
快速	快速进给	在手动模式下，按下此键和一个坐标轴方向键，机床处于手动快速移动状态
X1 F0 / X10 25% / X100 50% / X1000 100%	手动快速和手轮进给倍率选择键	① 在自动和手动快速模式下，进给速度F的倍率选择"F0、25%、50%、100%"； ② 在手轮模式下，手轮每格移动量X1、X10、X100键，分别代表0.001mm、0.01mm、0.1mm
程序保护开关	程序保护开关	①钥匙开关置于"｜"，可编辑程序； ②钥匙开关置于"O"，禁止编辑程序
ON	电源开	启动控制系统（开机）
OFF	电源关	关闭控制系统（关机）

（续）

按键或按钮	名称	功能说明
	循环启动	① 在自动和 MDI 模式下，程序运行开始； ② 其余模式下无效
	进给保持	① 在程序运行过程中按下此键，程序运行暂停； ② 再按 < 循环启动 > 键，可恢复程序运行
	紧急停止	"紧急停止"按钮也称急停开关或急停按钮，按下此按钮，机床移动立即停止，所有的输出立即关闭；旋起按钮，系统重新复位
	手轮	单击 < 手轮轴 >，进入手动脉冲模式，将鼠标指针移至此旋钮上，单击鼠标左键转动手轮"-"向移动，单击鼠标右键转动手轮"+"向移动
	进给倍率旋钮	将鼠标指针移至此旋钮上，单击鼠标左键或右键可用于调整自动加工时进给速度 F 的倍率
	主轴倍率旋钮	将鼠标指针移至此旋钮上，单击鼠标左键或右键可调整主轴旋转时的转速

1.5.3 系统面板功能

系统面板主要用于程序编辑和参数设置，主要由主功能键、编辑键、字母（地址）键及数字键组成。

FANUC 0i Mate 系统数控车床系统面板各键的功能见表 1-39。

表 1-39 FANUC 0i Mate 系统数控车床系统面板各键功能

按键图标	名称		功能说明
RESET	复位键		单击此键，可使 CNC 系统复位或者清除报警等
POS		位置显示页面	切换 CRT 显示界面到机床位置界面
PROG	主功能键	程序显示与编辑页面	切换 CRT 显示界面到程序管理界面
OFS/SET		刀偏显示 / 参数设置页面	切换 CRT 显示界面到刀具补偿参数界面或参数输入页面、坐标系设置界面
SYSTEM		系统参数页面	仿真系统暂不支持

（续）

按键图标	名称		功能说明
MESSAGE	主功能键	信息页面	仿真系统暂不支持
CSTM/GR		图形页面/用户宏页面	在自动加工状态下，将数控显示切换至图形轨迹界面
ALTER	编辑键	替换键	字符替换。用输入的数据替换光标所在位置的数据
INSERT		插入键	字符插入。将输入域中的内容插入到光标之后的位置
DELETE		删除键	字符删除。删除光标所在位置的数据，或者删除一个或全部程序
SHIFT		切换键	输入字符切换。按下该键，再按下字符键，将输入该键右下角的字符
CAN		取消键	用于删除输入区域内（缓冲区）的最后一个字符或符号
EOB E		回车换行键	用于程序段结束时";"输入，并且换行
INPUT		输入键	把输入区域内的数据输入到参数页面
HELP		帮助键	显示如何操作机床。仿真系统暂不支持
PAGE↑		向上翻页	CRT 显示界面中显示内容的向上翻页
PAGE↓		向下翻页	CRT 显示界面中显示内容的向下翻页
←↑→↓		光标移动键	在修改程序或参数时，控制光标按箭头指示方向移动：①↑向上移动光标；②↓向下移动光标；③←向左移动光标；④→向右移动光标
字母键		字母（地址）键	①实现字符（字母）的输入；②通过"切换"键实现字母的切换输入，按下该键，再单击字母键，将输入右下角字符，如 O-P、N-Q 等。③为"回车换行"键，用于程序段结束时";"输入，并且换行
数字键		数字键	①实现字符（数字）的输入；②单击键，再单击数字键，将输入该键右下角的字符

任务 1.6 阶梯轴的仿真实战

在沈阳机床厂 –1 生产的 FANUC 0i Mate 系统数控车床上，阶梯轴仿真实战模拟结果如图 1-19 所示。

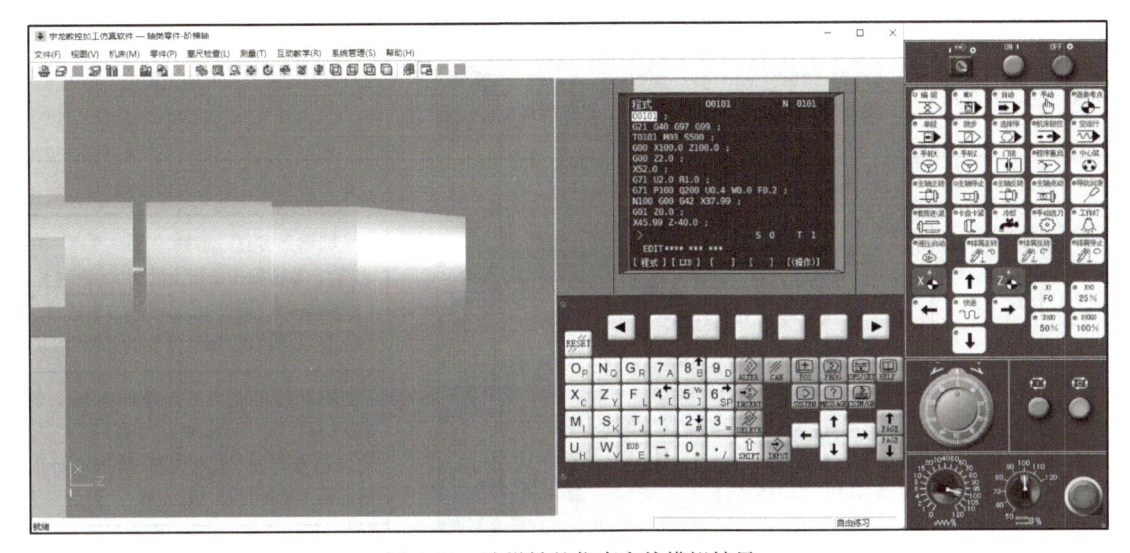

1-1 阶梯轴仿真实战

图 1-19 阶梯轴的仿真实战模拟结果

1.6.1 加工准备

1. 机床的准备

机床的准备包括选择机床、激活机床、返参考点（回零）操作、设置显示方式和保存项目，操作步骤及说明见表 1-40。

1-2 机床的准备

表 1-40 机床的准备

步骤		图示	操作说明
1	选择机床		选择菜单栏"机床"→"选择机床…"命令，或在工具栏单击"选择机床"图标，系统弹出"选择机床"对话框
			选择控制系统类型"FANUC"→"FANUC 0i Mate"，机床类型选择"车床"→"沈阳机床厂 –1"，单击"确定"按钮

（续）

步骤		图示	操作说明
2	激活机床		先按下操作面板上的"电源开"按钮，再旋起"急停"按钮，报警解除
3	返参考点操作		返参考点操作也称为回零操作 X轴返参考点。选择"返参考点"模式，单击操作面板上的<+X>键，"X参考点"灯亮，X轴返回参考点。CRT显示器POS页面X坐标为"600.000" Z轴返参考点。单击操作面板上的<+Z>键，"Z参考点"灯亮，Z轴返回参考点。CRT显示器POS页面坐标为（600.000，1010.000） 移动刀架至换刀安全位置。选择"手动"模式，指示灯亮，交替单击<-Z>键和<-X>键，移动刀架至换刀安全位置
		温馨提示： 1. 在执行返参考点操作时，应确保机床当前位置在参考点负方向一段距离。 2. 为防止刀架与尾座相撞，在返参考点时应先回X轴，再回Z轴。 3. 在操作过程中，当机床运动到达极限超程时，须按<复位>键，重复上述操作。 4. 以下几种情况需要执行返参考点操作： ① 机床在急停信号解除后；② 机床超程报警解除后；③ 伺服系统（变频器）报警后；④ 使用机床锁、空运行、图形模拟加工后	
4	设置显示方式		选择菜单栏"视图"→"选项"命令，或在工具栏单击"视图选项"按钮。系统弹出"视图选项"对话框。 关闭"声音开"；选择"左键平移、右键旋转"；零件显示方式根据需要选择"实体"；其他选项选择默认方式

（续）

步骤		图示	操作说明
5	保存项目		选择菜单栏"文件"→"保存项目"或"另存项目"命令，系统弹出"另存为"对话框
			输入文件名"轴类零件－阶梯轴"，自动生成9个文件，默认保存路径为：/数控加工仿真系统/examples/FANUC/轴类零件－阶梯轴

2. 设置与装夹工件

设置与装夹工件包括定义毛坯、装夹工件和调整工件位置，操作步骤及说明见表1-41。

1-3 设置与装夹工件

表1-41　设置与装夹工件

步骤		图示	操作说明
1	定义毛坯		选择菜单栏"零件"→"定义毛坯"命令，或在工具栏单击"定义毛坯"图标，系统弹出"定义毛坯"对话框
			输入名字"阶梯轴"，选择材料"铝"，选择形状"圆柱形"，输入参数"直径50mm，长度200mm"
			单击"确定"按钮，保存定义的毛坯，并退出操作
			单击"取消"按钮，不保存定义的毛坯，并退出操作
2	装夹工件		选择菜单栏"零件"→"放置零件"命令，或在工具栏单击"放置零件"图标，系统弹出"选择零件"对话框
			"类型"→"选择毛坯"，在列表中选择已定义的"阶梯轴"，选中的毛坯信息将加亮显示，单击"安装零件"按钮。系统自动关闭对话框，工件将被装夹到机床卡盘上

(续)

步骤	图示	操作说明
3	调整工件位置	单击小键盘上的方向按钮，实现工件的左右平移或调头装夹，移动完毕，单击"退出"按钮，关闭小键盘。或选择菜单栏"零件"→"移动零件"命令也可打开小键盘

温馨提示：执行其他操作前应先关闭小键盘

3. 选择和安装刀具

根据工艺要求，选择程序指定的刀具，并将其安装到刀架上。选择安装 T01 外圆车刀和 T02 外圆切槽刀，具体操作步骤及说明见表 1-42。

1-4 选择和安装刀具

表 1-42 选择和安装刀具

步骤		图示	操作说明
1	选择安装外圆车刀		选择菜单栏"机床"→"选择刀具"命令，或在工具栏单击"选择刀具"图标，系统将弹出"刀具选择"对话框
			选择刀位：在刀架图中单击 1 号刀位
			选择刀片类型："标准""T 型"刀片
			"刀片"列表框中选择刃长"11.00mm"，刀尖半径"0.40mm"
			选择刀柄类型："外圆左向横柄"
			"刀柄"列表框中选择主偏角"91.0°"
2	选择安装外圆切槽刀		选择刀位：在刀架图中单击 2 号刀位
			选择刀片类型："定制""方头切槽"刀片
			"刀片"列表框中选择宽度"4.00mm"，刀尖半径"0.20mm"
			选择刀柄类型："外圆切槽柄"
			"刀柄"列表框中选择切槽深度"27.0mm"
			刀具全部选择完成后，单击"确定"按钮，T01 和 T02 安装到刀架上

1.6.2 程序的输入与校验

1. 程序的输入

程序的输入有手动输入和自动输入两种方式。其中,对于几何形状不太复杂,采用手动编程的零件,主要以手动输入为主;对于几何形状复杂的零件,尤其是空间曲面组成的零件,通常采用自动编程,以自动输入为主。

(1) 创建程序 当零件采用手动输入方式时,应用 MDI 键盘将程序"O0101"输入到机床中。手动创建程序 O0101 的操作步骤见表 1-43。

表 1-43 手动创建程序

步骤		操作说明
1	进入编辑状态	选择操作面板上的"编辑"模式,指示灯亮,系统进入编辑状态。按下 <PROGRM> 键,CRT 显示界面转入程式①页面
2	创建程序号 O0101	使用字母/数字键,输入地址"O"及程序号"0101"→按下 <INSERT> 键→<EOB> 键→<INSERT> 键,即创建了一个新的程序号
3	逐段输入程序	输入一个程序段,按下 <EOB> 键→<INSERT> 键,将该语句插入。直到"O0101"所有程序段被输入并显示在 CRT 显示界面上

(2) 程序的编辑和修改 运用操作面板上的"编辑"模式可以对程序进行编辑和修改,变更程序(字检索、插入、修改、删除)、程序检索、程序的删除和行号(顺序号)检索等。程序的编辑和修改操作方法见表 1-44。

表 1-44 程序的编辑和修改操作方法

	操作	操作说明
1	进入编辑状态	选择操作面板上的"编辑"模式,指示灯亮,系统进入编辑状态。按下 <PROGRM> 键,CRT 显示界面转入程式页面
2	检索程序"OXXXX"	使用字母/数字键,输入地址"O"及程序号"XXXX"→按下 <O 检索> 软键,即调出一个已有的程序"OXXXX"
3	查找字	方法一:输入要查找的字,按下 <检索↓> 或 <检索↑> 软键 方法二:按下 MDI 键盘上的 <翻页> 键或 <光标> 键,将光标移动至所要查找的程序字上
4	插入字	查找需插入字的位置,输入要插入的字,按下 <INSERT> 键
5	替换字	查找将要被替换的字,输入要替换的字,按下 <ALTER> 键
6	删除字	查找将要被删除的字,按下 <DELETE> 键

(3) 删除程序 存储到内存中的程序可以被删除。可以删除一个程序,也可以同时删除多个程序或一次删除所有程序。删除程序的操作方法见表 1-45。

表 1-45 删除程序的操作方法

	操作	操作说明
1	进入编辑状态	选择操作面板上的"编辑"模式,指示灯亮,系统进入编辑状态。按下 <PROGRM> 键,CRT 显示界面转入程式页面

---

① 程式指程序。

（续）

	操作	操作说明
2	删除程序"OXXXX"	使用字母/数字键，输入地址"O"及程序号"XXXX"→按下<DELETE>键，即删除一个已有的程序"OXXXX"
3	删除所有程序	使用字母/数字键，输入地址"O"及"-9999"→按下<DELETE>键，即删除所有程序

2. 导入程序

将事先写入记事本并保存为文本格式的O0101号程序导入系统，操作步骤及说明见表1-46。

表1-46 程序的导入

步骤		图示	操作说明
1	创建程序号		选择操作面板上的"编辑"模式，指示灯亮，系统进入编辑状态。按下<PROGRM>键，CRT显示界面转入程式页面
			按下<操作>软键→在下级子菜单中按下<▶>软键→<READ>软键→在MDI键盘上输入程序号"O0101"→按下<EXEC>软键，显示"EDIT 标头 SKP"
2	传送程序		选择菜单栏"机床"→"DNC传送"命令，在弹出的对话框中选择所需的NC程序"O0101"，单击"打开"按钮
3	程序显示		O0101号程序被导入并显示在CRT显示界面上

3. 程序校验

数控程序导入后，利用机床空运行和图形模拟功能进行程序校验。通过图形模拟功能逐段地执行已输入到存储器中的程序，观察加工时刀具轨迹的变化，操作步骤见表1-47。

1-6 程序校验

项目1 阶梯轴的编程与加工

表 1-47 程序校验

步骤	图示	操作说明
1	选择运行模式	确认程序 O0101 的光标置于程序开始处
		单击 <机床锁住> 键和 <空运行> 键
		选择"自动"模式，指示灯亮，系统进入自动运行模式
2	图形模拟	按下 <CSTM/GRAPH> 键，打开"图形模拟"页面，按下"循环启动"按钮，观察程序的运行轨迹。对检查中发现的错误必须进行修改，直到程序试运行轨迹完全正确为止
		退出"图形模拟"页面，关闭"机床锁住"和"空运行"模式，执行返回参考点操作

1.6.3 对刀设置

在数控车削加工中，应首先确定零件的加工原点，建立准确的加工坐标系。通过对刀确定刀具和工件的相对位置，建立加工坐标系（工件坐标系）与机床坐标系之间的关系。

生产中常采用试切法对刀。对刀过程中为了方便操作和观察，注意运用"视图"菜单或快捷键功能调整机床的显示。T01 外圆车刀的对刀操作步骤见表 1-48，T02 外圆切槽刀（左刀尖）的对刀操作步骤见表 1-49。

1-7 外圆车刀的对刀

表 1-48 外圆车刀的对刀

步骤	图示	操作说明
1	换 1 号刀	沈阳机床厂-1 生产的 FANUC 0i Mate 系统数控车床有两种换刀方法，MDI 换刀和手动选刀。此例中选用 MDI 换刀
		选择"手动"模式，指示灯亮，移动刀架至换刀安全位置
		选择"MDI"模式，指示灯亮，系统进入"MDI"模式。按下 MDI 面板上的 <PROGRAM> 键，打开 MDI 程式界面
		在程序"O0000"中输入四位数的换刀指令"T0100;"，按下 <INSERT> 键 → "循环启动"按钮，1 号刀成为当前刀具

（续）

步骤		图示	操作说明
2	指定主轴转速	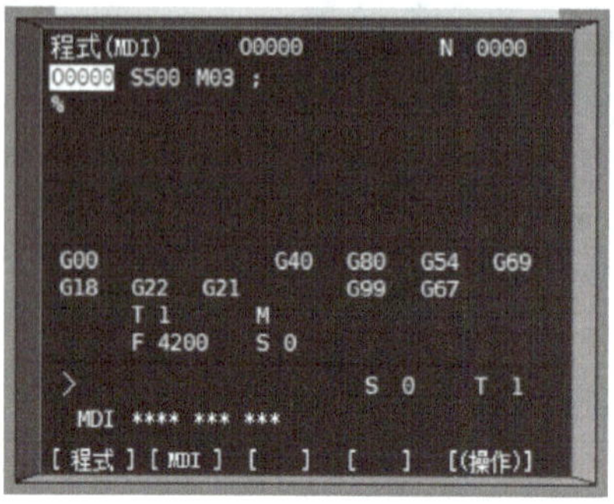	在程序"O0000"中输入"S500 M03;"，按下 <INSERT> 键 → "循环启动"按钮，主轴以 500r/min 正转
3	接近工件	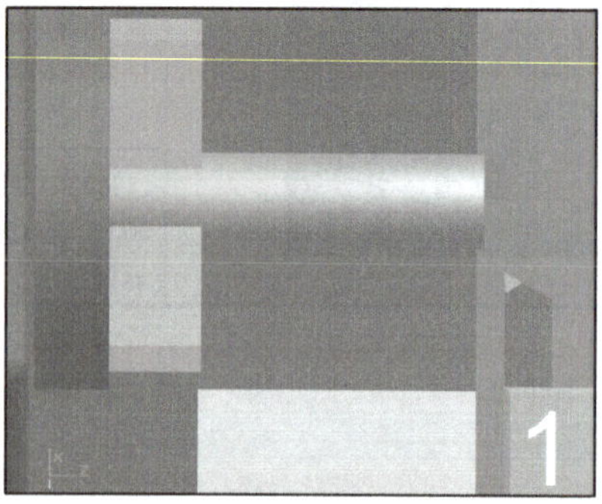	选择"手动"模式，单击相应的 <轴方向键>，选择合适的倍率，再单击 <快速> 键，控制机床向相应的轴方向"+X/-X/+Z/-Z"手动连续移动，将刀具快速移动到接近工件位置 10～20mm 左右
			选择手轮轴。单击操作面板上的 <手轮X> 键或 <手轮Z> 键
		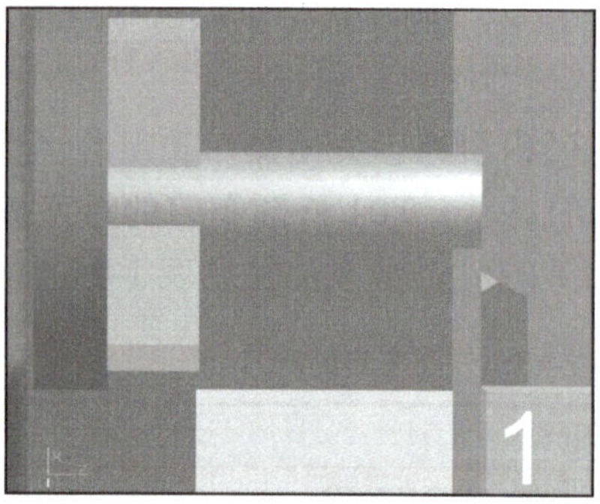	单击手轮步长 <1×100> 键，<手轮X>、<手轮Z> 交替使用，接近时选 <1×10> 或 <1×1> 键，将鼠标指针对准手轮，单击鼠标右键或左键来转动手轮，向选定轴"+、-"方向精确移动机床，使刀具超过工件右端面 0.5mm 左右
4	Z 向对刀	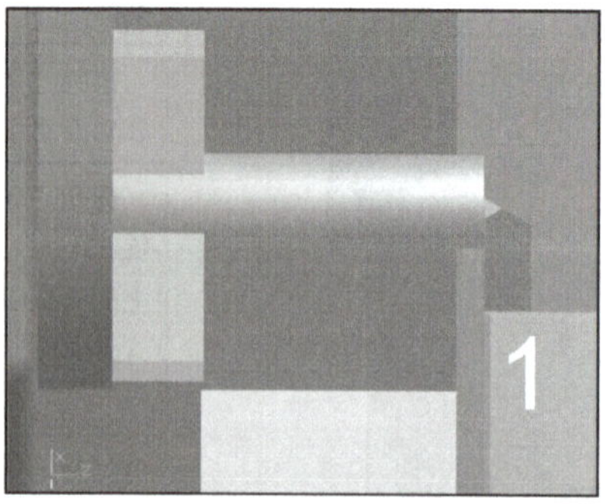	Z 向对刀即车削右端面
			单击 <手轮X> 键，选择手轮步长 <1×10> 键，-X 方向连续车削工件右端面
			单击 <手轮Z> 键，选择手轮步长 <1×100> 键，+Z 方向移动 2 格（0.2mm），该数值以实际移动量为准
			在 Z 轴不动的情况下，单击 <手轮X> 键，或"手动"模式，+X 方向移动到安全位置

（续）

步骤		图示	操作说明
4	Z向对刀		按下<OFFSET/SETT>键，进入参数设定页面，按下<形状>软键，进入"刀具补正/形状"页面
			按下MDI键盘上的<翻页>键或<光标>键，将光标移动到与刀具号对应的番号01"Z"处，输入"Z0.2"，按<测量>软键，系统自动把计算后的工件Z向零点偏置值输入到"Z"处，完成Z向的对刀操作
5	X向对刀		X向对刀即车削外圆
			单击<手轮X>键，选择手轮步长<1×100>键，-X方向移动刀架使刀具接触工件外圆，背吃刀量以2～3mm为宜
			单击<手轮Z>键，选择手轮步长<1×10>键，-Z方向连续车削一段长约10mm的外圆
			单击<手轮X>键，选择手轮步长<1×100>键，+X方向移动2格（0.2mm），该数值以实际移动量为准
			在X轴不动的情况下，单击<手轮Z>键，或"手动"模式，+Z方向移动到安全位置
			单击<主轴停止>键，使主轴停止转动
			选择菜单栏"测量"→"剖面图测量"命令，在弹出的对话框中，选择"否"

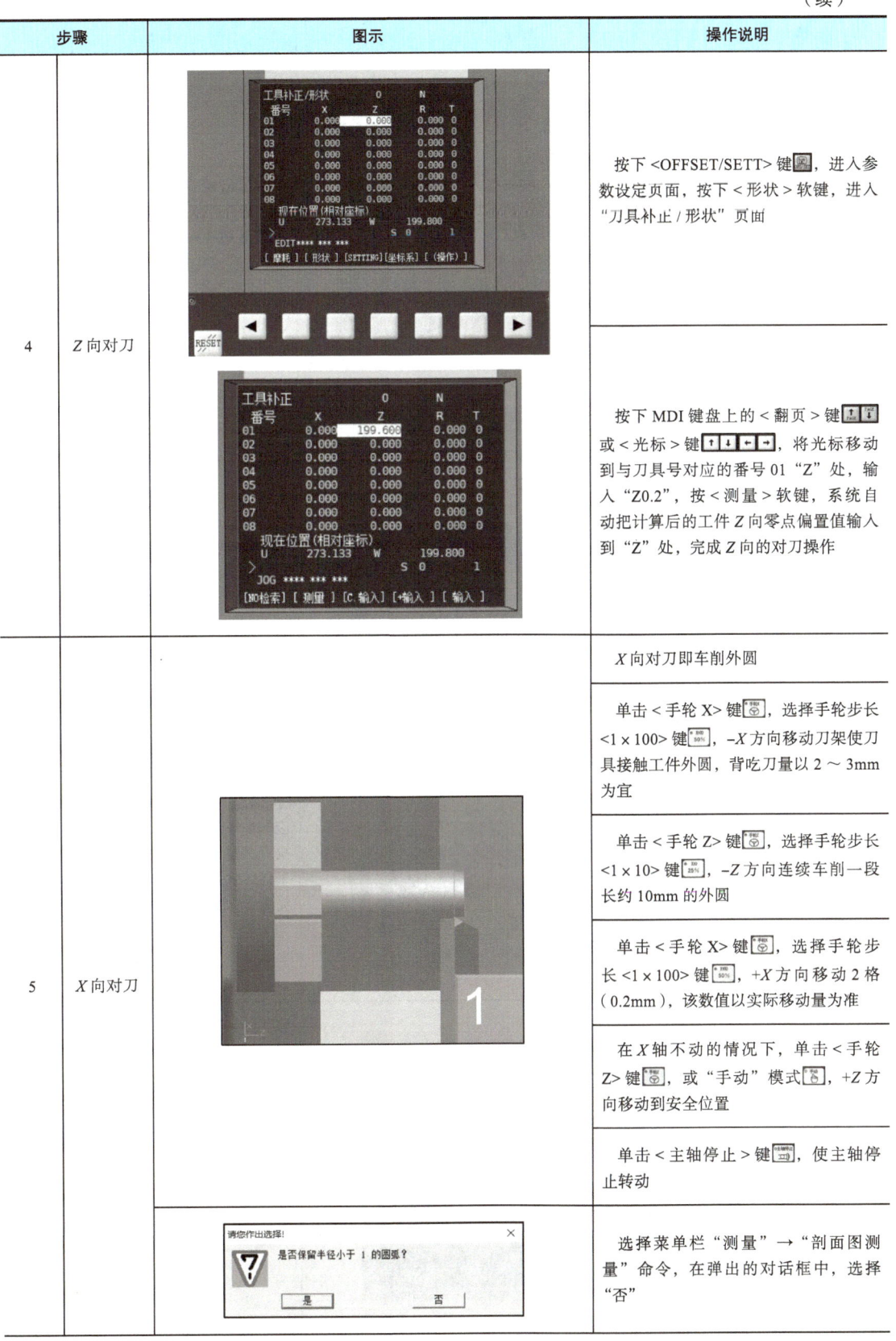

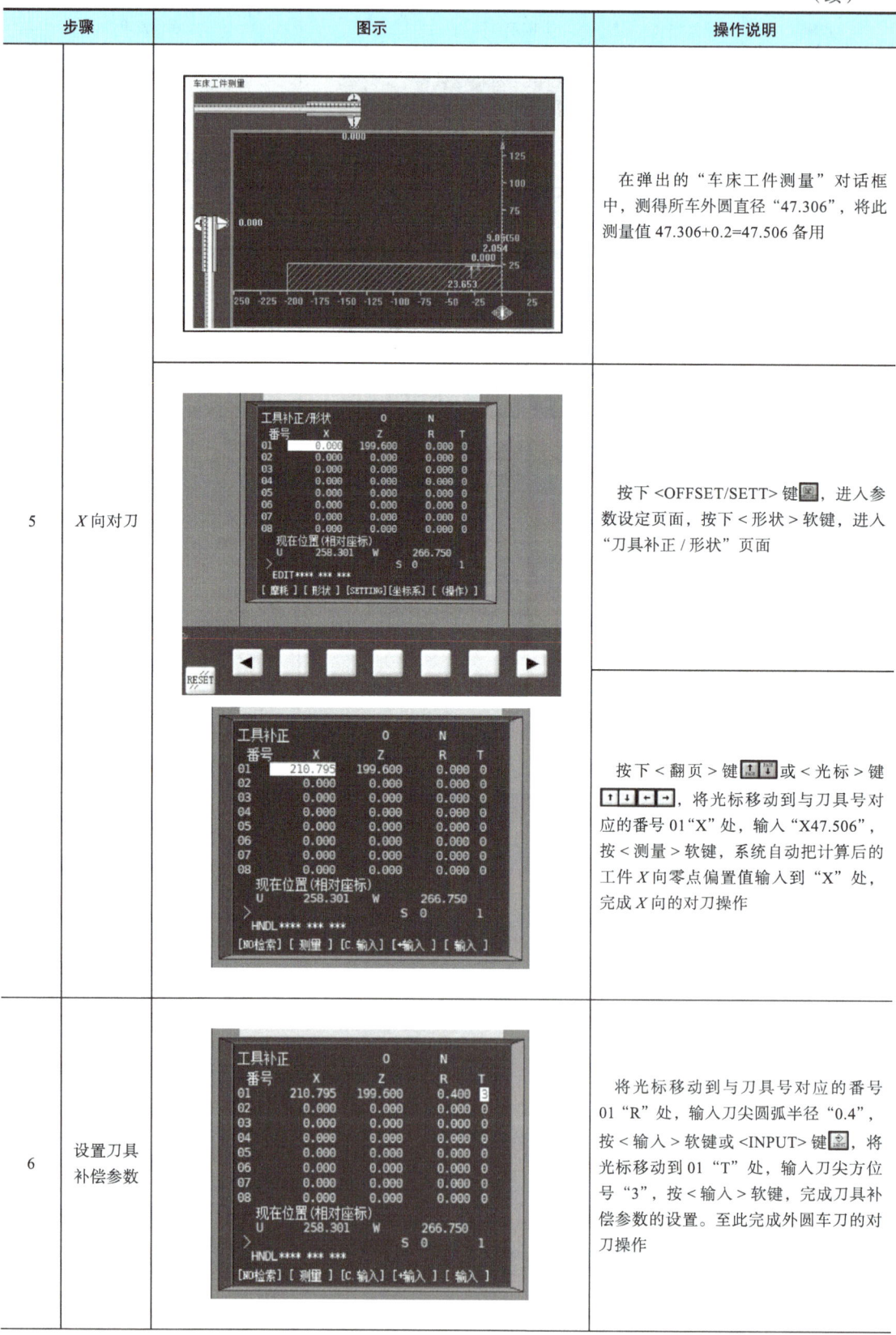

（续）

步骤		图示	操作说明
5	X向对刀		在弹出的"车床工件测量"对话框中，测得所车外圆直径"47.306"，将此测量值47.306+0.2=47.506备用
			按下<OFFSET/SETT>键，进入参数设定页面，按下<形状>软键，进入"刀具补正/形状"页面
			按下<翻页>键或<光标>键，将光标移动到与刀具号对应的番号01"X"处，输入"X47.506"，按<测量>软键，系统自动把计算后的工件X向零点偏置值输入到"X"处，完成X向的对刀操作
6	设置刀具补偿参数		将光标移动到与刀具号对应的番号01"R"处，输入刀尖圆弧半径"0.4"，按<输入>软键或<INPUT>键，将光标移动到01"T"处，输入刀尖方位号"3"，按<输入>软键，完成刀具补偿参数的设置。至此完成外圆车刀的对刀操作

（续）

步骤		图示	操作说明
7	对刀验证		选择"手动"模式，移动刀架至换刀安全位置
			选择"MDI"模式，按下<PROGRAM>键，打开"MDI"程式界面，在程序"O0000"中输入测试程序段"T0101 S500 M03；/G00 X100.0 Z100.0；/Z0.0；/X52.0；"（X取毛坯直径+2mm）
			单击<单段执行>键，按下"循环启动"按钮，运行测试程序
			执行完"Z0.0；"，观察刀尖与工件右端面是否处于同一平面，如在同一平面则Z向对刀正确 否则，对刀操作不正确
			执行完"X52.0；"，观察刀尖与工件外圆处的间隙是否适当，若适当则X向对刀正确 否则，对刀操作不正确
			若对刀操作不正确，查找原因，重新对刀

表 1-49　外圆切槽刀（左刀尖）的对刀

步骤		图示	操作说明
1	换2号刀		选择"手动"模式，移动刀架至换刀安全位置
		1-8 外圆切槽刀（左刀尖）的对刀	选择"MDI"模式，按下<PROGRAM>键，打开"MDI"程式界面
			在程序"O0000"中输入"T0200；"，按下<INSERT>键→"循环启动"按钮，2号刀成为当前刀具

(续)

步骤		图示	操作说明
2	指定主轴转速	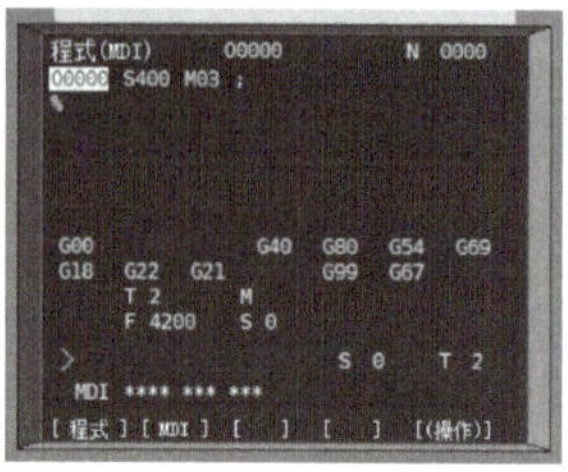	在程序"O0000"中输入"S400 M03；"，按下<INSERT>键 → "循环启动"按钮，主轴以 400r/min 正转
3	接近工件	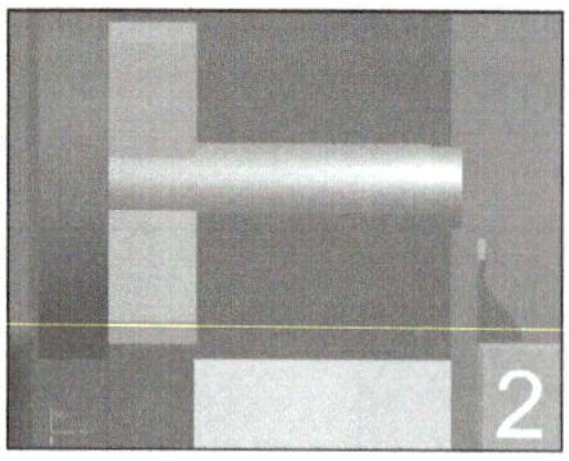	选择"手动"模式，单击相应的<轴方向>键，选择合适的倍率，再单击<快速>键，控制机床向相应的轴方向"+X/-X/+Z/-Z"手动连续移动，将刀具快速移动到接近工件位置 10 ~ 20mm 左右
4	左刀尖 Z 向对刀	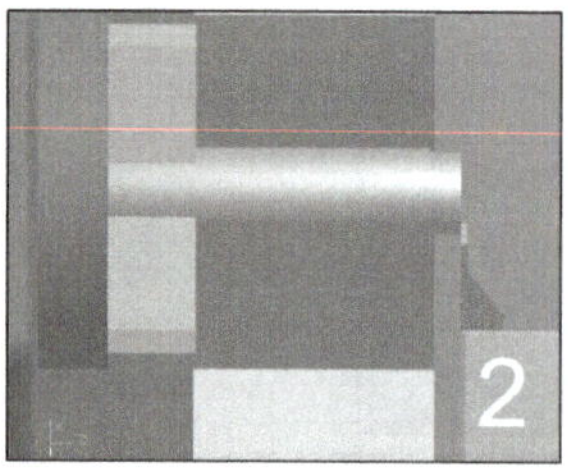	左刀尖 Z 向对刀即接触右端面
			选择手轮轴。单击操作面板上的<手轮 X>键或<手轮 Z>键
			单击手轮步长 <1×100>键，<手轮 X>、<手轮 Z>交替使用，接近时选 <1×10> 或 <1×1>键，将鼠标指针对准手轮，单击鼠标右键或左键来转动手轮，向选定轴"+、-"方向精确移动机床，使切槽刀左刀尖轻轻接触工件右端面，不进行切削加工
			单击<手轮 Z>键，选择手轮步长 <1×100>键，+Z 方向移动 2 格（0.2mm），该数值以实际移动量为准
			在 Z 轴不动的情况下，单击<手轮 X>键，或"手动"模式，+X 方向移动到安全位置
		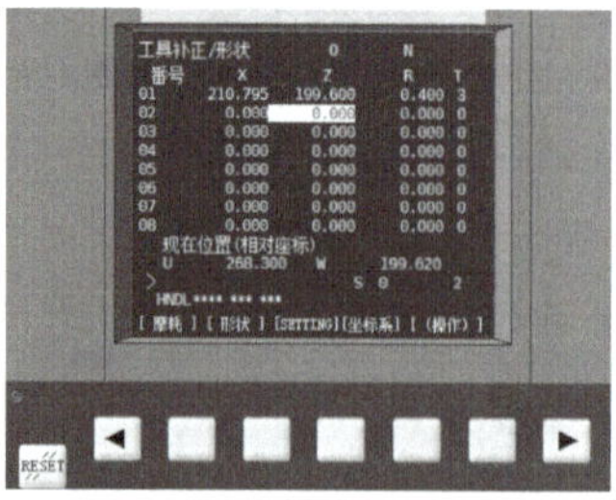	按下<OFFSET/SETT>键，进入参数设定页面，按下<形状>软键，进入"刀具补正/形状"页面
		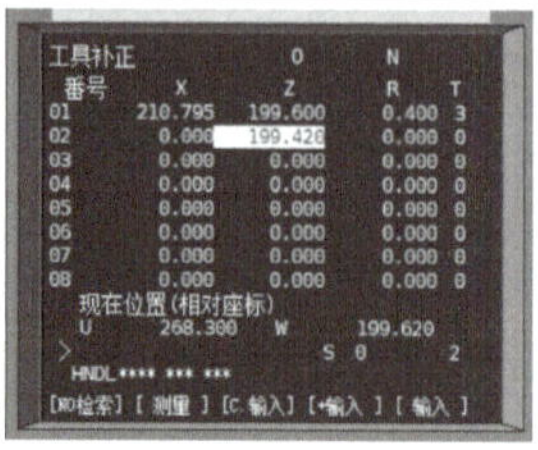	按下 MDI 键盘上的<翻页>键或<光标>键，将光标移动到与刀具号对应的番号 02"Z"处，输入"Z0.2"，按<测量>软键，系统自动把计算后的工件 Z 向零点偏置值输入到"Z"处，完成 Z 向的对刀操作

项目1 阶梯轴的编程与加工

（续）

步骤	图示	操作说明
5　X向对刀	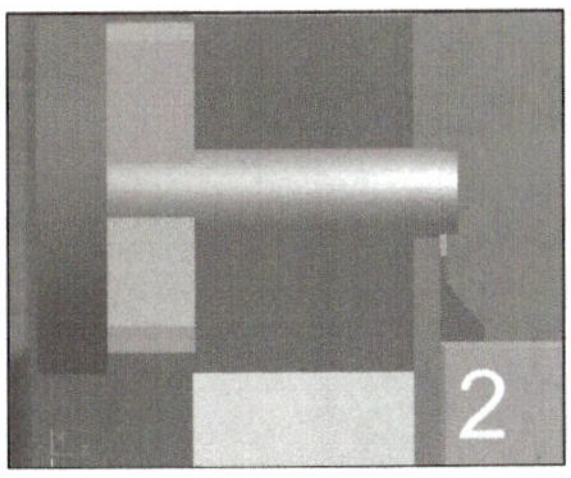	X向对刀即车削外圆
		单击<手轮X>键，选择手轮步长<1×100>键，-X方向移动刀架使刀具接触工件外圆，背吃刀量尽量小一些，减少刀具损坏
		单击<手轮Z>键，选择手轮步长<1×10>键，-Z方向连续车削一段长约10mm的外圆（比外圆车刀车削的略短一点）
		单击<手轮X>键，选择手轮步长<1×100>键，+X方向移动2格（0.2mm），该数值以实际移动量为准
		在X轴不动的情况下，单击<手轮Z>键，或"手动"模式，+Z方向移动到安全位置
		单击<主轴停止>键，使主轴停止转动
		 选择菜单栏"测量"→"剖面图测量"命令，在弹出的对话框中，选择"否"
		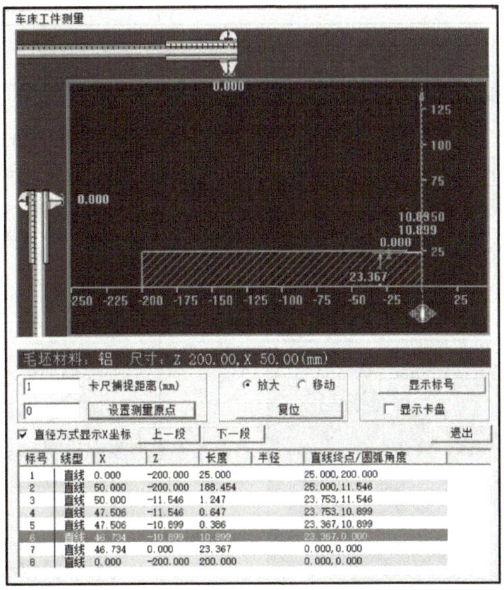 在弹出的"车床工件测量"对话框中，测得所车外圆直径"46.734"，将此测量值46.734+0.2=46.934备用

(续)

步骤		图示	操作说明
5	X 向对刀	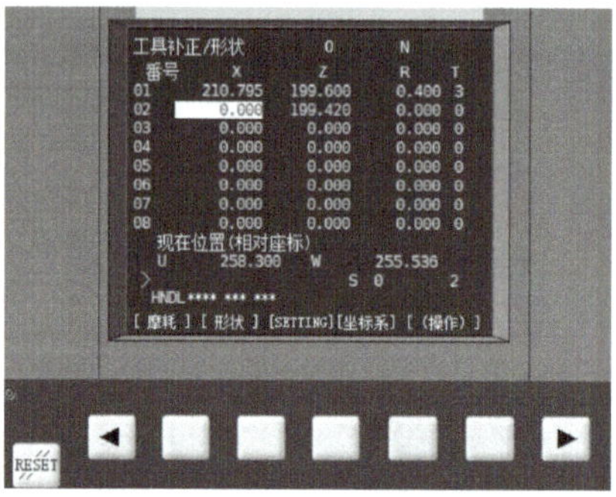	按下 <OFFSET/SETT> 键，进入参数设定页面，按下 <形状> 软键，进入"刀具补正/形状"页面
		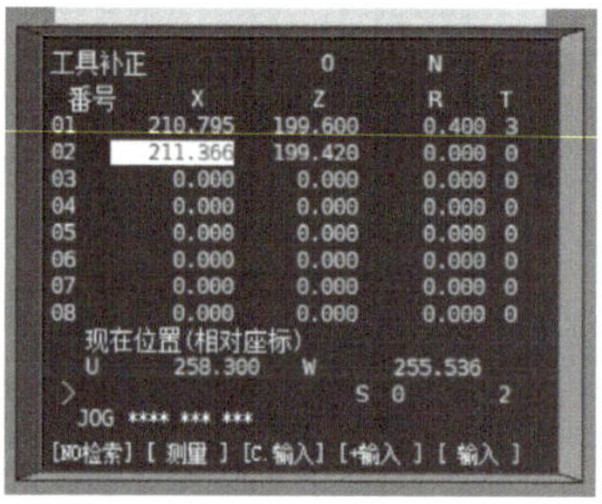	按下 <翻页> 键或 <光标> 键，将光标移动到与刀具号对应的番号 02"X"处，输入"X46.934"，按 <测量> 软键，系统自动把计算后的工件 X 向零点偏置值输入到"X"处，完成 X 向的对刀操作 完成外圆切槽刀的对刀操作
6	对刀验证	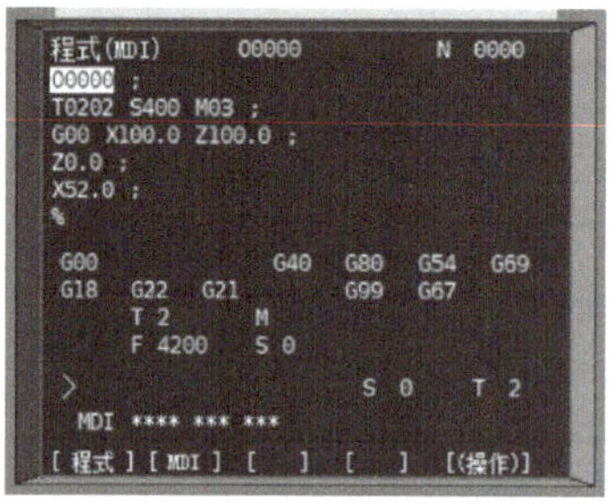	选择"手动"模式，移动刀架至换刀安全位置
			选择"MDI"模式，按下 <PROGRAM> 键，打开 MDI 程式界面，在程序"O0000"中输入测试程序段"T0202 S400 M03；/G00 X100.0 Z100.0；/Z0.0；/X52.0；"
			单击 <单段执行> 键，按下"循环启动"按钮，运行测试程序
		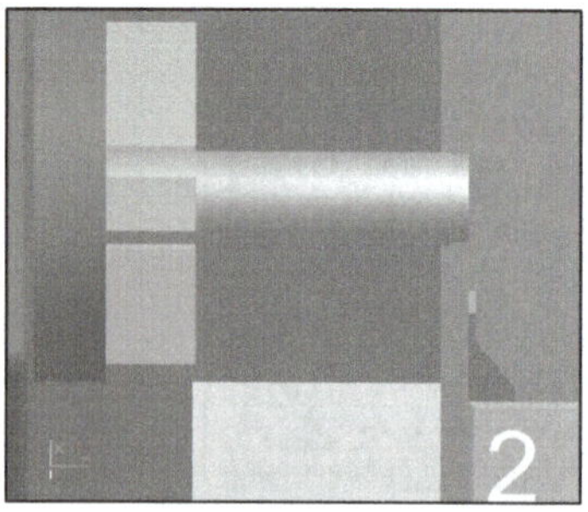	执行完"Z0.0；"，观察左刀尖与工件右端面是否处于同一平面，如在同一平面则 Z 向对刀正确 否则，对刀操作不正确
		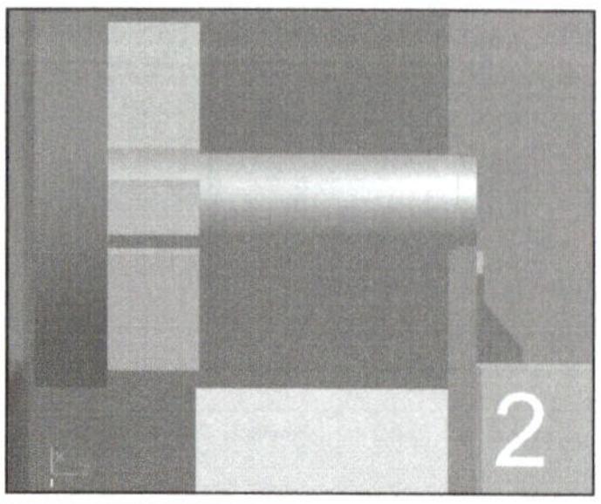	执行完"X52.0；"，观察左刀尖与工件外圆处的间隙是否适当，若适当则 X 向对刀正确 否则，对刀操作不正确
			若对刀操作不正确，查找原因，重新对刀

对刀操作注意事项：

1）在刀具对刀前，应确保机床已完成返参考点操作。

2）按<输入>软键或<INPUT>键，属于覆盖性输入，后输入的值将替换前次的值；按<+输入>软键，属于叠加性输入。

3）一般情况下，外圆车刀和内孔镗刀需在加工有圆弧和圆锥轮廓的工件时，进行刀尖圆弧半径补偿编程及刀具补偿参数设置。即在进行刀尖圆弧半径补偿时，除在程序中使用刀尖圆弧半径补偿指令G41/G42/G40外，还必须在"刀具补正/形状"页面中输入相应的刀尖半径 R 和刀尖方位号。其他刀具，如切槽刀、螺纹车刀和钻头则不需要进行设置。

1.6.4 首件试切

在程序试运行轨迹完全正确后，可进行首件试切，操作过程如下：

（1）选择程序　选择程序O0101，确认光标置于程序开始处。

（2）选择运行模式　选择"自动"模式，单击<单段执行>键。

（3）自动加工　按下"循环启动"按钮，机床开始自动加工，模拟加工结果如图1-19所示。

1-9 首件试切和零件的检测

1.6.5 零件的检测与质量分析

1. 零件的检测

用数控加工仿真系统的卡尺，完成阶梯轴零件的测量。操作步骤如下：

（1）选择菜单"测量"→"剖面图测量"命令，对"是否保留半径小于1的圆弧？"选择"否"，系统弹出如图1-20所示的"车床工件测量"对话框。

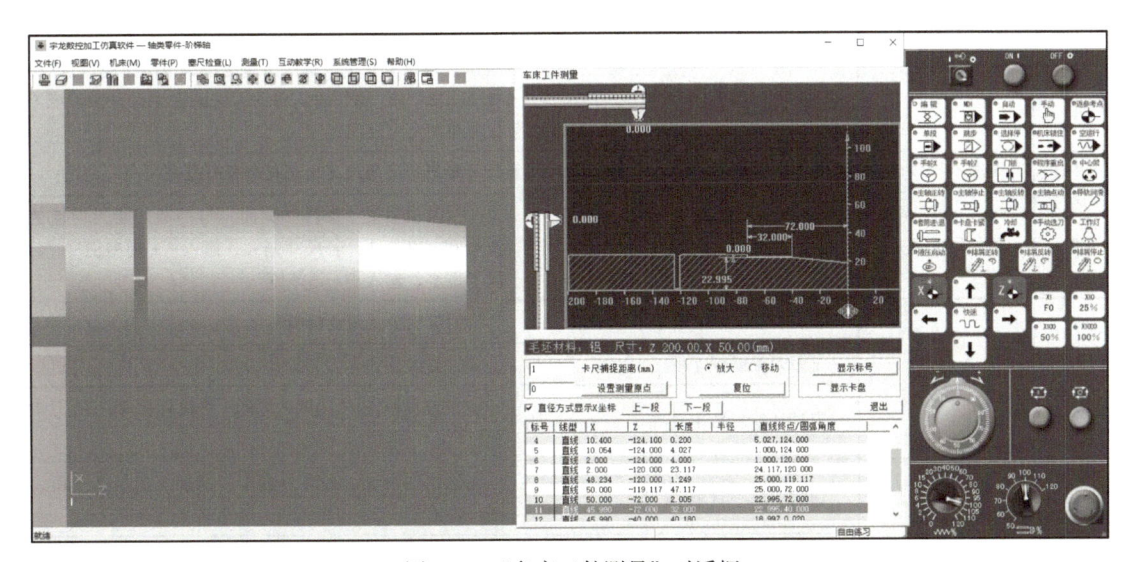

图1-20　"车床工件测量"对话框

（2）在"车床工件测量"对话框中分别单击1号刀和2号刀的加工表面，在下半部分的标号中，该线段会突出显示，可读取线段数据，记下对应的 X、Z 值，并填写表1-50阶梯轴零件质量检验单。

表 1-50 阶梯轴零件质量检验单

序号	项目	内容	量具	检测结果	结论 合格	结论 不合格
1	长度	40mm	0～125mm 游标卡尺			
2		120mm				
3	深度	72mm	0～150mm 深度千分尺			
4	外圆	$\phi 46_{-0.025}^{0}$ mm	25～50mm 外径千分尺			
5	锥度	1：5	锥度环规			
6	未注倒角	C1	45°倒角游标卡尺			
7	表面粗糙度	$Ra1.6\mu m$	表面粗糙度检测仪			
阶梯轴	检测结论		合格　□		不合格　□	

（3）与图样尺寸进行对比，若在公差范围内，判定该零件为合格产品。

（4）如有超差，应分析产生原因，检查编程、对刀、补偿值设定等工作环节，有针对性地进行修改和调整，再次进行试切，直到产品合格为止。

（5）测量完毕，单击"退出"按钮。

2. 质量分析

根据零件的加工过程和检测情况，分析不合格品产生的原因，并提出质量改进措施，优化程序，产生不合格项目的原因及质量改进措施见表 1-51。

表 1-51 阶梯轴零件质量改进措施单

序号	不合格项目	产生原因	改进措施
1	直径尺寸超差	对刀不准确引起尺寸超差	在"刀具补正/磨耗"页面，与外圆车刀对应的番号01"X"处，若尺寸偏大，输入"-超差值"；若尺寸偏小，输入"+超差值"
		刀具补偿参数不准确	在"刀具补正/形状"页面，与外圆车刀对应的番号01"R"或"T"处，修改刀尖圆弧半径补偿值或刀尖方位号
		车刀刀尖磨损	更换刀片或修改刀尖圆弧半径补偿值
2	总长尺寸超差	对刀不准确引起尺寸超差	在"刀具补正/磨耗"页面，与外圆切槽刀对应的番号02"Z"处，若尺寸偏大，输入"+超差值"；若尺寸偏小，输入"-超差值"
3	锥度超差	锥度的小端尺寸计算不准确	按照锥度公式重新计算
		车刀刀尖磨损	及时更换外圆车刀刀片
		刀具补偿参数不准确	在"刀具补正/形状"页面，修改外圆车刀的刀尖圆弧半径补偿值或刀尖方位号
4	表面粗糙度超差	切削用量不合理	优化切削用量。提高外圆车刀精加工的切削速度、减小进给量
		车刀刀尖磨损	及时更换刀片
		产生积屑瘤	避开产生积屑瘤的切削速度
		刀柄刚性差，产生振动	选用刚性好的刀具
		刀具安装不正确	检查安装情况，重新正确安装该刀具

任务 1.7 认识数控车床面板

FANUC 0i Mate 系统数控车床的面板包括操作面板和系统面板。掌握面板上按键或按钮的功能是安全规范操作机床和文明生产的基础。

1.7.1 数控车床操作面板功能

操作面板用于直接控制机床的动作和加工过程。FANUC 0i Mate 系统数控车床操作面板如图 1-21 所示，各键的功能见表 1-52。

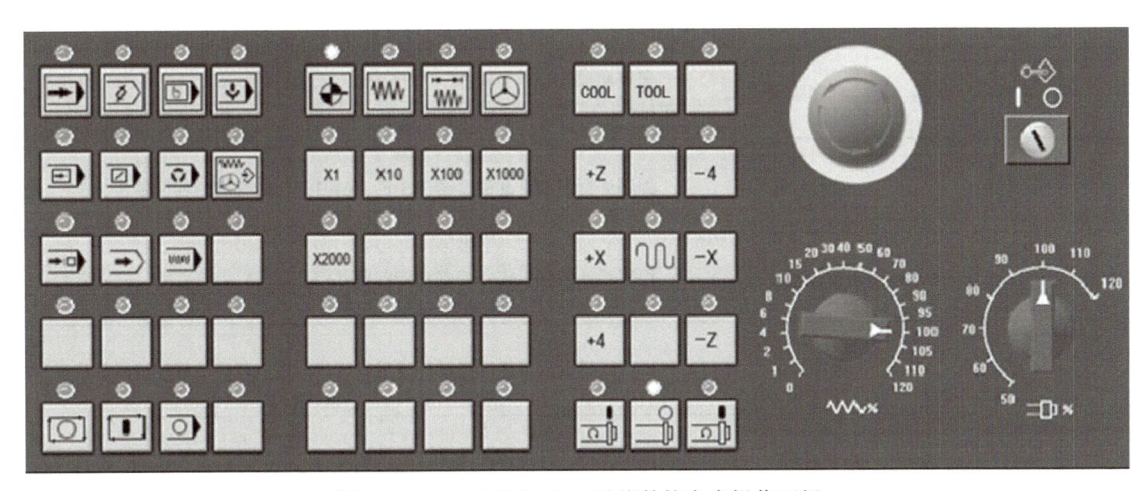

图 1-21 FANUC 0i Mate 系统数控车床操作面板

表 1-52 FANUC 0i Mate 系统数控车床操作面板各键的功能

按键或按钮	名称		功能说明
	AOTO 自动	操作模式选择	按下此键，系统进入自动加工模式
	EDIT 编辑		按下此键，系统进入程序编辑状态，用于直接通过操作面板输入程序和编辑程序
	MDI 手动数据输入		按下此键，系统进入 MDI 模式，用于手动输入数据并执行指令
	文件传输		按下此键，系统进入文件传输模式，通过 RS232 接口将数控系统与计算机相连并传输文件
	REF 返参考点		按下此键，系统进入返参考点（回零）模式，开机后首先执行返回参考点操作

（续）

按键或按钮	名称		功能说明
	操作模式选择	JOG 手动	系统进入手动模式，通过手动连续移动各轴
		INC 增量进给	系统进入手动脉冲进给模式
		HANDLE 手轮进给	系统进入手轮模式，通过手轮移动各坐标轴
	单段执行		在自动模式和 MDI 模式下按下此键，运行程序时每次执行一条程序指令
	程序跳段		在自动模式下按下此键，程序中的"/"符号有效，程序运行时直接跳过标有"/"的程序段
	选择停止		程序运行前按下此键，程序中的"M01"指令有效，程序停止
	手动示教		用于手动控制机床，发现机床问题并校正
	程序重启		由于刀具破损等原因自动停止后，程序可以从指定的程序段重新启动
	机床锁		按下此键，各轴被锁定，只运行程序
	空运行		按下此键，系统进入空运行模式，各轴以固定的速度快速运动，用于检查机床的运动
	循环启动		① 在自动模式和 MDI 模式下，程序运行开始； ② 其余模式下无效
	进给保持		① 在程序运行过程中按下此键，程序运行暂停； ② 再按 < 循环启动 > 键，可恢复程序运行
	程序停止		在自动运行模式下，遇到"M00"指令，程序停止
	主轴控制开关	主轴正转	在手动模式下按下此键，主轴正转
		主轴反转	在手动模式下按下此键，主轴反转
		主轴停止	在手动模式下按下此键，主轴停止
	切削液开关		按下此键，执行切削液开或关

（续）

按键或按钮	名称	功能说明
TOOL	手动选刀	按下此键，在刀库中选刀。每按一次，刀架顺时针转动一个刀位
+X －X	X轴手动进给	在手动模式下，按下<+X>或<-X>，控制机床向+X或-X方向移动
+Z －Z	Z轴手动进给	在手动模式下，按下<+Z>或<-Z>，控制机床向+Z或-Z方向移动
∿	快速进给	在手动模式下，按下<快速>键和一个坐标轴方向键，机床处于手动快速移动状态
X1 X10 X100	手轮进给倍率选择键	在手轮模式下，手轮每格移动量X1、X10、X100键，分别代表0.001mm、0.01mm、0.1mm
⏺	紧急停止按钮	按下此按钮，可使机床和数控系统紧急停止，旋起按钮，系统重新复位。主要应对突发事件，防止事故发生
🔑	程序保护开关	① 钥匙开关置于"│"，可编辑程序； ② 钥匙开关置于"O"，禁止编辑程序
⏲	进给速度调节旋钮	用于调整自动加工时进给速度F的倍率，范围为0～120%
⏲	主轴转速调节旋钮	用于调节主轴转速，范围为50%～120%。

1.7.2 数控车床系统面板功能

系统面板主要用于程序编辑和参数设置。FANUC 0i Mate 数控车床系统面板如图1-22所示，各键的功能见表1-53。

图 1-22 FANUC 0i Mate 数控车床系统面板

表 1-53 FANUC 0i Mate 数控车床系统面板各键的功能

按键图标	名称		功能说明
RESET	复位键		按下此键，可使 CNC 系统复位或者清除报警等
POS	主功能键	位置显示页面	显示机床当前位置
PROG		程序显示与编辑页面	显示程序管理界面
OFS/SET		刀偏显示/参数设置页面	显示刀具补偿参数页面、参数设置页面或坐标系设置页面
SYETEM		系统参数页面	显示系统参数页面
MSG		信息页面	信息显示页面，如"报警"信息
CSTM/GR		图形参数设置/用户宏页面	图形参数设置页面，也可显示用户宏页面，在自动加工状态下切换至图形轨迹界面
ALTER	编辑键	替换键	字符替换。用输入的数据替换光标所在位置的数据
INSERT		插入键	字符插入。将输入域中的内容插入到光标之后的位置
DELETE		删除键	字符删除。删除光标所在位置的数据，或者删除一个或全部程序
SHIFT		切换键	输入字符切换。按下该键，再按下字符键，将输入该键右下角的字符
CAN		取消键	用于删除输入区域内（缓冲区）的最后一个字符或符号
EOB E		回车换行键	用于程序段结束时";"的输入，并且换行
INPUT		输入键	把输入区域内的数据输入到参数页面
HELP		帮助键	显示如何操作机床
PAGE		向上翻页	CRT 显示界面中显示内容的向上翻页

（续）

按键图标	名称	功能说明
PAGE ↓	向下翻页	CRT 显示界面中显示内容的向下翻页
←↑→↓	光标移动键	在修改程序或参数时，控制光标按箭头指示方向移动： ① ↑ 向上移动光标；② ↓ 向下移动光标； ③ ← 向左移动光标；④ → 向右移动光标
O_P N_Q G_R X_C Z_Y F_L M_I S_K T_J U_H W_V EOB_E	字母（地址）键	① 实现字符（字母）的输入； ② 按下 ⇧ 键，再单击字母键，将输入该键右下角的字符，如：O-P，N-Q 等。 ③ ⏎ 为回车换行键，用于程序段结束时";"的输入，并且换行
7_A 8_B 9_D 4 5 6_SP 1 2_# 3_= -_+ 0. ./	数字键	① 实现字符（数字）的输入； ② 按下 ⇧ 键，再单击数字键，将输入该键右下角的字符，如：7-A，8-B 等

任务 1.8　阶梯轴的生产加工

在 FANUC 0i Mate 系统数控车床上完成阶梯轴零件的生产加工。

1.8.1　加工准备

1. 零件生产前的准备工作

为保障阶梯轴零件顺利生产，加工前的准备工作必不可少，操作步骤及说明见表 1-54。

表 1-54　零件生产前的准备工作

步骤		操作说明
1	领取零件毛坯	领取毛坯，检验毛坯是否符合尺寸要求，是否留有足够的加工余量
2	领取刀具和量具	携带表 1-31"阶梯轴数控加工刀具卡"和表 1-32"阶梯轴数控加工量具清单"去工具室领取所需刀具和量具
3	熟悉数控车床安全操作与文明生产的内容	详见附录 A《安全技术操作总则》、附录 B《数控车床安全操作规程》、附录 C《机械加工工艺守则总则》、附录 D《数控车加工工艺守则》和附录 E《数控车床的维护与保养》

2. 开机操作

数控车床安全操作细节不容忽视，开机操作步骤见表 1-55。

表 1-55 开机操作

步骤		操作说明
1	电源接通前检查	依据附录 F《设备点检卡（数控车）》检查机床有无异常情况，检查完毕执行开机操作
2	接通电源	按机床通电顺序通电，打开外部电源→稳压电源→机床总电源→数控系统电源→旋起急停按钮
3	通电后检查	检查"位置显示"页面屏幕是否显示。如有错误，会显示相关报警信息。依据提示，正确处理，解除报警

安全警示：在未显示位置屏幕或报警屏幕之前，不要操作系统，否则会发生意外

3. 返参考点操作

本系统开机后需执行返参考点操作，操作步骤见表 1-56。

表 1-56 返参考点操作

步骤		操作说明
1	X 轴返参考点操作	选择 < 返参考点 > 模式，指示灯亮，按下操作面板上的 <+X> 键，"X 参考点"灯亮，X 轴返回参考点
2	Z 轴返参考点操作	按下操作面板上的 <+Z> 键，"Z 参考点"灯亮，Z 轴返回参考点
3	移动刀架至换刀安全位置	选择 < 手动 > 模式，指示灯亮，交替按下 <-Z> 键和 <-X> 键，移动刀架至换刀安全位置

安全警示：
1. 在执行返参考点操作时，应确保机床当前位置在参考点负方向一段距离。
2. 为防止刀架与尾座相撞，在返参考点时应先回 X 轴，再回 Z 轴。
3. 操作过程中，机床运动到达极限超程时，须按 < 复位 > 键，重复上述操作。
4. 以下几种情况需要执行返参考点操作：
①机床在急停信号解除后。②机床超程报警解除后。③伺服系统（变频器）报警后。④使用机床锁、空运行、图形模拟加工后。

4. 装夹工件

采用自定心卡盘（软卡爪）夹持毛坯棒料，找正工件。手持毛坯将一端水平装入卡盘，伸出卡盘外 130～135mm 左右，右手拿工件稍做转动，左手配合右手旋紧卡盘扳手，将工件夹紧。因 ϕ50mm 的外圆柱面在本工序中不加工，故需仔细找正，将全跳动量控制在 ϕ0.01mm 以内。

5. 装夹刀具

（1）检查刀具　选择程序指定的刀具，检查所用刀具螺钉是否夹紧，刀片是否完好。
（2）安装刀具　正确、可靠地装夹刀具。将 T01 外圆车刀安装在 1 号刀位，T02 外圆切槽刀安装在 2 号刀位，安装刀具时应注意伸出长度、刀尖高度和工作角度。

知识链接：如何正确安装刀具？

1. 车刀的伸出长度。装夹时让刀杆贴紧刀台，伸出刀架的长度在保证加工要求的前提下越短越好，一般为刀杆厚度的 1～1.5 倍。伸出过长会使刀杆刚性变差，切削时受切削力的作用产生变形造成振动，影响工件的表面质量。

2. 车刀的刀尖高度。车刀刀尖应与工件回转中心等高或略高，刀杆中心线应与进给方向垂直。车刀刀垫要平整，数量少，而且要与刀架对齐，以防产生振动。

3. 车刀的工作角度。在车削台阶时，主偏角应大于 90°，否则车出的台阶面与工件轴线不垂直。

4. 正确紧固刀架螺栓。至少要用两个螺钉压紧刀具，并轮流逐个拧紧，拧紧力要适当。

1.8.2　程序的输入与校验

1. 程序的输入

程序的输入有手动输入和自动输入两种方式。

（1）创建程序　该零件采用手动输入方式，应用 MDI 键盘将程序"O0101"输入到机床中。手动创建程序 O0101 的操作步骤及说明见表 1-57。

表 1-57　手动创建程序

步骤		操作说明
1	进入编辑状态	选择 <编辑> 模式，按下 <PROGRAM> 键，CRT 显示界面转入程式页面
2	创建程序号 O0101	使用字母/数字键，输入地址"O"及程序号"0101"→按下 <INSERT> 键 → <EOB> 键 → <INSERT> 键，即创建了一个新的程序号
3	逐段输入程序	输入一个程序段，按下 <EOB> 键 → <INSERT> 键，将该语句插入。直到"O0101"所有程序段被输入并显示在 CRT 显示界面上

（2）程序的编辑和修改　程序检查中发现的错误，必须进行修改，即对某些字进行修改、插入或删除。程序的编辑和修改操作方法参见表 1-44。

（3）删除程序　存储到内存中的程序可以被删除。可以删除一个程序，也可以同时删除多个程序或一次删除所有程序。删除程序的操作方法参见表 1-45。

2. 程序校验

为防止因数据输入错误等原因造成的不良后果，利用机床空运行和图形模拟功能进行程序校验，观察加工时刀具轨迹的变化，操作步骤及说明见表 1-58。

表 1-58　程序校验

步骤		操作说明
1	选择程序，确认光标置于程序开始处	选择 <编辑> 模式，按下 <PROGRAM> 键，CRT 显示界面转入程式页面。使用字母/数字键，输入地址"O"及程序号"0101"→按下 <O 检索> 软键，O0101 号程序成为当前程序。按下 <RESET> 复位键，确认程序 O0101 的光标置于程序开始处

(续)

步骤		操作说明
2	选择运行模式	选择<自动>模式，按下<机床锁>键和<空运行>键
3	图形模拟	按下<CSTM/GRAPH>键，进入"图形参数设置"页面→按下<参数>软键→设置图形参数→按下<图形>软键→进入"刀具路径模拟"页面。按下"循环启动"按钮，观察程序的运行轨迹
		对检查中发现的错误进行修改，直到程序试运行轨迹完全正确为止
		退出"刀具路径模拟"页面，关闭<机床锁>键和<空运行>键，执行返参考点操作

1.8.3 对刀设置

对刀是保证加工精度和生产效率的重要环节。在生产中常采用试切法对刀，T01外圆车刀的对刀操作步骤见表1-59，T02外圆切槽刀（左刀尖）的对刀操作步骤见表1-60。

表1-59 外圆车刀的对刀

步骤		操作说明
1	换1号外圆车刀	选择<手动>模式，移动刀架至换刀安全位置
		选择<MDI>模式，按下MDI面板上的<PROGRAM>键，打开MDI程式界面，在程序"O0000"中输入四位数的换刀指令"T0100;"，按下<INSERT>键→"循环启动"按钮，1号刀成为当前刀具
2	指定主轴转速	在程序"O0000"中输入"S500 M03;"，按下<INSERT>键→"循环启动"按钮，主轴以500r/min正转
3	接近工件	选择<手动>模式，按下相应的轴方向键 +X -X +Z -Z ，选择合适的倍率，再按下<快速>键，将刀具快速移动到接近工件位置10～20mm处
		选择<手轮>模式，<X>、<Z>轴交替使用，先选择<1×100>键，接近时选<1×10>或<1×1>键，执行X轴或Z轴的精确移动，使刀具超过工件右端面0.5mm左右
4	Z向对刀（车削右端面）	选择<X>轴和<1×10>键，-X方向连续车削工件右端面
		选择<Z>轴和<1×100>键，+Z方向移动2格（0.2mm），该数值以实际移动量为准
		在Z轴不动的情况下，选择<手轮>或<手动>模式，将刀具沿+X方向移动到安全位置
		按下<OFFSET/SETT>键，进入"刀偏显示/参数设置"页面→按下<偏置>软键→<形状>软键，进入"刀具补正/形状"页面
		按下<翻页>键或<光标>键，将光标移动到与刀具号对应的番号01"Z"处，输入"Z0.2"，按下<测量>软键，系统自动把计算后的工件Z向零点偏置值输入到"Z"处，完成Z向的对刀操作
5	X向对刀（车削外圆）	选择<手轮>模式，选择<X>轴和<1×100>键，-X方向移动刀架使刀具接触工件外圆，试切背吃刀量以2～3mm为宜，可使刀尖切削过毛坯的氧化层，减少刀具损坏
		选择<Z>轴和<1×10>键，-Z方向连续车削一段长约10mm的外圆

（续）

步骤		操作说明
5	X向对刀（车削外圆）	选择<X>轴和<1×100>键[X100]，+X方向移动2格（0.2mm），该数值以实际移动量为准
		在X轴不动的情况下，选择<手轮>或<手动>模式，将刀具沿+Z方向移动到安全位置
		按下<主轴停止>键[图]，使主轴停止转动
		用外径千分尺多点位多次测量所车外圆直径，将"测量值+0.2"备用
		按下<OFFSET/SETT>键[图]，进入"刀偏显示/参数设置"页面→按下<偏置>软键→<形状>软键，进入"刀具补正/形状"页面
		按下<翻页>键[PAGE]或<光标>键[↑↓←→]，将光标移动到与刀具号对应的番号01"X"处，输入X"备用值"，按下<测量>软键，系统自动把计算后的工件X向零点偏置值输入到"X"处，至此完成X向的对刀操作
6	设置刀具补偿参数	将光标移动到与刀具号对应的番号01"R"处，输入刀尖圆弧半径"0.4"，按下<输入>软键或<INPUT>键[图]，将光标移动到01"T"处，输入刀尖方位号"3"，按下<输入>软键，完成刀具补偿参数的设置，至此完成外圆车刀的对刀操作
7	对刀验证	选择<手动>模式[图]，移动刀架至换刀安全位置
		选择<MDI>模式[图]，按下<PROGRAM>键[图]，打开MDI程式界面，在程序"O0000"中输入测试程序段"T0101 S500 M03；/G00 X100.0 Z100.0；/Z0.0；/X52.0；"（X取毛坯直径+2mm）
		按下<单段执行>键[图]，再按下"循环启动"按钮[图]，运行测试程序
		执行完"Z0.0；"，观察刀尖与工件右端面是否处于同一平面，如在同一平面内则Z向对刀正确，否则，对刀操作不正确。执行完"X52.0；"，观察刀尖与工件外圆处的间隙是否适当，若适当则X向对刀正确，否则，对刀操作不正确
		若对刀操作不正确，查找原因，重新对刀

表1-60 外圆切槽刀（左刀尖）的对刀

步骤		操作说明
1	换2号外圆切槽刀	选择<手动>模式[图]，移动刀架至换刀安全位置
		选择<MDI>模式[图]，按下MDI面板上的<PROGRAM>键[图]，打开MDI程式界面，在程序"O0000"中输入"T0200；"，按下<INSERT>键[图]→按下"循环启动"按钮[图]，2号刀成为当前刀具
2	指定主轴转速	在程序O0000中输入"S400 M03；"，按下<INSERT>键[图]→按下"循环启动"按钮[图]，主轴以400r/min正转
3	接近工件	选择<手动>模式[图]，按下相应的轴方向键[+X][-X][+Z][-Z]，选择合适的倍率，再按下<快速>键[图]，将刀具快速移动到接近工件位置10～20mm处
4	左刀尖Z向对刀（接触右端面）	选择<手轮>模式[图]，<X>、<Z>轴交替使用，先选择<1×100>键[X100]，接近时选<1×10>[X10]或<1×1>键[X1]，执行X轴或Z轴的精确移动，使外圆切槽刀左刀尖轻轻接触工件右端面，不进行切削加工
		选择<Z>轴和<1×100>键[X100]，+Z方向移动2格（0.2mm），该数值以实际移动量为准
		在Z轴不动的情况下，选择<手轮>或<手动>模式，将刀具沿+X方向移动到安全位置

（续）

步骤		操作说明
4	左刀尖Z向对刀（接触右端面）	按下<OFFSET/SETT>键，进入"刀偏显示/参数设置"页面→按下<偏置>软键→<形状>软键，进入"刀具补正/形状"页面
		按下<翻页>键或<光标>键，将光标移动到与刀具号对应的番号02"Z"处，输入"Z0.2"，按下<测量>软键，系统自动把计算后的工件Z向零点偏置值输入到"Z"处，完成Z向的对刀操作
5	X向对刀（车削外圆）	选择<手轮>模式，选择<X>轴和<1×100>键，-X方向移动刀架使刀具接触工件外圆，试切背吃刀量尽量小一些，减少刀具损坏
		选择<Z>轴和<1×10>键，-Z方向连续车削一段长约10mm的外圆（比外圆车刀车削的略短一点）
		选择<X>轴和<1×100>键，+X方向移动2格（0.2mm），该数值以实际移动量为准
		在X轴不动的情况下，选择<手轮>或<手动>模式，将刀具沿+Z方向移动到安全位置
		按下<主轴停止>键，使主轴停止转动
		用外径千分尺多点位多次测量所车外圆直径，将"测量值+0.2"备用
		按下<OFFSET/SETT>键，进入"刀偏显示/参数设置"页面→按下<偏置>软键→<形状>软键，进入"刀具补正/形状"页面
		按下<翻页>键或<光标>键，将光标移动到与刀具号对应的番号02"X"处，输入X"备用值"，按下<测量>软键，系统自动把计算后的工件X向零点偏置值输入到"X"处，完成X向的对刀操作。至此完成外圆切槽刀的对刀操作
6	对刀验证	选择<手动>模式，移动刀架至换刀安全位置
		选择<MDI>模式，按下<PROGRAM>键，打开MDI程式界面，在程序"O0000"中输入测试程序段"T0202 S400 M03；/G00 X100.0 Z100.0；/Z0.0；/X52.0；"
		单击<单段执行>键，按下"循环启动"按钮，运行测试程序
		执行完"Z0.0；"，观察左刀尖与工件右端面是否处于同一平面，如在同一平面，则Z向对刀正确，否则，对刀操作不正确。执行完"X52.0；"，观察左刀尖与工件外圆处的间隙是否适当，若适当则X向对刀正确，否则，对刀操作不正确

对刀操作注意事项参见仿真实战中的对刀操作注意事项。

1.8.4 首件试切

程序试运行轨迹完全正确后，可进行首件试切，操作过程如下：

（1）选择程序　选择程序O0101，确认光标置于程序开始处。

（2）调整倍率　调整"进给倍率"旋钮和"主轴倍率"旋钮至50%，调整"快速倍率"旋钮至25%。

（3）选择运行模式　选择<自动>模式，按下<单段执行>键。

（4）自动加工　按下"循环启动"按钮，机床开始自动加工。加工中注意观察切削情况，逐步将进给倍率和主轴倍率调至最佳状态。

知识链接：首件试切注意事项

1.试切削前，可预留一个精加工余量的磨耗。

具体操作是：按下<OFFSET/SETT>键，进入"刀具补正/磨耗"页面，将光标移动到与刀具号对应的番号"X"处，输入"X __"（此值为一个精加工余量）。

2. 由于某些原因需要将自动运行的程序停止时，可以采用以下3种方法：

（1）按下"进给保持"按钮，使其停止。

（2）对于试切的零件，在外轮廓粗加工程序后，精加工程序前使用"程序暂停"指令M00。

（3）对于试切的零件，在外轮廓粗加工程序后，精加工程序前使用"选择停止"指令M01，但需在程序运行前先按下＜选择停止＞键。

外轮廓粗加工后精加工前机床的暂停操作，主要是为了测量零件尺寸是否符合要求，根据测量结果对磨耗值进行修改，修正的方法是修改相应刀具的磨耗值（输入值＝编程尺寸－测量值）。

无论选择哪种方式，程序停止后再次按下"循环启动"按钮，程序继续运行。

3. 当加工过程中出现异常时，按下"紧急停止"按钮，系统停止运行。待查明原因，排除故障后，旋起"紧急停止"按钮，按下＜RESET＞复位键，执行返参考点操作。

1.8.5　零件的检测与质量分析

1. 零件的检测

根据零件图样要求，自检零件各部分尺寸，并填写表1-50所示的阶梯轴零件质量检验单。与图样尺寸进行对比，若在公差范围内，则判定该零件为合格产品；如有超差，应分析产生原因，检查编程、对刀、补偿值设定等工作环节，有针对性地进行修改和调整，再次进行试切，直到产品合格为止。

2. 质量分析

根据零件的加工过程和检测情况，分析不合格品产生的原因，并提出质量改进措施，优化程序，产生不合格项目的原因及质量改进措施见表1-51。

1.8.6　生产订单

1. 批量生产

首件合格，进入批量生产，每件产品自检合格方可下机。

2. 完工检验

加工结束后送检，完工检验合格，盖章入库。

3. 交付订单

4. 关机

（1）日常保养　操作结束，及时清扫机床，导轨面滴注防锈油，将刀架移至合适位置。

（2）关机　关机顺序与开机顺序正好相反，按下"急停"按钮→关闭数控系统电源→机床总电源→稳压电源→切断外部电源。

（3）做好记录　整理好现场，做好交接班记录。

工作任务评价

将任务完成情况的检测与评价填入表1-61所示的阶梯轴零件工作任务评价表。

表1-61　阶梯轴零件工作任务评价表

班级		姓名		学号			日期		
任务名称						零件图号			
项目	序号	评价内容及要求			配分	学生自评	组间互评	教师评价	得分
工艺制定（10%）	1	确定装夹方案			2				
	2	确定加工顺序及进给路线			2				
	3	选择刀具和量具			2				
	4	选择合理的切削用量			2				
	5	数控加工工序卡的拟定			2				
程序编制（10%）	6	观看教学资源			2				
	7	正确选择编程坐标系原点			2				
	8	基点坐标正确			2				
	9	指令格式规范，使用正确			2				
	10	程序正确、完整			2				
仿真实战（20%）	11	观看教学资源			2				
	12	遵守机房管理规定			2				
	13	选择、激活机床与返参考点操作			3				
	14	定义毛坯与装夹工件			2				
	15	对刀设置			5				
	16	程序的输入与校验			3				
	17	零件的检测与质量分析			3				
机床操作（20%）	18	开机前检查、开机及返参考点操作			3				
	19	装夹工件与对刀设置			5				
	20	程序的输入与校验			4				
	21	量具的规范使用			3				
	22	零件的检测与质量分析			5				
零件质量（30%）	23	详见表1-50，每有一项不合格扣2分			30				
安全文明生产（10%）	24	遵守数控车床安全操作规程			4				
	25	工具、量具、刀具放置规范整齐			3				
	26	设备的日常保养，场地整洁			3				
		综合评分			100				

技能巩固

想一想：阶梯轴零件的其他加工工艺方案。

查一查：加工曲面轴零件的加工工艺方案。

试一试：编写曲面轴零件的加工工艺方案。

练一练：机械制造厂数车生产班组接到曲面轴零件生产订单，如图1-23所示。来料毛坯为ϕ50mm×600mm的2A11铝棒，加工数量为4件，工期为1天。

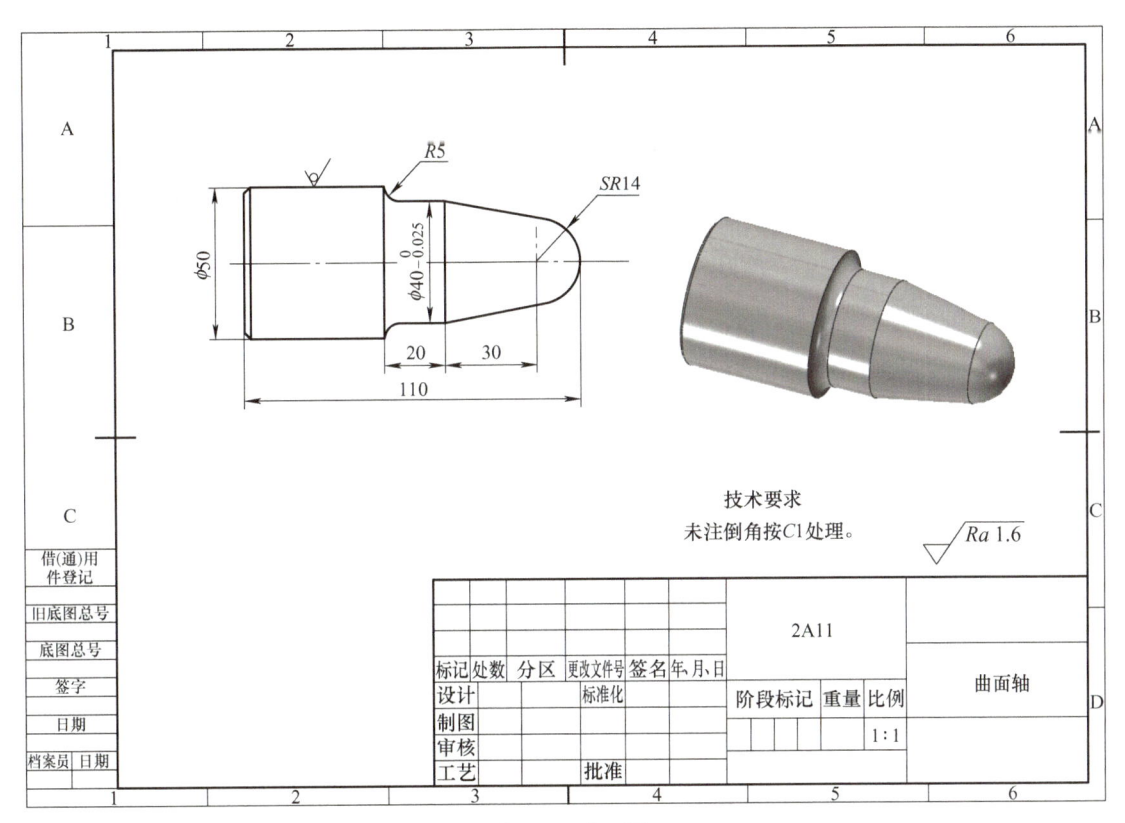

图1-23 曲面轴

共话空间——"8S"管理

整理（Seiri）整顿（Seiton）天天做
工作效率易提升
清扫（Seiso）清洁（Seiketsu）时时行
亮丽环境真不错
安全（Safety）节约（Saving）牢牢记
安全生产有保障
学习（Study）素养（Shitsuke）常常念
以厂为家共发展

讨论：规则下的自由才是真正的自由。

项目 2　定位套的编程与加工

思维导学

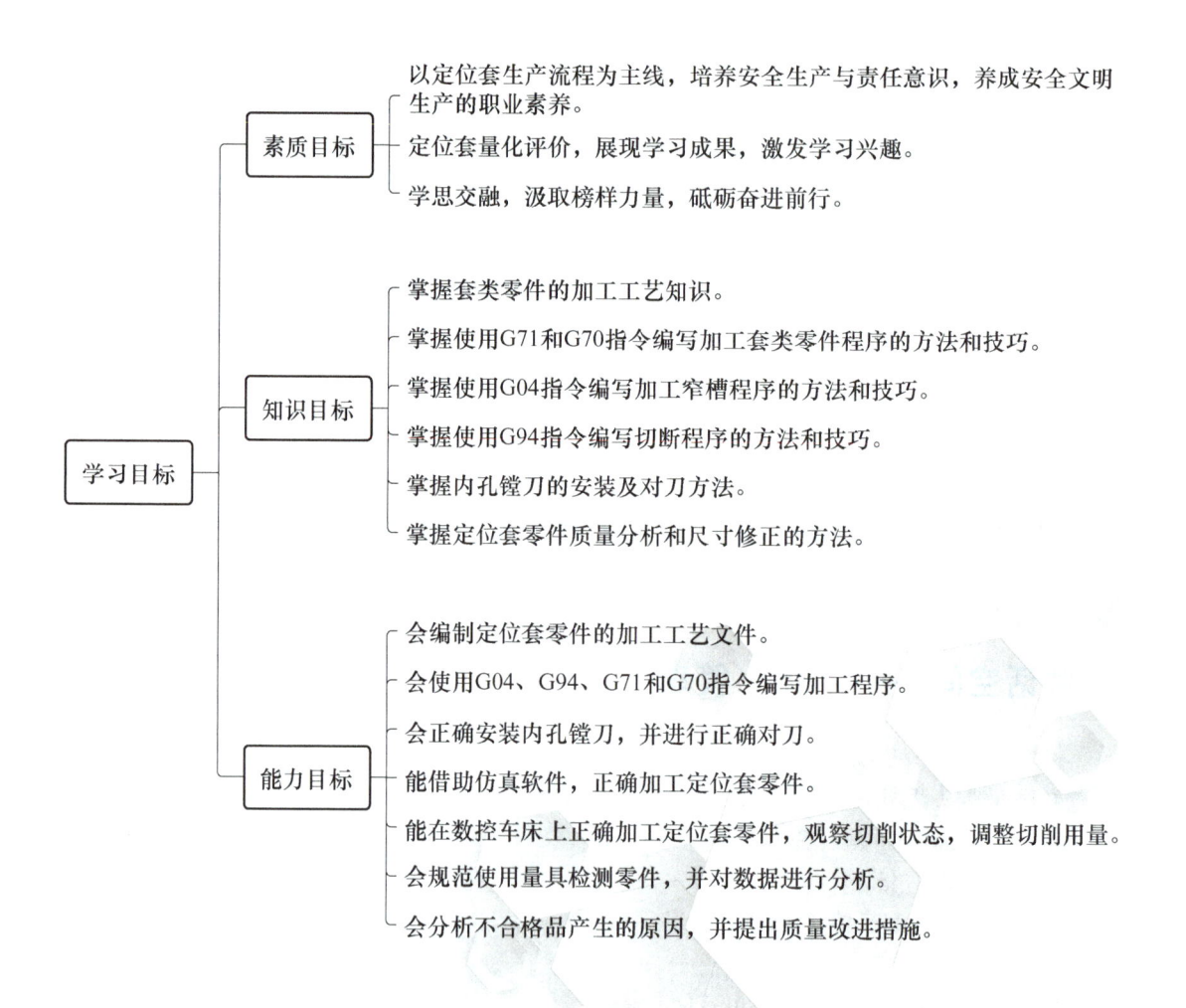

学习目标

- **素质目标**
  - 以定位套生产流程为主线，培养安全生产与责任意识，养成安全文明生产的职业素养。
  - 定位套量化评价，展现学习成果，激发学习兴趣。
  - 学思交融，汲取榜样力量，砥砺奋进前行。

- **知识目标**
  - 掌握套类零件的加工工艺知识。
  - 掌握使用G71和G70指令编写加工套类零件程序的方法和技巧。
  - 掌握使用G04指令编写加工窄槽程序的方法和技巧。
  - 掌握使用G94指令编写切断程序的方法和技巧。
  - 掌握内孔镗刀的安装及对刀方法。
  - 掌握定位套零件质量分析和尺寸修正的方法。

- **能力目标**
  - 会编制定位套零件的加工工艺文件。
  - 会使用G04、G94、G71和G70指令编写加工程序。
  - 会正确安装内孔镗刀，并进行正确对刀。
  - 能借助仿真软件，正确加工定位套零件。
  - 能在数控车床上正确加工定位套零件，观察切削状态，调整切削用量。
  - 会规范使用量具检测零件，并对数据进行分析。
  - 会分析不合格品产生的原因，并提出质量改进措施。

领取生产任务

机械制造厂数车生产班组接到一个定位套零件的生产订单,如图 2-1 所示,来料毛坯为外径ϕ50mm、内孔直径ϕ16mm、长 600mm 的 45 钢管料,加工数量为 8 件,工期为 2 天。

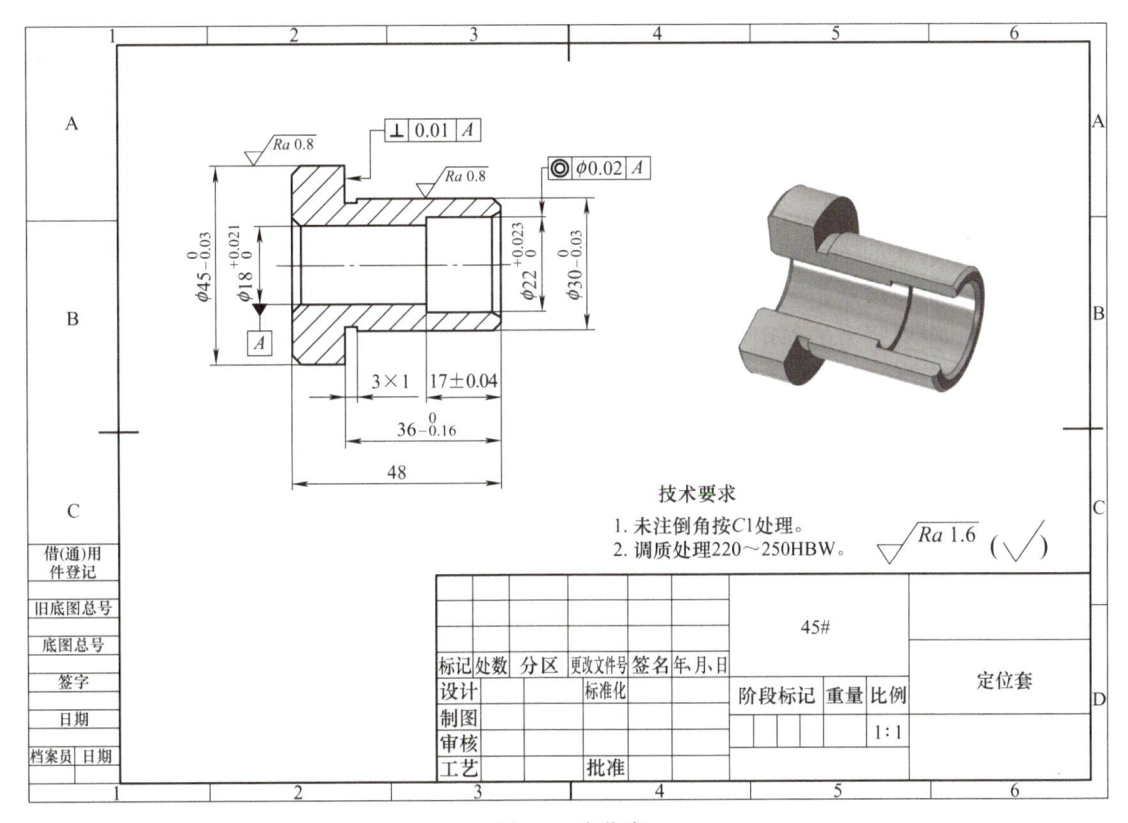

图 2-1 定位套

任务 2.1 知识准备

2.1.1 套类零件的加工工艺

套类零件在机械设备中的应用非常普遍,多与轴类零件配合,在机器中主要起支承和导向的作用。套类零件由于功用不同,其结构和尺寸有较大差别,主要由较高同轴度要求的内外圆表面组成,尺寸精度、几何精度和表面粗糙度都有着较高的要求。

1. 套类零件的结构及工艺特点

套类零件与轴类零件相比,除了外表面,还有孔、内沟槽和内螺纹等内表面,分为轴套类和盘套类两种。轴套类零件轴向尺寸较大,精度要求较高,且径向尺寸较小,装夹比较容易,但存在内孔加工难的问题。盘套类零件径向尺寸较大,端面加工余量大,精度要求较高,且轴向尺寸较小,使得其装夹比较困难,也同样存在内孔加工难的问题。

套类零件的加工工艺与一般轴类零件相似，但由于内孔加工有以下几种情况，因此比外圆加工难度要大，使得套类零件的加工具有一定的复杂性，是加工难度较大的基本零件之一。

（1）内孔加工是在工件内部进行的，观察刀具切削情况比较困难，尤其是小而深的孔。

（2）内孔车削刀具的刀杆受孔径的影响，不能选太粗、太长的刀具，避免刀柄与孔壁产生干涉，或因刀柄刚性差在加工中出现振动。

（3）内孔加工，尤其是盲孔加工时，排屑、冷却和润滑都困难。

（4）零件的壁厚不一，加工时易产生变形。

（5）内孔的测量比外圆困难。

2. 套类零件的装夹

根据零件形状的不同要求，有时需要"两次装夹、掉头加工"，对位置公差会产生一定的影响，因此，在制定工艺时应考虑解决这个问题。在车削薄壁套筒的内孔时，由于工件的刚性差，在夹紧力的作用下容易产生变形，所以必须特别注意装夹问题。

为了保证套类零件的几何公差，减小薄壁零件的变形，可采用下列方法：

（1）用自定心卡盘或花盘装夹　用自定心卡盘或花盘装夹工件，一次装夹尽可能完成零件全部或大部分表面的加工。这种方法没有定位误差，可获得较高的几何精度。

（2）用心轴装夹　当套类零件的外圆形状复杂而内孔相对比较简单时，可以先将孔加工至图样要求，再以内孔为定位基准，采用心轴装夹工件加工外表面，从而保证工件的位置精度，如图2-2所示。

（3）用弹簧夹头或软卡爪装夹　当套类零件的内孔形状复杂而外圆相对比较简单时，可以先将外圆加工至图样要求，再以外圆为定位基准，采用弹簧夹头或软卡爪装夹工件加工内孔，从而保证工件的位置精度且不易夹伤工件表面，如图2-3所示。

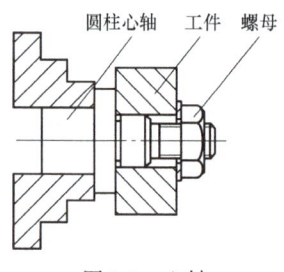

图2-2　心轴 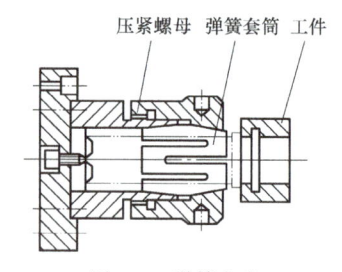　　　　　　　　图2-3　弹簧夹头

（4）用开缝套筒装夹　用开缝套筒来增大装夹的接触面积，使夹紧力均匀分布在工件外圆上，可减小夹紧变形，如图2-4所示。

（5）用轴向夹紧夹具装夹　用轴向夹紧夹具装夹，可使夹紧力沿工件轴向分布，防止夹紧变形，如图2-5所示。

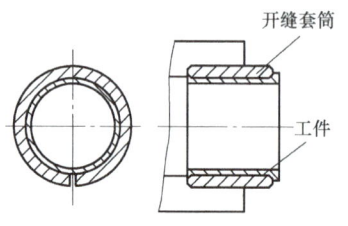

图2-4　开缝套筒 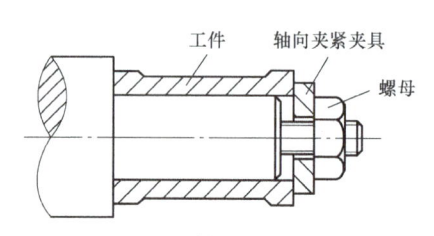　　　　　　图2-5　轴向夹紧夹具

3. 孔的加工方法和刀具的选择

孔的加工方法通常有钻孔、扩孔、铰孔和镗孔。常用的刀具有中心钻、麻花钻、内孔镗刀等。在车床上进行钻孔、扩孔和铰孔，工艺过程比较简单，通常是将刀具安装在机床尾座上进行的，镗孔是车削加工的主要内容之一。

（1）中心钻与中心孔　中心孔又称顶尖孔，它是轴类零件的基准，对轴类零件的作用非常重要。由于中心钻直径小，钻削时应取较高的转速，进给量应小而均匀，切勿用力过猛。当中心钻钻入工件后应及时加切削液冷却润滑。钻毕时，中心钻在孔中应稍作停留，然后退出，以修光中心孔，提高中心孔的形状精度和表面质量。

（2）麻花钻与钻孔

1）对于精度要求不高的孔，可以直接用麻花钻钻出。

2）对于精度要求较高的孔，钻孔后还要经过车削或扩孔、铰孔才能完成。

（3）内孔镗刀　内孔有通孔、不通孔和台阶孔 3 种。根据加工情况，内孔镗刀可分为通孔车刀和盲孔车刀两种。

1）通孔镗刀　用来车削通孔，可选用主偏角 $60°<\kappa<90°$ 的内孔镗刀。

2）盲孔镗刀　用来车削不通孔或台阶孔，可选用主偏角 $\kappa>90°$ 的内孔镗刀。内孔镗刀刀尖角越大，刀具强度越高，适用于内孔的粗加工；刀尖角越小，刀具越锋利，适用于内孔的精加工。

知识链接：选用内孔镗刀的注意事项

1. 刀柄直径根据加工孔径选择。尽量选择大截面尺寸的刀杆，且刀杆的伸出量应尽量小，一般小于刀杆直径的 4 倍。

2. 盲孔镗刀的刀尖到刀杆外端的距离应小于孔半径，否则无法车出平孔的底面。

知识链接：如何正确安装内孔镗刀

（1）镗刀的伸出长度　刀杆伸出长度不宜过长，一般比被加工孔长 5～6mm，以增强刀杆刚度，防止振动。

（2）镗刀的刀尖高度　刀尖应与工件回转中心等高或略高，刀杆中心线应与进给方向垂直，否则在车削到一定深度时，刀杆后半部分容易碰到工件孔口。车刀刀垫要平整，数量少，而且要与刀架对齐，以防产生振动。

（3）镗刀的工作角度　在车削不通孔或台阶孔时，主偏角 $\kappa>90°$，并且在车平面时要求横向有足够的退刀余地。

（4）正确紧固刀架螺栓　至少要用两个螺钉压紧在刀架上，并轮流逐个拧紧，拧紧力要适当。

4. 车削内孔应采取的工艺措施

（1）控制切屑的排出方向　在加工通孔时，要选用正刃倾角的内孔镗刀，使切屑流向待加工表面；在加工盲孔时，要选用负刃倾角的内孔镗刀，使切屑从孔口排出。

（2）充分加注切削液　在加工塑性材料时，应充分加注切削液，以减少工件的热变形，提高零件的表面质量。

（3）合理选择刀具几何参数和切削用量　刀具要比较锋利，且切削用量比外圆加工时要小些，一般情况下，内孔刀具的切削用量可取外圆刀具的 80%。

5. 套类零件常见的检测方法

孔径常用塞规、内径千分尺或内径百分表测量，见表 2-1。

表 2-1　套类零件常见的检测方法

分类	孔径		
检测方法	塞规	内径千分尺	内径百分表
图例	通端测量 止端测量		

2.1.2　相关编程指令

1. 暂停指令 G04

该指令使刀具做短时间的停顿。当车削沟槽或钻孔时，为提高槽底或孔底的表面质量及有利于切屑充分排出，在加工到槽底或孔底时，要暂停适当的时间。G04 的指令格式、参数含义及使用说明见表 2-2。

表 2-2　G04 的指令格式、参数含义及使用说明

类别	内容
指令格式	G04 X＿； 或 G04 P＿；
参数含义	（1）X—暂停时间。X 后面可用带小数点的数，单位为 s； （2）P—暂停时间。P 后面不允许用小数点，单位为 ms 例如："G04 X2.0;" 或 "G04 P2000;" 表示前面的程序执行完后，暂停 2s，然后自动执行后面的程序
使用说明	（1）当加工宽度不大的槽时，为提高槽底的表面质量，先用 G01 指令直进法切入，车至槽底时用 G04 指令暂停，然后采用进给速度退出，以修正槽两侧精度。 （2）该指令按给定时间延时，不做任何动作，延时结束后再自动执行下一段程序

2. 端面切削单一固定循环指令 G94

单一固定循环指令是为了适应有些粗车加工中，同一路线需要反复切削多次的情况而设计的循环功能，可以将一系列连续动作"进刀—切削—退刀—返回"用一个循环指令完成。该类循环指令主要有内/外圆切削单一固定循环指令 G90、端面切削单一固定循环指

令 G94 和螺纹切削单一固定循环指令 G92。

端面切削单一固定循环指令 G94 是将端面加工的一系列连续动作"进刀—切削—退刀—返回"作为一个循环。G94 的指令格式、参数含义及使用说明见表 2-3。

表 2-3 G94 指令格式、参数含义及使用说明

类别	内容
指令格式	G94 X（U）＿ Z（W）＿ R ＿ F ＿；
参数含义	（1）X（U）＿ Z（W）＿ —切削终点的绝对坐标或增量坐标，其中 X（U）为直径量，编程时二者可以混合使用，不运动的坐标可以省略； （2）R—切削起点与切削终点 Z 坐标的差值。R 取不同值时，可用于加工内 / 外圆柱端面和圆锥端面； （3）F—进给速度； （4）G94 指令为模态指令，F、R 均为模态代码
刀具运动轨迹	a）圆柱端面循环　　　　b）圆锥端面循环 如图所示，刀具从循环起点 A 开始，按矩形或梯形进行自动循环，最后又回到循环起点 A。图中虚线表示快速移动，实线表示按 F 指定的进给速度移动
使用说明	（1）对 Z 方向余量进行分配，沿平行于 X 轴的方向进行切削。 （2）圆锥零件循环起点的确定，会受到圆锥切削起点和切削终点的影响。圆锥切削起点和切削终点在加工条件的允许范围内，一般按锥度比例取其延长线上的点
适用场合	适于切削径向余量比轴向余量多的单一圆柱或圆锥的场合
圆锥端面编程算法	（1）绝对坐标编程：G94 X（X_2）Z（Z_2）R（Z_1-Z_2）F ＿； （2）相对坐标编程：G94 U（X_2-X_1）W（Z_2-Z_1）R（Z_1-Z_2）F ＿；

【例 2-1】如图 2-6a 所示圆柱端面零件，毛坯为 ϕ80mm × 100mm 的 45 钢棒料，试分析加工圆柱端面的刀具运动轨迹，并应用 G94 指令编写零件的粗、精加工程序。

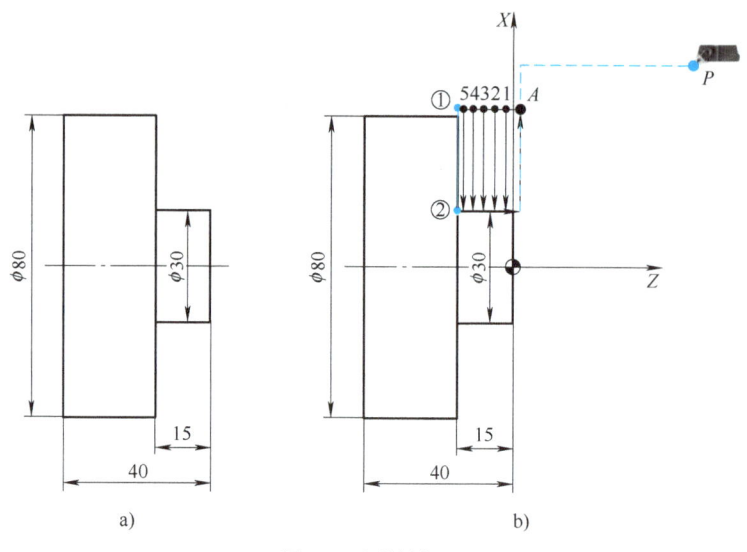

图 2-6 圆柱端面
a）零件图　b）走刀路线与数值计算点位

（1）工艺分析及数值计算　以圆柱端面零件装夹后的右端面与主轴轴线的交点为原点建立工件（编程）坐标系，如图 2-6b 所示。精加工的刀具运动轨迹为 P→A→①→②→A_z-→A_x-→P，其中-→为 G00 方式，→为 G01 方式。图中 X 方向留精加工余量 1.0mm，Z 方向留精加工余量 0.5mm，剩余余量由粗加工分五次完成。粗、精加工坐标见表 2-4。

表 2-4　圆柱端面的粗、精加工坐标

	编程原点 O	对刀点 O	安全点 P	循环起点 A		
X 坐标值	0.0	0.0	200.0	82.0		
Z 坐标值	0.0	0.0	100.0	2.0		
分层	起点	终点	分层	起点	终点
1	（82.0，-3.0）	（31.0，-3.0）	4	（82.0，-12.0）	（31.0，-12.0）
2	（82.0，-6.0）	（31.0，-6.0）	5	（82.0，-14.5）	（31.0，-14.5）
3	（82.0，-9.0）	（31.0，-9.0）	6（精）	①（82.0，-15.0）	②（30.0，-15.0）

（2）编写零件加工程序　圆柱端面的粗、精加工参考程序 O0206 见表 2-5。

表 2-5　圆柱端面的粗、精加工参考程序

程序段号	程序	程序说明
	O0206；	程序号
	G21 G40 G97 G99；	程序初始化
	T0101 S500 M03；	换 1 号刀调用 1 号刀补，主轴以每分钟 500 转正转，粗加工外轮廓
	G00 X200.0 Z100.0；	快速移动到 1 号刀的安全点 P
	G00 Z2.0；	快速移动到循环起点 A 的 Z 坐标

（续）

程序段号	程序	程序说明
	X82.0;	快速移动到循环起点 A 的 X 坐标
	G94 X31.0 Z-3.0 F0.2;	端面切削单一固定循环指令 G94 第一次粗车
	Z-6.0;	第二次粗车
	Z-9.0;	第三次粗车
	Z-12.0;	第四次粗车
	Z-14.5;	第五次粗车
	G00 X82.0 Z2.0;	快速移动到循环起点 A
	S1000 M03;	主轴以每分钟 1000 转正转，精加工外轮廓
	G94 X30.0 Z-15.0 F0.1;	G94 循环精加工外轮廓
	G00 X200.0;	快速返回到安全点 P 的 X 坐标
	Z100.0;	快速返回到安全点 P 的 Z 坐标
	M05;	主轴停止
	M30;	程序结束

【例 2-2】如图 2-7a 所示圆锥端面零件，毛坯为 $\phi50mm \times 100mm$ 的 45 钢棒料，试分析加工圆锥端面的刀具运动轨迹，并应用 G94 指令编写零件的粗、精加工程序。

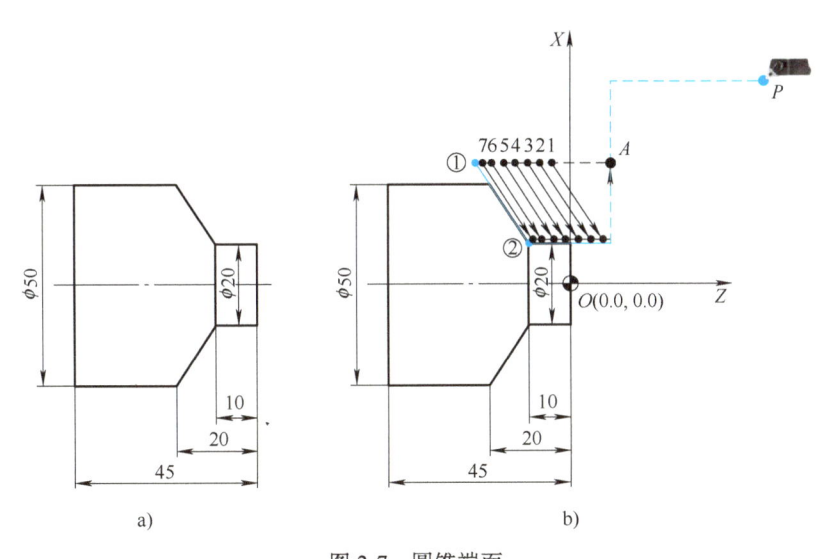

图 2-7 圆锥端面
a）零件图　b）走刀路线与数值计算点位

（1）工艺分析及数值计算　以圆锥端面零件装夹后的右端面与主轴轴线的交点为原点建立工件（编程）坐标系，如图 2-7b 所示。精加工的刀具运动轨迹为 $P \dashrightarrow A \rightarrow ① \rightarrow ② \rightarrow A_z \dashrightarrow A_x \dashrightarrow P$，其中 $\dashrightarrow$ 为 G00 方式，$\rightarrow$ 为 G01 方式。图中 X 方向留精加工余量 1.0mm，Z 方向留精加工余量 0.5mm，剩余余量由粗加工分七次完成，分层起点按锥度比例取其延长线上的点。精加工坐标及参数的计算见表 2-6，粗加工坐标见表 2-7。

表2-6　圆锥端面的精加工坐标及参数的计算

	编程原点 O	对刀点 O	安全点 P	循环起点 A	循环起点 A 的取值
X 坐标值	0.0	0.0	100.0	53.0	≥最外层圆锥起点的 X 值
Z 坐标值	0.0	0.0	100.0	10.0	≥第一层圆锥终点的 Z 值
	圆锥大端	圆锥起点①	圆锥终点②	圆锥起点①计算过程	
X 坐标值	50.0	53.0	20.0	$X_① = X_大 + 3 = 50.0 + 3 = 53.0$	
Z 坐标值	−20.0	−21.0	−10.0	$Z_① = Z_大 − 1 = −20.0 − 1 = −21.0$	
锥度 C	根据式（1-1）计算可得：$C = (d_1 − d_2)/l = (50 − 20)/10 = 3/1$			
R	$R = Z_① − Z_② = −21.0 − (−10.0) = −11.0$			

表2-7　圆锥端面的粗加工坐标

分层	起点	终点	分层	起点	终点
1	(53.0, −3.0)	(21.0, 8.0)	5	(53.0, −15.0)	(21.0, −4.0)
2	(53.0, −6.0)	(21.0, 5.0)	6	(53.0, −18.0)	(21.0, −7.0)
3	(53.0, −9.0)	(21.0, 2.0)	7	(53.0, −20.5)	(21.0, −9.5)
4	(53.0, −12.0)	(21.0, −1.0)			

（2）编写零件加工程序　圆锥端面的粗、精加工参考程序 O0207 见表2-8。

表2-8　圆锥端面的粗、精加工参考程序

程序段号	程序	程序说明
	O0207;	程序号
	G21 G40 G97 G99;	程序初始化
	T0101 S500 M03;	换1号刀调用1号刀补，主轴以每分钟500转正转，粗加工外轮廓
	G00 X100.0 Z100.0;	快速移动到1号刀的安全点 P
	G00 Z10.0;	快速移动到循环起点 A 的 Z 坐标
	X53.0;	快速移动到循环起点 A 的 X 坐标
	G94 X21.0 Z8.0 R−11.0 F0.2;	端面切削单一固定循环指令 G94 第一次粗车
	Z5.0;	第二次粗车
	Z2.0;	第三次粗车
	Z−1.0;	第四次粗车
	Z−4.0;	第五次粗车
	Z−7.0;	第六次粗车
	Z−9.5;	第七次粗车
	G00 X53.0 Z10.0;	快速移动到循环起点 A
	S1200 M03;	主轴以每分钟1200转正转，精加工外轮廓
	G94 X20.0 Z−10.0 R−11.0 F0.1;	G94 循环精加工外轮廓
	G00 X100.0;	快速返回到安全点 P 的 X 坐标
	Z100.0;	快速返回到安全点 P 的 Z 坐标
	M05;	主轴停止
	M30;	程序结束

3. 知识拓展　内/外圆切削单一固定循环指令 G90

该指令是将内外圆加工的一系列连续动作"进刀—切削—退刀—返回"作为一个循环。G90 指令格式、参数含义及使用说明见表 2-9。

表 2-9　G90 指令格式、参数含义及使用说明

类别	内容
指令格式	G90 X（U）＿ Z（W）＿ R＿ F＿；
参数含义	（1）X（U）＿ Z（W）＿—切削终点的绝对坐标或增量坐标，其中 X（U）为直径量。编程时可以二者混合使用，不运动的坐标可以省略； （2）R—切削起点与切削终点的半径差。在加工内/外圆柱面时，R=0；在加工内/外圆锥面时，当 X 向切削起点坐标小于切削终点坐标时，R 为负，反之为正； （3）F—进给速度； （4）G90 指令为模态指令，F、R 均为模态代码
刀具运动轨迹	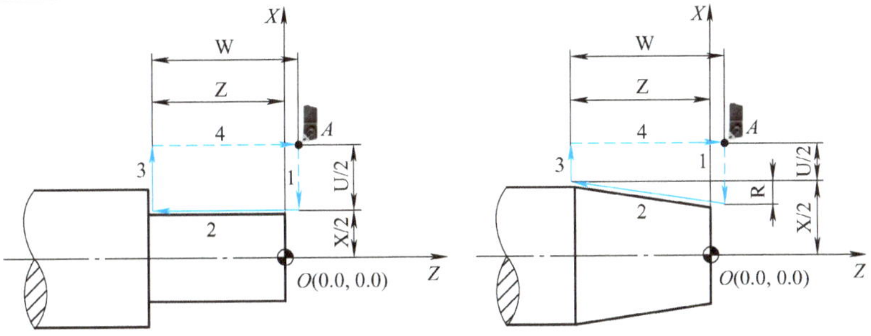 a) 圆柱循环　　b) 圆锥循环 如图所示，刀具从循环起点 A 开始，按矩形或梯形进行自动循环，最后又回到循环起点 A。图中虚线表示快速移动，实线表示按 F 指定的工作进给速度移动
使用说明	（1）对 X 方向余量进行分配，沿平行于 Z 轴的方向进行切削。 （2）圆锥零件循环起点的确定，会受到圆锥切削起点和切削终点的影响。圆锥切削起点和切削终点在加工条件的允许范围内，一般按锥度比例取其延长线上的点
适用场合	适于切削轴向余量比径向余量多的单一圆柱或圆锥的场合

【练 2-1】如图 2-8a 所示的阶梯轴零件，毛坯为 φ45mm×100mm 的 45 钢棒料，试分析加工阶梯轴的刀具运动轨迹，并应用 G90 指令编写零件的粗、精加工程序。

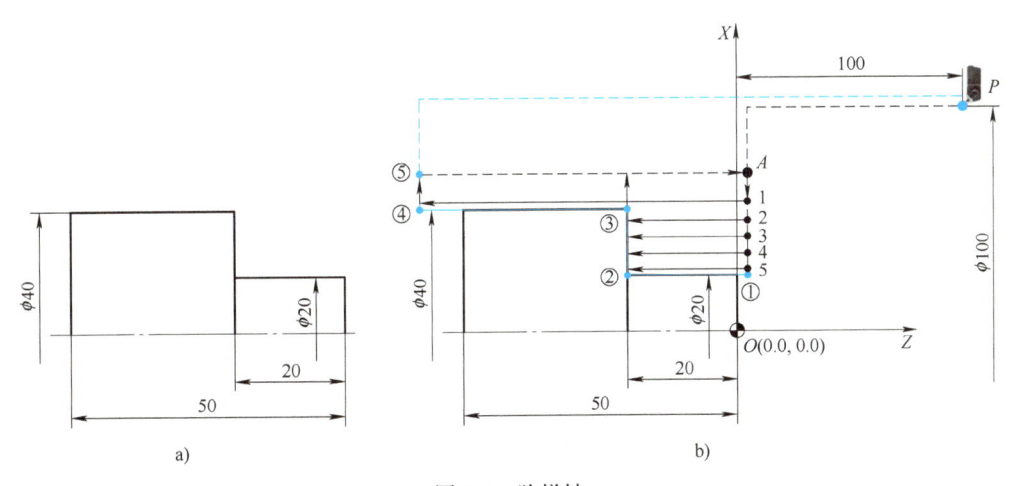

图 2-8　阶梯轴
a）零件图　b）走刀路线与数值计算点位

（1）建立如图 2-8b 所示的工件（编程）坐标系，精加工的刀具运动轨迹为 $P\text{-}\to A\to$ ①$\to$②$\to$③$\to$④$\to$⑤$\text{-}\to P$，其中 - $\to$ 为 G00 方式，$\to$ 为 G01 方式。图中 X 方向留精加工余量 1.0mm，Z 方向不留余量，剩余余量由粗加工分五次完成，精加工沿着零件轮廓一次完成。

（2）阶梯轴的粗、精加工参考程序 O0208 见表 2-10。

表 2-10　阶梯轴的粗、精加工参考程序

程序段号	程序	程序说明
	O0208;	程序号
	G21 G40 G97 G99;	程序初始化
	T0101 M03 S500;	换 1 号刀调用 1 号刀补，主轴以每分钟 500 转正转，粗加工外轮廓
	G00 X100.0 Z100.0;	快速移动到 1 号刀的安全点 P
	G00 Z2.0;	快速移动到循环起点 A 的 Z 坐标
	X47.0;	快速移动到循环起点 A 的 X 坐标
	G90 X41.0 Z-56.0 F0.2;	G90 循环第一次粗车
	X36.0 Z-20.0;	第二次粗车
	X31.0;	第三次粗车
	X26.0;	第四次粗车
	X21.0;	第五次粗车
	G00 X47.0 Z2.0;	快速移动到循环起点 A
	S1000 M03;	主轴以每分钟 1000 转正转，精加工外轮廓
	G00 X20.0;	快速移动到切削起点①
	G01 Z-20.0 F0.1;	直线插补到 ϕ20mm 外圆的终点②
	X40.0;	直线插补到 ϕ40mm 外圆的起点③
	Z-56.0;	直线插补到 ϕ40mm 外圆的终点④
	G01 X47.0 F0.2;	直线插补到退刀点⑤
	G00 X100.0;	快速返回到安全点 P 的 X 坐标
	Z100.0;	快速返回到安全点 P 的 Z 坐标
	M05;	主轴停止
	M30;	程序结束

【练 2-2】如图 2-9a 所示锥轴零件，毛坯为 ϕ33mm×100mm 的 45 钢棒料，试分析加工圆锥的刀具运动轨迹，并应用 G90 指令编写零件的粗、精加工程序。

（1）建立如图 2-9b 所示的工件（编程）坐标系，精加工的刀具运动轨迹为 $P\text{-}\to A\to$ ①$\to$②$\to$③$\text{-}\to A\to P$，其中 - $\to$ 为 G00 方式，$\to$ 为 G01 方式。图中 X 方向留精加工余量 1.0mm，Z 方向不留余量，剩余余量由粗加工分四次完成，分层起点按锥度的计算方法取其延长线上的点，精加工沿着零件轮廓一次完成。

（2）锥轴的粗、精加工参考程序 O0209 见表 2-11。

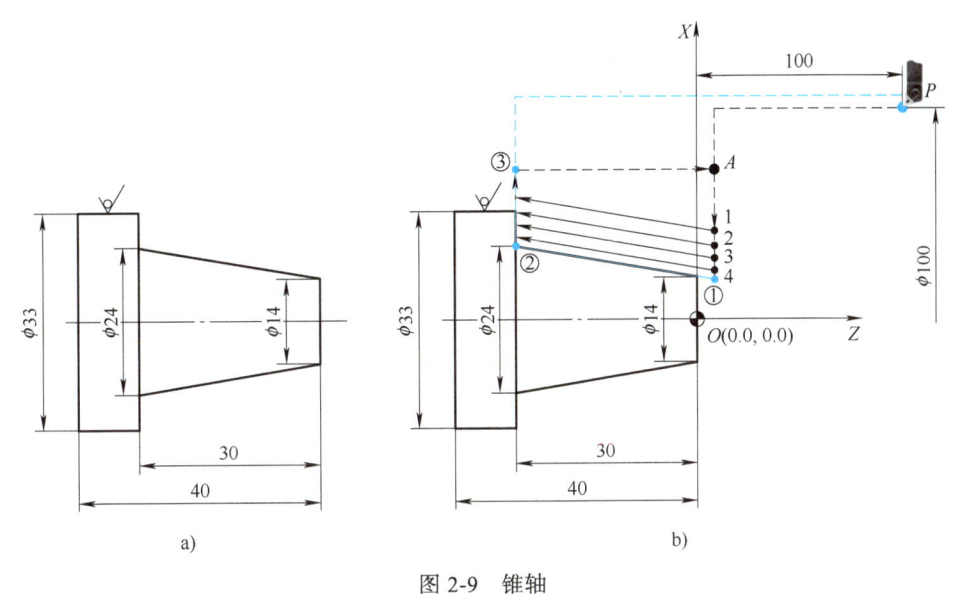

图 2-9 锥轴
a) 零件图 b) 走刀路线与数值计算点位

表 2-11 锥轴的粗、精加工参考程序

程序段号	程序	程序说明
	O0209;	程序号
	G21 G40 G97 G99;	程序初始化
	T0101 S500 M03;	换1号刀调用1号刀补，主轴以每分钟500转正转，粗加工外轮廓
	G00 X100.0 Z100.0;	快速移动到1号刀的安全点 P
	G00 Z3.0;	快速移动到循环起点 A 的 Z 坐标
	X42.0;	快速移动到循环起点 A 的 X 坐标
	G90 X40.0 Z-30.0 R-5.5 F0.2;	G90 循环第一次粗车
	X35.0;	第二次粗车
	X30.0;	第三次粗车
	X25.0;	第四次粗车
	G00 X42.0 Z3.0;	快速移动到循环起点 A
	S1200 M03;	主轴以每分钟1200转正转，精加工外轮廓
	G90 X24.0 Z-30.0 R-5.5 F0.1;	G90 循环精加工外轮廓
	G00 X100.0;	快速返回到安全点 P 的 X 坐标
	Z100.0;	快速返回到安全点 P 的 Z 坐标
	M05;	主轴停止
	M30;	程序结束

任务 2.2　工作任务分析

2.2.1　分析零件图样

1）如图 2-1 所示，该零件属于轴套类零件。加工内容不仅包括外轮廓，还有内轮廓，主要有倒角、外圆、槽和阶梯孔，且径向尺寸与阶梯孔深度的精度、表面粗糙度以及几何精度要求较高，加工难度较大。

2）零件图上的重要尺寸直接标注，符合数控加工尺寸标注的特点。零件图样上注有公差的尺寸，编程时取其中间公差尺寸；未注公差的尺寸编程时取其公称尺寸。

3）表面粗糙度以及技术要求的标注齐全、合理。

4）零件材料为 45 钢，强度硬度适中，切削加工性能良好，可通过调质使工件具有良好的综合机械性能。该零件有热处理和硬度要求，在安排工序时，必须做好数控加工工艺与热处理工艺的衔接，需要在数控加工工序提高精度，保障热处理完成后达到图纸要求。

本例编程时按一次装夹完成零件上除了内孔左端倒角外的其他所有加工内容，加工前在磨耗页面留出一个精车或精磨余量；二次掉头装夹，完成内孔左端倒角的加工。

5）在确定槽的加工工艺时，要服从整个零件加工的需要，同时还需考虑槽加工的特点。

2.2.2　制定工艺方案

1. 确定装夹方案

根据该零件的形状、尺寸、加工精度及生产批量要求，选择自定心卡盘夹持毛坯棒料，伸出卡盘外 60～65mm，找正工件。

2. 确定加工顺序及进给路线

（1）工序的划分　该零件可划分为：数控加工（包括粗车、半精车外轮廓→精车外轮廓→粗镗、半精镗内轮廓→精镗内轮廓→车槽→切断六个工步）→掉头装夹，加工内孔左端倒角→热处理→后续工序。

（2）加工顺序及进给路线（走刀路线）的确定　该定位套零件的加工顺序按基面先行、先粗后精、先主后次、先面后孔、先近后远、内外交叉等原则确定，一次装夹即可完成零件上除了内孔左端倒角外的其他所有加工内容。外轮廓和内轮廓形状较简单，均符合单调增，且为小批量生产，设计走刀路线时可利用数控系统的复合循环功能，沿循环进给路线进行。3×1 的槽，宽度和深度值相对比较小，但垂直度要求高，可选用与槽宽相等的刀具，采用一次直进法车出。

1）加工零件的外轮廓。用 G71 指令进行粗加工，用 G70 指令进行精加工。

2）加工零件的内轮廓。用 G71 指令进行粗加工，用 G70 指令进行精加工。

3）加工 3×1 的槽。为提高槽底的表面质量，用 G01 指令切入，车至槽底时用 G04 指令暂停，以修正槽底精度，采用进给速度退出，以修正槽两侧精度。

4）切断，保总长。

5）掉头装夹，内孔倒角。掉头装夹，用百分表校正后，内孔左端倒角。

3. 选择刀具

根据加工要求，选用四把机夹可转位车刀和配套的涂层硬质合金刀片，将刀具信息填入表 2-12 所示的定位套数控加工刀具卡中。采用试切法对刀，对外圆车刀的同时车出右端面，以此端面与主轴轴线的交点为原点建立工件坐标系。

表 2-12　定位套数控加工刀具卡

产品名称或代号			零件名称	定位套	零件图号	2-1
序号	刀具号	刀具名称及规格	数量	加工部位	刀尖半径/mm	备注
1	T0101	91°外圆车刀	1	车端面，粗、精车外轮廓	0.4	
2	T0202	内孔镗刀（ϕ14）	1	粗、精镗内轮廓	0.2	
3	T0303	B=3mm 切槽刀	1	车槽、切断，保总长		左刀尖
4	T0404	45°外圆车刀	1	掉头装夹，内孔倒角		
编制		审核	批准	日期	共 1 页	第 1 页

4. 选择量具

根据加工要求选用检测定位套的量具，将信息填入表 2-13 所示的定位套数控加工量具清单中。

表 2-13　定位套数控加工量具清单

序号	用途	名称	简图	规格	分度值/mm	数量
1	测量长度方向尺寸	游标卡尺		0～125mm	0.02	1
2	测量外圆直径尺寸	外径千分尺		25～50mm	0.01	1
3	调试内径量表	外径千分尺		0～25mm	0.01	1
4	测量内孔直径尺寸	内径量表		ϕ18mm	0.01	1
				ϕ22mm		1
5	测量深度	深度游标卡尺		0～150mm	0.02	1
6	测量槽部宽度尺寸	卡规（卡板）		3mm	通端 止端	1
	测量槽部直径尺寸			28mm		1
7	测量倒角	倒角游标卡尺		0～6mm/45°	0.02	1
8	测量几何公差	小锥度心轴		ϕ18mm	1:200	1

序号	用途	名称	简图	规格	分度值/mm	数量
9	测量表面粗糙度	表面粗糙度检测仪		$Ra0.8\mu m$		1
				$Ra1.6\mu m$		1
10	工件装夹时找正或测量几何公差	百分表		0～3mm	0.01	1
11		万向磁力表座				1

5. 切削用量的选择

确定合适的切削用量，将数据填入表 2-14 所示的定位套数控加工工序卡中。

6. 数控加工工序卡的拟定

将前面分析的各项内容填入表 2-14 所示的定位套数控加工工序卡中。

任务 2.3 编写零件加工程序

2.3.1 数值计算

定位套零件的走刀路线与数值计算点位如图 2-10 所示。外轮廓走刀路线为：$P_1 \to A_1 \to ① \to ② \to ③ \to ④ \to ⑤ \to A_1 \to H_1$，坐标见表 2-15；内轮廓走刀路线为：$P_2 \to A_2 \to ⑥ \to ⑦ \to ⑧ \to ⑨ \to ⑩ \to A_2 \to H_2$，坐标见表 2-16；车槽、倒角和切断走刀路线为：$P_3 \to ⑪ \to ⑫ \to A_3 \to ⑬ \to ⑭ \to ⑮ \to ⑯ \to H_3$，坐标见表 2-17。

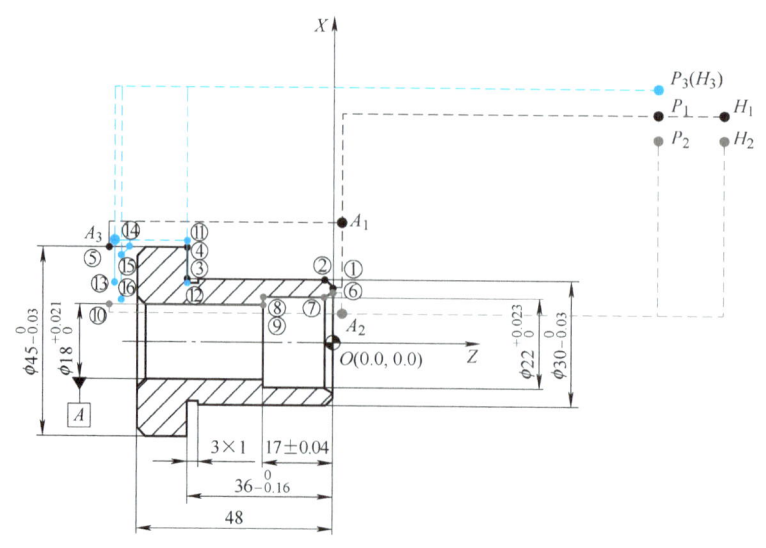

图 2-10 定位套零件的走刀路线与数值计算点位

表 2-14 定位套数控加工工序卡

数控加工工序卡		产品型号		零(部)件图号			部门		
		产品名称		零(部)件名称		2-1 定位套		共1页	第1页

工序号	工序名称		设备		材料牌号
10	数控加工		规格 $50\text{mm} \times 600\text{mm}$		45#

毛坯种类	每毛坯可制件数	同时加工件数	每台件数
管料	9	1	1

设备 名称/编号	夹具 名称/编号	量具 名称/编号	辅具 名称/编号	工时/min
	自定心卡盘			单件 准备

简图及技术要求：

技术要求：
1. 未注倒角按C1处理。
2. 调质处理220～250HBW。

$\sqrt{Ra\ 1.6}\ (\sqrt{\ })$

工步号	工步内容	刀具号	刀具名称及规格	主轴转速 n/ (r/min)	切削速度 v_c/ (m/min)	进给量 f/ (mm/r)	背吃刀量 a_p/ mm
1	手动车右端面	T0101	91°外圆车刀	500			0.5
2	粗车外轮廓	T0101	91°外圆车刀	500		0.2	2.0
3	精车外轮廓	T0101	91°外圆车刀	1200		0.1	0.5
4	粗镗内轮廓	T0202	内孔镗刀 ($\phi 14$)	400		0.15	1.0
5	精镗内轮廓	T0202	内孔镗刀 ($\phi 14$)	800		0.08	0.3
6	车 $3 \times 1\text{mm}$ 的槽	T0303	$B=3\text{mm}$ 切槽刀	400		0.05	
7	切断，保总长	T0303	$B=3\text{mm}$ 切槽刀	400		0.1/0.05	

	设计（日期）	校对、标准化（日期）	会签（日期）	会签（日期）	会审（日期）	定额（日期）	审核（日期）	批准（日期）
签字								

| 更改文件号 | | | | 日期 | | | | |

表 2-15　定位套外轮廓坐标

	编程原点 O	对刀点 O	安全点 P_1	换刀点 H_1	循环起点 A_1
X 坐标值	0.0	0.0	100.0	100.0	52.0
Z 坐标值	0.0	0.0	100.0	150.0	2.0
	①	②	③	④	⑤
X 坐标值	28.0	29.985	29.985	44.985	44.985
Z 坐标值	0.0	−1.0	−35.90	−35.90	−53.0

表 2-16　定位套内轮廓坐标

	编程原点 O	对刀点 O	安全点 P_2	换刀点 H_2	循环起点 A_2
X 坐标值	0.0	0.0	100.0	100.0	14.0
Z 坐标值	0.0	0.0	100.0	150.0	2.0
	⑥	⑦	⑧	⑨	⑩
X 坐标值	24.0	22.011	22.011	18.010	18.010
Z 坐标值	0.0	−1.0	−17.0	−17.0	−53.0

表 2-17　定位套车槽、倒角和切断坐标

	编程原点 O	对刀点 O	安全点 P_3	换刀点 H_3	循环起点 A_3
X 坐标值	0.0	0.0	100.0	100.0	47.0
Z 坐标值	0.0	0.0	100.0	100.0	−51.1
	⑪	⑫	⑬	⑭	⑮	⑯
X 坐标值	47.0	28.0	28.0	45.0	43.0	20.0
Z 坐标值	−35.92	−35.92	−51.1	−50.0	−51.0	−51.0

2.3.2　编写加工程序

定位套数控加工参考程序 O0201 见表 2-18。

表 2-18　定位套数控加工参考程序

程序段号	程序	程序说明
	O0201;	程序号
	G21 G40 G97 G99;	程序初始化
	T0101 S500 M03;	换 1 号刀调用 1 号刀补，主轴以每分钟 500 转正转，粗加工外轮廓
	G00 X100.0 Z100.0;	快速移动到 1 号刀的安全点 P_1
	M08;	切削液开
	G00 Z2.0;	快速移动到循环起点 A_1 的 Z 坐标
	X52.0;	快速移动到循环起点 A_1 的 X 坐标
	G71 U2.0 R1.0;	内/外圆粗车复合循环指令 G71
	G71 P100 Q200 U1.0 W0.0 F0.2;	

（续）

程序段号	程序	程序说明
N100	G00 G42 X28.0;	精加工程序开始段。加刀尖圆弧半径右补偿快速移动到倒角起点①的 X 坐标
	G01 Z0.0;	直线插补到倒角起点①的 Z 坐标
	X29.985 Z-1.0;	直线插补到倒角终点②
	Z-35.90;	直线插补到③点
	X44.985;	直线插补到④点
	Z-53.0;	直线插补到⑤点
N200	G01 G40 X52.0;	退刀到循环起点 A_1 的 X 坐标，取消刀尖圆弧半径右补偿
	G00 X52.0 Z2.0;	快速移动到精加工循环起点 A_1
	G70 P100 Q200 S1200 M03 F0.1;	精加工外轮廓
	G00 X100.0;	快速返回到换刀点 H_1 的 X 坐标
	Z150.0;	快速返回到换刀点 H_1 的 Z 坐标
	T0202 M03 S400;	换2号刀调用2号刀补，主轴以每分钟400转正转，粗加工内轮廓
	G00 X100.0 Z100.0;	快速移动到2号刀的安全点 P_2
	G00 X14.0;	快速移动到循环起点 A_2 的 X 坐标
	Z2.0;	快速移动到循环起点 A_2 的 Z 坐标
	G71 U1.0 R1.0;	内（外）圆粗车复合循环指令 G71
	G71 P300 Q400 U-0.6 W0.0 F0.15;	
N300	G00 G41 X24.0;	精加工程序开始段。加刀尖圆弧半径左补偿快速移动到倒角起点⑥的 X 坐标
	G01 Z0.0;	直线插补到倒角起点⑥的 Z 坐标
	X22.011 Z-1.0;	直线插补到倒角终点⑦
	Z-17.0;	直线插补到⑧点
	X18.010;	直线插补到⑨点
	Z-53.0;	直线插补到⑩点
N400	G01 G40 X14.0;	退刀到循环起点 A_2 的 X 坐标，取消刀尖圆弧半径左补偿
	G00 X14.0 Z2.0;	快速移动到精加工循环起点 A_2
	G70 P300 Q400 S800 M03 F0.08;	精加工内轮廓
	G00 Z150.0;	快速返回到换刀点 H_2 的 Z 坐标
	X100.0;	快速返回到换刀点 H_2 的 X 坐标
	T0303 M03 S400;	换3号刀调用3号刀补，主轴以每分钟400转正转，车槽、倒角和切断
	G00 X100.0 Z100.0;	快速移动到3号刀的安全点 P_3

(续)

程序段号	程序	程序说明
	G00 Z-35.92;	快速移动到切槽起点⑪的 Z 坐标
	X47.0;	快速移动到切槽起点⑪的 X 坐标
	G01 X28.0 F0.05;	直线插补到切槽终点⑫
	G04 P2000;	槽底暂停 2s
	G01 X47.0 F0.2;	退刀到切断循环起点 A_3 的 X 坐标
	G00 Z-51.1;	快速移动到切断循环起点 A_3 的 Z 坐标
	G94 X28.0 F0.1;	端面切削单一固定循环指令 G94 切槽至⑬点
	G01 W1.1;	直线插补到倒角起点⑭的 Z 坐标
	X45.0;	直线插补到倒角起点⑭的 X 坐标
	X43.0 W-1.0 F0.05;	直线插补到倒角终点⑮
	X20.0;	直线插补到切断终点⑯
	G01 X47.0 F0.2;	退刀到距离外圆 X 坐标 2mm 处
	G00 X100.0;	快速返回到换刀点 H_3 的 X 坐标
	Z100.0;	快速返回到换刀点 H_3 的 Z 坐标
	M05 M09;	主轴停止,切削液关
	M30;	程序结束

知识链接：内轮廓加工编程的注意事项

1. 外轮廓尺寸在加工过程中是越加工越小，而内孔尺寸在加工过程中是越加工越大，这在保证尺寸方面尤为重要。

2. 数控车削内孔的指令与外圆车削指令基本相同。对于内/外圆粗车复合循环指令 G71，在加工外轮廓时 X 方向余量为"+"，但在加工内孔时 X 方向余量应为"-"。

3. 循环起点的选择一定要在底孔以内。如本工作任务底孔直径为 ϕ16mm，循环起点 X 向选择在 ϕ14mm 处。

4. 在加工内轮廓时，进刀方向是先 X 后 Z，退刀时先沿 $-X$ 方向少量退刀，后沿 $+Z$ 方向退刀，与车外轮廓时有较大区别。

5. 在加工内沟槽时，进刀方向是先 X 后 Z，接近时从孔中心先 Z 后 X，退刀时先沿 $-X$ 方向少量退刀，后沿 $+Z$ 方向退刀。为防止干涉，$-X$ 方向退刀量需仔细计算。

任务 2.4　定位套的仿真实战

在沈阳机床厂-1 生产的 FANUC 0i Mate 系统数控车床上，定位套仿真实战模拟结果如图 2-11 所示。

2-1 定位套仿真实战

项目2　定位套的编程与加工

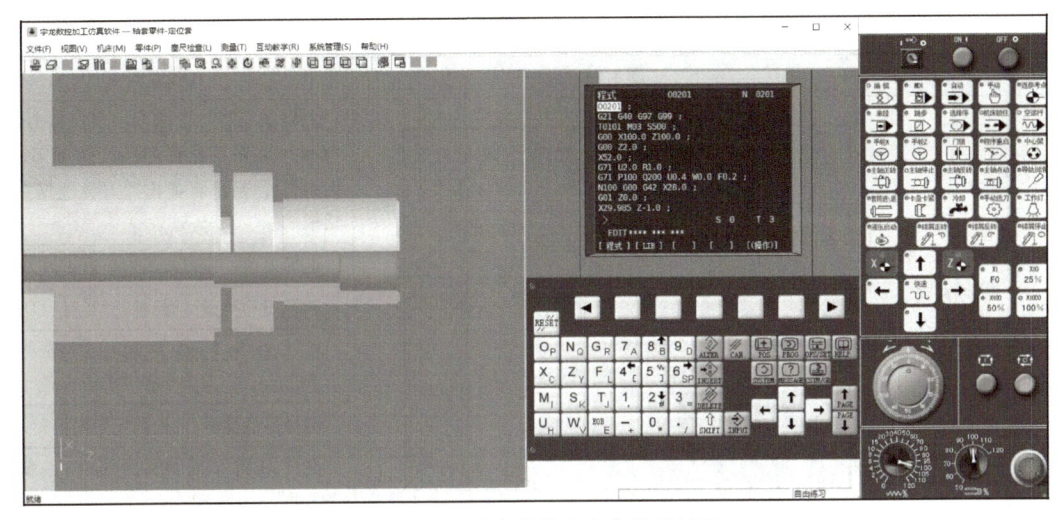

图 2-11　定位套的仿真实战模拟结果

2.4.1　加工准备

1. 机床的准备

机床的准备包括选择机床、激活机床、返参考点（回零）操作、设置显示方式和保存项目。

2. 设置与装夹工件

设置与装夹工件包括定义毛坯、装夹工件和调整工件位置。其中定义毛坯的操作步骤及说明见表 2-19。

表 2-19　定义毛坯

步骤	图示	操作说明
定义毛坯		选择菜单栏"零件"→"定义毛坯"命令，或在工具栏单击"定义毛坯"图标，系统弹出"定义毛坯"对话框
		输入名字"定位套"，选择材料"45# 钢"，选择形状"U形"，输入参数"外圆直径 50mm，内孔直径 16mm，长度 150mm"
		单击"确定"按钮，保存定义的毛坯，并退出操作
		单击"取消"按钮，不保存定义的毛坯，并退出操作

3. 选择和安装刀具

根据工艺要求，选择程序指定的刀具，并将其安装在刀架上。选择安装 T01 外圆车刀、T02 内孔镗刀和 T03 外圆切槽刀，操作步骤及说明见表 2-20。

表 2-20　选择和安装刀具

步骤		图示	操作说明
1	选择安装外圆车刀		选择菜单栏"机床"→"选择刀具"命令，或在工具栏单击"选择刀具"图标，系统将弹出"刀具选择"对话框
			选择刀位：在刀架图中单击 1 号刀位
			选择刀片类型："标准""T 型"刀片
			在"刀片"列表框中选择刃长"11.00mm"，刀尖半径"0.40mm"
			选择刀柄类型："外圆左向横柄"
			在"刀柄"列表框中选择主偏角"91.0°"
2	选择安装内孔镗刀		选择刀位：在刀架图中单击 2 号刀位
			选择刀片类型："标准""T 型"刀片
			在"刀片"列表框中选择刃长"6.00mm"，刀尖半径"0.20mm"
			选择刀柄类型："内孔柄"
			在"刀柄"列表框中选择加工深度"70.0mm"，最小直径"14.0mm"，主偏角"90.0°"
3	选择安装外圆切槽刀		选择刀位：在刀架图中单击 3 号刀位
			选择刀片类型："定制""方头切槽"刀片
			在"刀片"列表框中选择宽度"3.00mm"，刀尖半径"0.20mm"
			选择刀柄类型："外圆切槽柄"
			在"刀柄"列表框中选择切槽深度"20.0mm"
			刀具全部选择完成后，单击"确定"按钮，T01、T02 和 T03 安装到刀架上

2.4.2　程序的输入与校验

1. 导入程序

将事先写入记事本并保存为文本格式的 O0201 号程序导入系统。

2. 程序校验

利用机床空运行和图形模拟功能进行程序校验，观察加工时刀具轨迹的变化，操作步骤及说明见表 2-21。

表 2-21 程序校验

步骤	图示	操作说明
1	选择运行模式	确认程序 O0201 的光标置于程序开始处
		单击 <机床锁住> 键和 <空运行> 键
		选择 <自动> 模式,指示灯亮,系统进入自动运行模式
2	图形模拟	按下 <CSTM/GRAPH> 键,打开"图形模拟"页面,按下"循环启动"按钮,观察程序的运行轨迹。对检查中发现的错误必须进行修改,直到程序试运行轨迹完全正确为止
		退出"图形模拟"页面,关闭 <机床锁住> 和 <空运行> 模式,执行返参考点操作

2.4.3 对刀设置

采用试切法对刀,将 T01 外圆车刀、T02 内孔镗刀和 T03 外圆切槽刀的对刀数据输入到刀具补偿页面,并分别进行对刀验证,检验对刀是否正确。其中,内孔镗刀的对刀操作步骤见表 2-22。

2-2 内孔镗刀的对刀

表 2-22 内孔镗刀的对刀

步骤	图示	操作说明
1	换 2 号刀	选择 <手动> 模式,移动刀架至换刀安全位置
		选择 <MDI> 模式,按下 <PROGRAM> 键,打开 MDI 程式界面
		在程序"O0000"中输入"T0200;",按下 <INSERT> 键 → "循环启动"按钮,2 号刀成为当前刀具

(续)

步骤		图示	操作说明
2	指定主轴转速	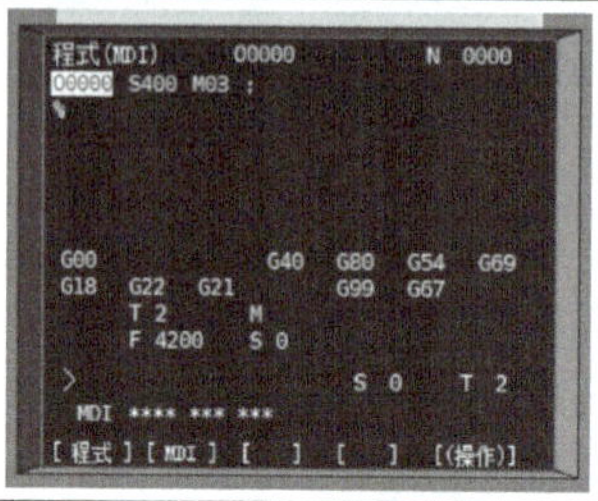	在程序"O0000"中输入"S400 M03;",按下<INSERT>键 → "循环启动"按钮,主轴以400r/min正转
3	接近工件	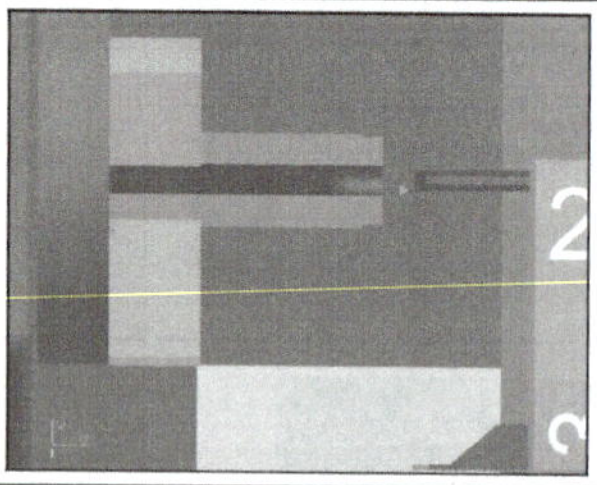	选择<手动>模式,单击相应的<轴方向>键,选择合适的倍率,再单击<快速>键,控制机床向相应轴的方向"+X/-X/+Z/-Z"手动连续移动,将刀具快速移动到接近工件位置10~20mm
4	Z向对刀	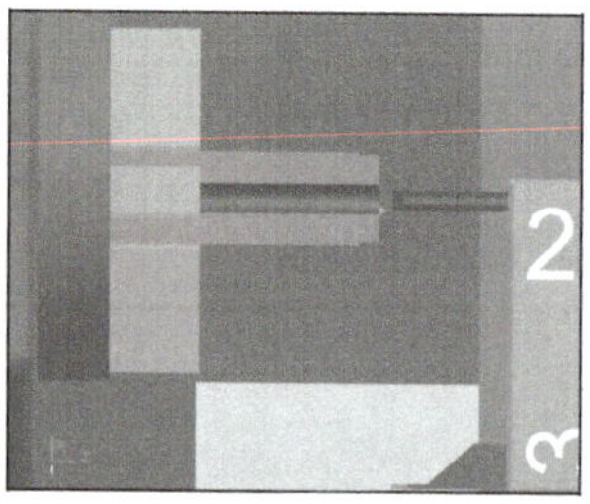	Z向对刀即接触右端面
			选择手轮轴。单击操作面板上的<手轮X>键或<手轮Z>键
			单击手轮步长<1×100>键,<手轮X>、<手轮Z>交替使用,接近时选<1×10>或<1×1>键,将鼠标指针对准手轮,单击鼠标右键或左键来转动手轮,向选定轴"+、-"方向精确移动机床,使内孔镗刀刀尖轻轻接触工件右端面,不进行切削加工
			单击<手轮Z>键,选择手轮步长<1×100>键,+Z方向移动2格(0.2mm),该数值以实际移动量为准
			在Z轴不动的情况下,单击<手轮X>键或<手动>模式,-X方向移动到安全位置
			按下<OFFSET/SETT>键,进入参数设定页面,按下<形状>软键,进入"刀具补正/形状"页面
			按下MDI键盘上的<翻页>键或<光标>键,将光标移动到与刀具号对应的番号02"Z"处,输入"Z0.2",按<测量>软键,系统自动把计算后的工件Z向零点偏置值输入到"Z"处,完成Z向的对刀操作

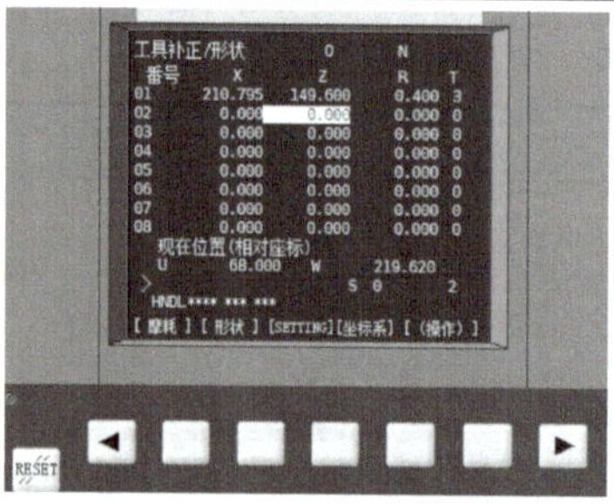

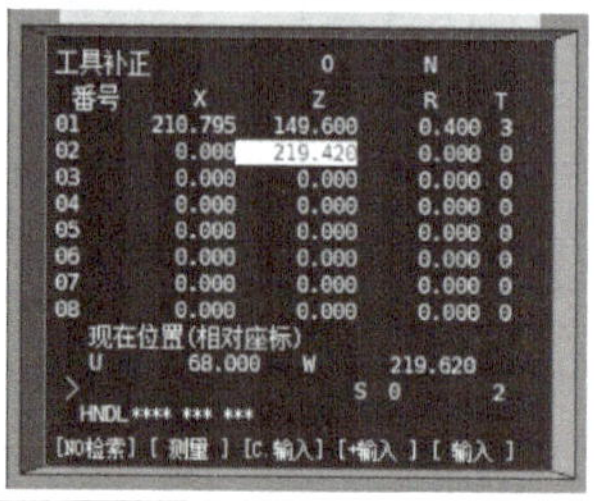

项目2 定位套的编程与加工

（续）

步骤		图示	操作说明
5	X向对刀	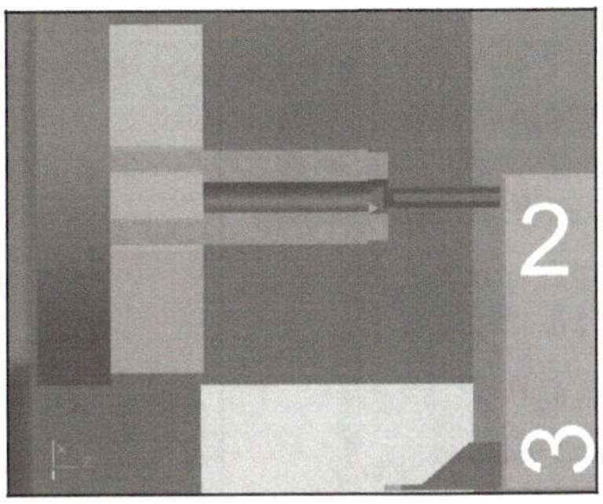	X向对刀即车削内孔
			单击＜手轮X＞键，选择手轮步长＜1×100＞键，+X方向移动刀架使刀具接触工件内孔，背吃刀量尽量小一些，减少刀具损坏
			单击＜手轮Z＞键，选择手轮步长＜1×10＞键，-Z方向连续车削一段长约10mm的内孔
			单击＜手轮X＞键，选择手轮步长＜1×100＞键，-X方向移动2格（0.2mm），该数值以实际移动量为准
			在X轴不动的情况下，单击＜手轮Z＞键或＜手动＞模式，+Z方向移动到安全位置
			单击＜主轴停止＞键，使主轴停止转动
			选择菜单栏"测量"→"剖面图测量"命令，在弹出的对话框中，选择"否"
		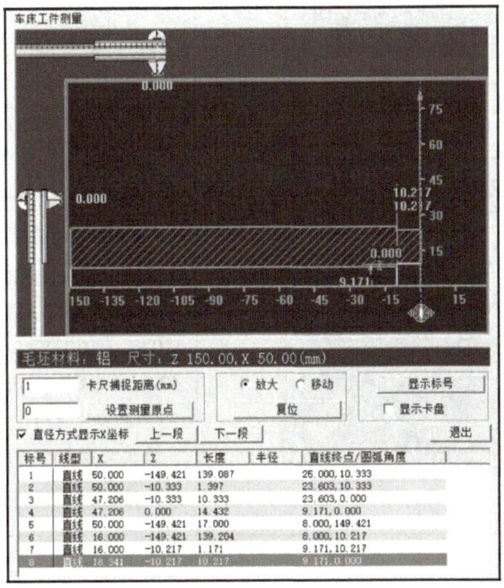	在弹出的"车床工件测量"对话框中，测得所车内孔直径"18.341"，将此测量值18.341-0.2=18.141备用

（续）

步骤		图示	操作说明
5	X向对刀	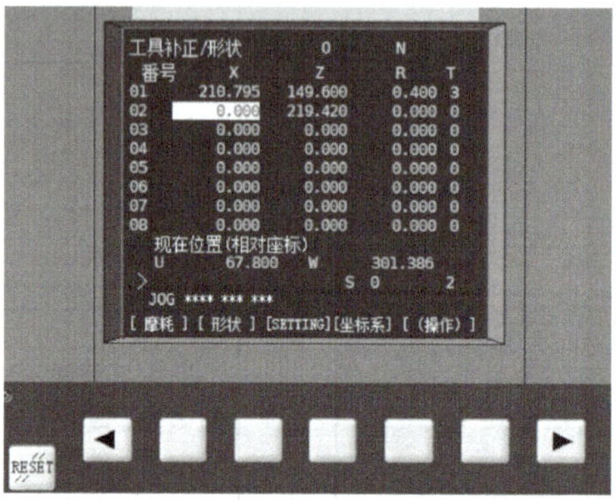	按下<OFFSET/SETT>键，进入参数设定页面，按下<形状>软键，进入"刀具补正/形状"页面
		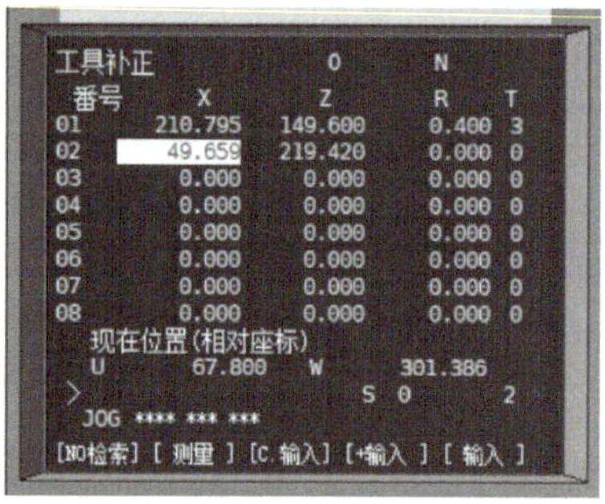	按下<翻页>键或<光标>键，将光标移动到与刀具号对应的番号02"X"处，输入"X18.141"，按<测量>软键，系统自动把计算后的工件X向零点偏置值输入到"X"处，完成X向的对刀操作
6	设置刀具补偿参数	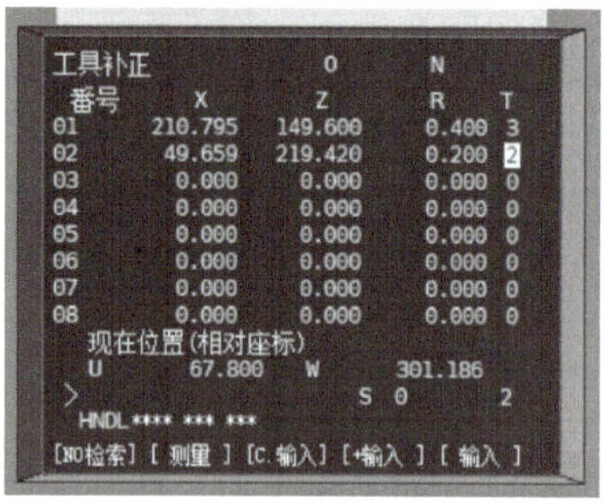	将光标移动到与刀具号对应的番号02"R"处，输入刀尖圆弧半径"0.2"，按<输入>软键或<INPUT>键；将光标移动到与刀具号对应的番号02"T"处，输入刀尖方位号"2"，按<输入>软键，完成刀具补偿参数的设置。至此完成内孔镗刀的对刀操作
7	对刀验证	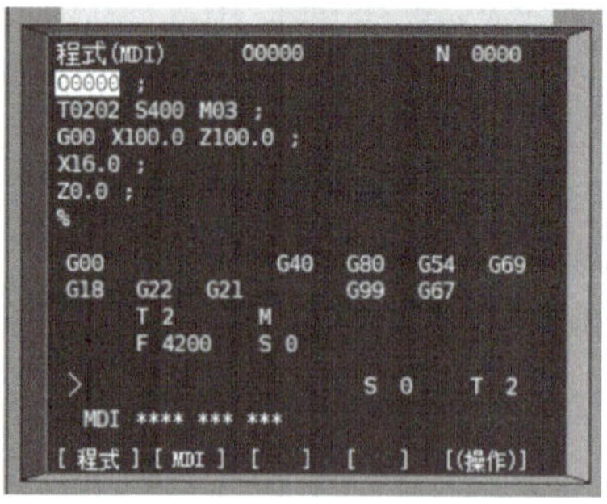	选择<手动>模式，移动刀架至换刀安全位置
			选择<MDI>模式，按下<PROGRAM>键，打开MDI程式界面，在程序"O0000"中输入测试程序段"T0202 S400 M03；/G00 X100.0 Z100.0；/X16.0；/Z0.0；"（X取内孔直径-2mm）
			单击<单段执行>键，按下"循环启动"按钮，运行测试程序

步骤		图示	操作说明
7	对刀验证		执行完"X16.0;",观察刀尖与工件内孔处的间隙是否适当,若适当则X向对刀正确。 否则,对刀操作不正确
			执行完"Z0.0;",观察刀尖与工件右端面是否处于同一平面,如在同一平面则Z向对刀正确 否则,对刀操作不正确
			若对刀操作不正确,查找原因,重新对刀

知识链接:内轮廓加工操作的注意事项

1. 在加工内轮廓或内沟槽时,应先检查内孔镗刀和内切槽刀是否会与工件发生干涉。X方向退刀时需防止刀背面碰撞工件。

2. 为防止出现废品,内孔镗刀X向磨耗值的设置与外圆车刀正好相反,应设为"−"值。

3. 当车削盲孔时,注意正确选择内孔镗刀的主偏角。

2.4.4 首件试切

程序试运行轨迹完全正确后,可进行首件试切,模拟加工结果如图2-11所示。

2.4.5 零件的检测与质量分析

1. 零件的检测

选择菜单"测量"→"剖面图测量"命令,在弹出的如图2-12所示的"车床工件测量"对话框中分别单击1号刀、2号刀和3号刀的加工表面,在下半部分的标号中,该线段会突出显示,可读取线段数据,记下对应的X、Z值,并填写表2-23定位套零件质量检验单。与图样尺寸进行对比,若在公差范围内,则判定该零件为合格产品;如有超差,应分析产生原因,检查编程、对刀、补偿值设定等工作环节,有针对性地进行修改和调整,再次进行试切,直到产品合格为止。

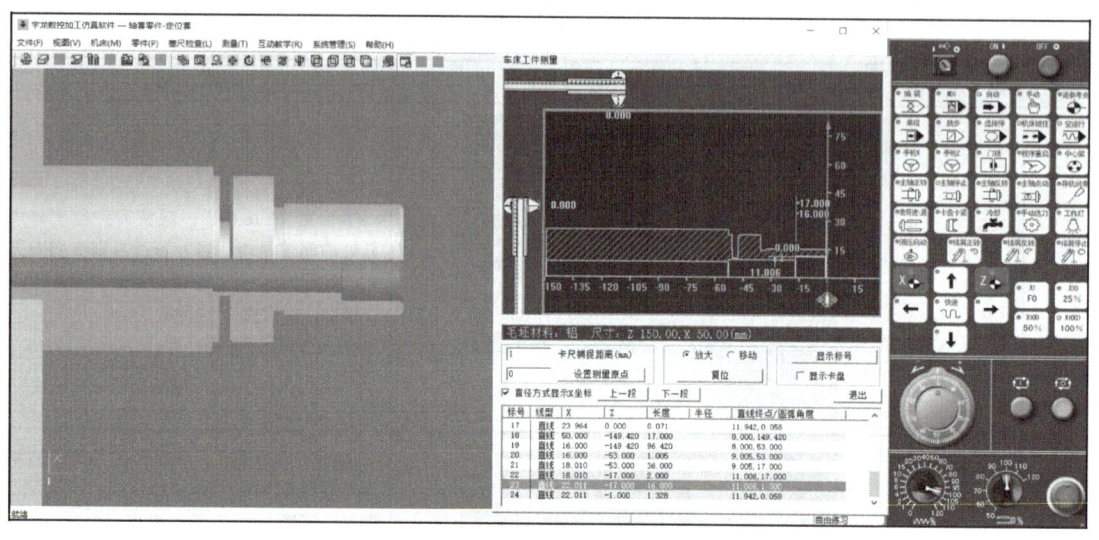

图 2-12 "车床工件测量"对话框

表 2-23 定位套零件质量检验单

序号	项目	内容	量具	检测结果	结论 合格	结论 不合格
1	长度	48mm	0～125mm 游标卡尺			
2	深度	$36_{-0.16}^{0}$mm	0～150mm 深度千分尺			
3		17 ± 0.04mm				
4	外圆	$\phi30_{-0.03}^{0}$mm	25～50mm 外径千分尺			
5		$\phi45_{-0.03}^{0}$mm				
6	内孔	$\phi18_{0}^{+0.021}$mm	5～30mm 内径百分表			
7		$\phi22_{0}^{+0.023}$mm				
8	槽尺寸	槽宽 3mm	3mm 卡规（卡板）			
9		槽直径 $\phi28$mm	28mm 卡规（卡板）			
10	几何公差	⊥ 0.01 A	心轴、百分表、万向磁力表座、偏摆检测仪			
11		◎ $\phi0.02$ A				
12	未注倒角	C1	45°倒角游标卡尺			
13	外轮廓表面粗糙度	$Ra0.8\mu m$	表面粗糙度检测仪			
14	内孔表面粗糙度	$Ra1.6\mu m$				
15	槽表面粗糙度	$Ra1.6\mu m$				
定位套 检测结论			合格 □		不合格 □	

2. 质量分析

根据零件的加工过程和检测情况，分析不合格品产生的原因，并提出质量改进措施，优化程序，内孔加工产生不合格项目的原因及质量改进措施见表 2-24。

表 2-24 定位套零件质量改进措施

序号	不合格项目	产生原因	改进措施
1	孔径尺寸超差	对刀不准确引起尺寸超差	在"刀具补正/磨耗"页面，与内孔镗刀对应的番号 02 "X"处，若尺寸偏大，输入"–超差值"；若尺寸偏小，输入"+超差值"
		刀具补偿参数不准确	在"刀具补正/形状"页面，与内孔镗刀对应的番号 02 "R"或"T"处，修改刀尖圆弧半径补偿值或刀尖方位号
		热胀冷缩引起尺寸超差	选择合适的切削液
		车刀刀尖磨损	更换刀片或修改刀尖圆弧半径补偿值
2	孔深尺寸超差	对刀不准确引起尺寸超差	在"刀具补正/磨耗"页面，与内孔镗刀对应的番号 02 "Z"处，若尺寸偏大，输入"+超差值"；若尺寸偏小，输入"–超差值"
3	内孔有锥度	车刀刀尖磨损	及时更换内孔镗刀刀片
		刀柄刚性差，产生让刀	选用刚性好的刀具，尽量采用大尺寸的刀柄，减小切削用量
		刀柄与孔壁干涉	检查内孔镗刀的安装情况，根据孔径选择合适的刀柄直径，重新正确安装该刀具
4	内孔不圆	热胀冷缩引起变形	选择合适的切削液
		装夹引起的变形	选择合适的装夹方式，注意夹紧力的大小
5	表面粗糙度差	切削用量不合理	优化切削用量。提高内孔镗刀精加工的切削速度、减小进给量
		车刀刀尖磨损	及时更换内孔镗刀刀片
		产生积屑瘤	避开产生积屑瘤的切削速度
		刀柄刚性差，产生振动	选用刚性好的刀具
		刀具安装不正确	检查安装情况，重新正确安装该刀具

任务 2.5 定位套的生产加工

在 FANUC 0i Mate 系统数控车床上完成定位套零件的生产加工。

2.5.1 加工准备

1. 零件生产前的准备工作

1）领取零件毛坯。领取毛坯，检验毛坯是否符合尺寸要求，是否留有足够的加工余量。

2）领取刀具和量具。携带表 2-12 "定位套数控加工刀具卡"和表 2-13 "定位套数控加工量具清单"去工具室领取所需刀具和量具。

3）熟悉数控车床安全操作与文明生产的内容。

2. 开机操作

（1）电源接通前检查　依据附录F《设备点检卡（数控车）》检查机床有无异常情况，检查完毕执行开机操作。

（2）接通电源　按机床通电顺序通电。

（3）通电后检查　检查"位置显示"页面屏幕是否显示。如有错误，依据提示正确处理，解除报警。

3. 返参考点操作

1）X轴返参考点操作。
2）Z轴返参考点操作。
3）移动刀架至换刀安全位置。

4. 装夹工件

手持毛坯将一端水平装入自定心卡盘，伸出卡盘外60～65mm，右手拿工件稍作转动，左手配合右手旋紧卡盘扳手，将工件夹紧，并找正工件。

5. 装夹刀具

（1）检查刀具　选择程序指定的刀具，检查所用刀具螺钉是否夹紧，刀片是否完好。

（2）安装刀具　正确、可靠地装夹刀具。将T01外圆车刀安装在1号刀位，T02内孔镗刀安装在2号刀位，T03外圆切槽刀安装在3号刀位，安装刀具时应注意"伸出长度、刀尖高度和工作角度"。

2.5.2　程序的输入与校验

1. 程序的输入

采用手动输入方式，应用MDI键盘将程序"O0201"输入到机床中。

2. 程序的校验

为防止因数据输入错误等原因造成的不良后果，利用机床空运行和图形模拟功能进行程序校验，观察加工时刀具轨迹的变化。

2.5.3　对刀设置

采用试切法对刀，将T01外圆车刀、T02内孔镗刀和T03外圆切槽刀的对刀数据输入刀具补偿页面，并分别进行对刀验证，检验对刀是否正确。其中，内孔镗刀的对刀操作步骤见表2-25。

表2-25　内孔镗刀的对刀

步骤		操作说明
1	换2号内孔镗刀	选择<手动>模式，移动刀架至换刀安全位置
		选择<MDI>模式，按下<PROGRAM>键，打开MDI程式界面，在程序"O0000"中输入"T0200；"，按下<INSERT>键→"循环启动"按钮，2号刀成为当前刀具

（续）

步骤		操作说明
2	指定主轴转速	在程序"O0000"中输入"S400 M03;"，按下 <INSERT> 键 → "循环启动"按钮，主轴以 400r/min 正转
3	接近工件	选择 <手动> 模式，按下相应的 <轴方向> 键 +X -X +Z -Z，选择合适的倍率，再按下 <快速> 键，将刀具快速移动到接近工件位置 10～20mm
4	Z 向对刀（接触右端面）	选择 <手轮> 模式，<X>、<Z> 轴交替使用，先选择 <1×100> 键，接近时选 <1×10> 或 <1×1> 键，执行 X 轴或 Z 轴的精确移动，使内孔镗刀刀尖轻轻接触工件右端面，不进行切削加工
		选择 <Z> 轴和 <1×100> 键，+Z 方向移动 2 格（0.2mm），该数值以实际移动量为准
		在 Z 轴不动的情况下，选择 <手轮> 或 <手动> 模式，将刀具沿 −X 方向移动到安全位置
		按下 <OFFSET/SETT> 键，进入"刀偏显示/参数设置"页面→按下 <偏置> 软键→<形状> 软键，进入"刀具补正/形状"页面
		按下 <翻页> 键或 <光标> 键，将光标移动到与刀具号对应的番号 02"Z"处，输入"Z0.2"，按下 <测量> 软键，系统自动把计算后的工件 Z 向零点偏置值输入到"Z"处，完成 Z 向的对刀操作
5	X 向对刀（车削内孔）	选择 <手轮> 模式，选择 <X> 轴和 <1×100> 键，+X 方向移动刀架使刀具接触工件内孔，试切背吃刀量尽量小一些，以便减少刀具损坏
		选择 <Z> 轴和 <1×10> 键，−Z 方向连续车削一段长约 10mm 的内孔
		选择 <X> 轴和 <1×100> 键，−X 方向移动 2 格（0.2mm），该数值以实际移动量为准
		在 X 轴不动的情况下，选择 <手轮> 或 <手动> 模式，将刀具沿 +Z 方向移动到安全位置
		按下 <主轴停止> 键，使主轴停止转动
		用内径千分尺多点位多次测量所车内孔直径，将"测量值 −0.2"备用
		按下 <OFFSET/SETT> 键，进入"刀偏显示/参数设置"页面→按下 <偏置> 软键→<形状> 软键，进入"刀具补正/形状"页面
		按下 <翻页> 键或 <光标> 键，将光标移动到与刀具号对应的番号 02"X"处，输入 X"备用值"，按下 <测量> 软键，系统自动把计算后的工件 X 向零点偏置值输入到"X"处，完成 X 向的对刀操作
6	设置刀具补偿参数	将光标移动到与刀具号对应的番号 02"R"处，输入刀尖圆弧半径"0.2"，按 <输入> 软键或 <INPUT> 键，将光标移动到 02"T"处，输入刀尖方位号"2"，按 <输入> 软键，完成刀具补偿参数的设置，至此完成内孔镗刀的对刀操作
7	对刀验证	选择 <手动> 模式，移动刀架至换刀安全位置
		选择 <MDI> 模式，按下 <PROGRAM> 键，打开 MDI 程式界面，在程序"O0000"中输入测试程序段"T0202 S400 M03;/G00 X100.0 Z100.0;/X16.0;/Z0.0;"（X 取毛坯直径 −2mm）
		单击 <单段执行> 键，按下"循环启动"按钮，运行测试程序
		执行完"X16.0;"，观察刀尖与工件内孔处的间隙是否适当，若适当则 X 向对刀正确，否则，对刀操作不正确。执行完"Z0.0;"，观察刀尖与工件右端面是否处于同一平面，如在同一平面则 Z 向对刀正确，否则，对刀操作不正确
		若对刀操作不正确，查找原因，重新对刀

2.5.4 首件试切

程序试运行轨迹完全正确后，调整"进给倍率"旋钮和"主轴倍率"旋钮至50%，调整"快速倍率"至25%，采用单段方式进行首件试切，加工中注意观察切削情况，逐步将进给倍率和主轴倍率调至最佳状态。

2.5.5 零件的检测与质量分析

1. 零件的检测

根据零件图样要求，自检零件各部分尺寸，并填写表2-23定位套零件质量检验单。与图样尺寸进行对比，若在公差范围内，则判定该零件为合格产品；如有超差，应分析产生原因，检查编程、对刀、补偿值设定等工作环节，有针对性地进行修改和调整，再次进行试切，直到产品合格为止。

2. 质量分析

根据零件的加工过程和检测情况，分析不合格品产生的原因，并提出质量改进措施，优化程序，内孔产生不合格项目的原因及质量改进措施见表2-24。

2.5.6 生产订单

1. 批量生产

首件合格，进入批量生产，每件产品自检合格方可下机。

2. 转入后续工序

转入热处理工序，热处理结束，转入后续工序。

3. 完工检验

加工结束后送检，完工检验合格，盖章入库。

4. 交付订单

5. 关机

日常保养、关机、整理好现场，做好交接班记录。

工作任务评价

将任务完成情况的检测与评价填入附录G（XX零件）工作任务评价表。

技能巩固

想一想：定位套的其他加工工艺方案。
查一查：加工槽类零件的加工工艺方案。

试一试：编写槽类零件的加工工艺方案。

练一练：机械制造厂数车生产班组接到一个轴套零件的生产订单，如图 2-13 所示，来料毛坯为外径 $\phi 55mm$、内孔 $\phi 16mm$、长 600mm 的 45 钢管料，加工数量为 8 件，工期为 2 天。

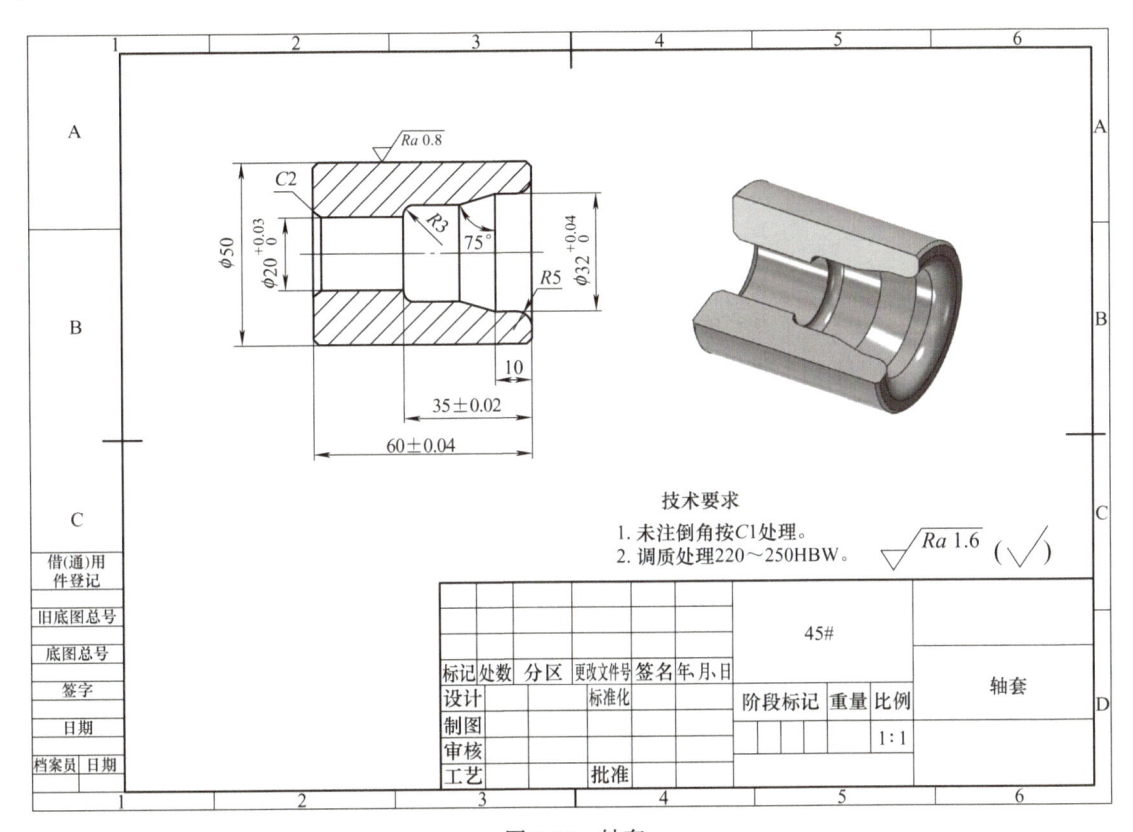

图 2-13 轴套

共话空间——榜样

"如果你是一滴水，你是否滋润了一寸土地？
如果你是一线阳光，你是否照亮了一分黑暗？
如果你是一颗粮食，你是否哺育了有用的生命？
如果你是一颗最小的螺丝钉，你是否永远坚守在你生活的岗位上……"
这是雷锋日记中对于生命意义的思考和叩问，也是对我们的谆谆嘱托。
雷锋，时代的楷模，一座永不褪色的丰碑！

讨论：追光而上，你致敬的榜样是谁？

项目 3　液压阀芯的编程与加工

思维导学

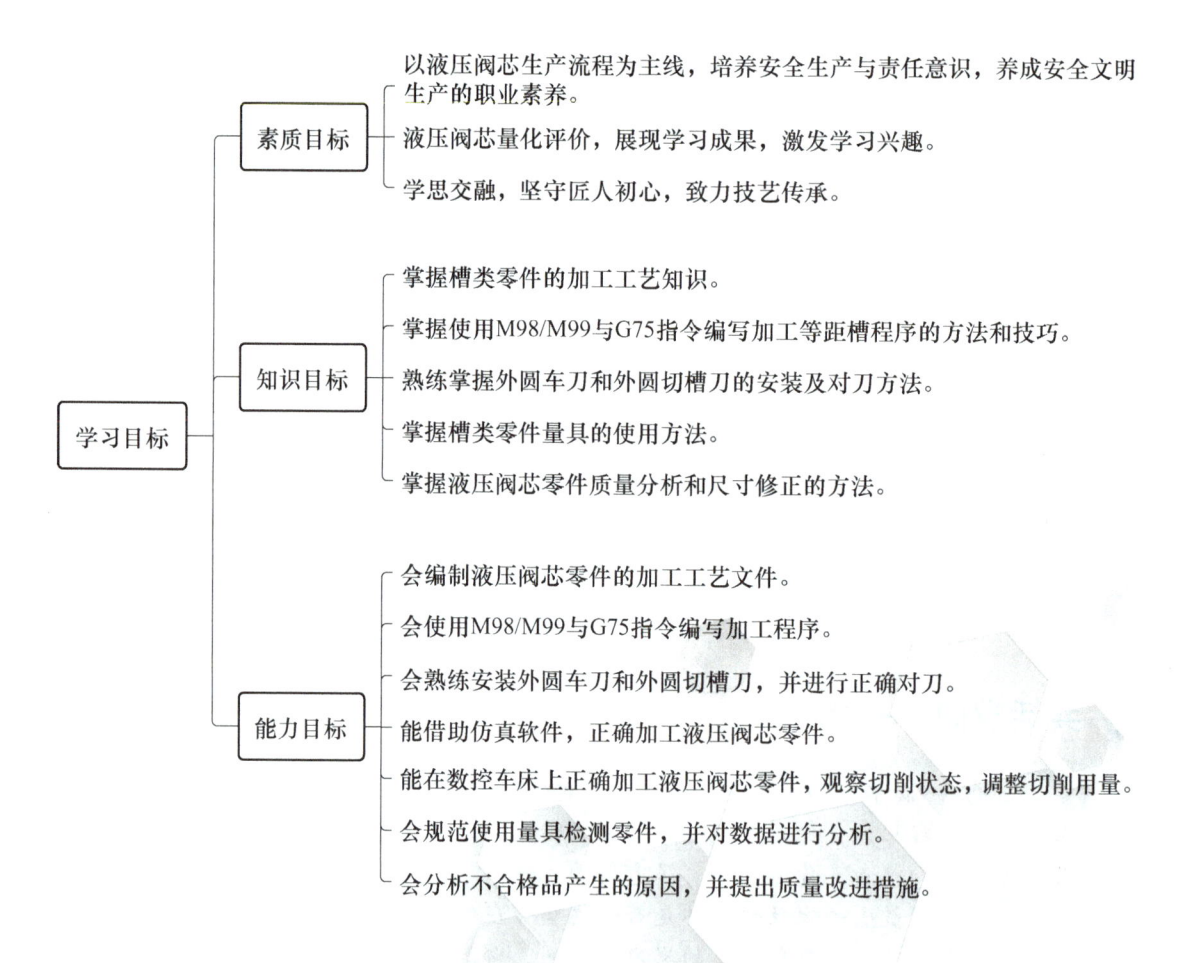

学习目标

- **素质目标**
  - 以液压阀芯生产流程为主线，培养安全生产与责任意识，养成安全文明生产的职业素养。
  - 液压阀芯量化评价，展现学习成果，激发学习兴趣。
  - 学思交融，坚守匠人初心，致力技艺传承。

- **知识目标**
  - 掌握槽类零件的加工工艺知识。
  - 掌握使用M98/M99与G75指令编写加工等距槽程序的方法和技巧。
  - 熟练掌握外圆车刀和外圆切槽刀的安装及对刀方法。
  - 掌握槽类零件量具的使用方法。
  - 掌握液压阀芯零件质量分析和尺寸修正的方法。

- **能力目标**
  - 会编制液压阀芯零件的加工工艺文件。
  - 会使用M98/M99与G75指令编写加工程序。
  - 会熟练安装外圆车刀和外圆切槽刀，并进行正确对刀。
  - 能借助仿真软件，正确加工液压阀芯零件。
  - 能在数控车床上正确加工液压阀芯零件，观察切削状态，调整切削用量。
  - 会规范使用量具检测零件，并对数据进行分析。
  - 会分析不合格品产生的原因，并提出质量改进措施。

领取生产任务

机械制造厂数车生产班组接到一个液压阀芯零件的生产订单，如图 3-1 所示。来料毛坯为 ϕ40mm×600mm 的 45 钢棒料，加工数量为 5 件，工期为 2 天。

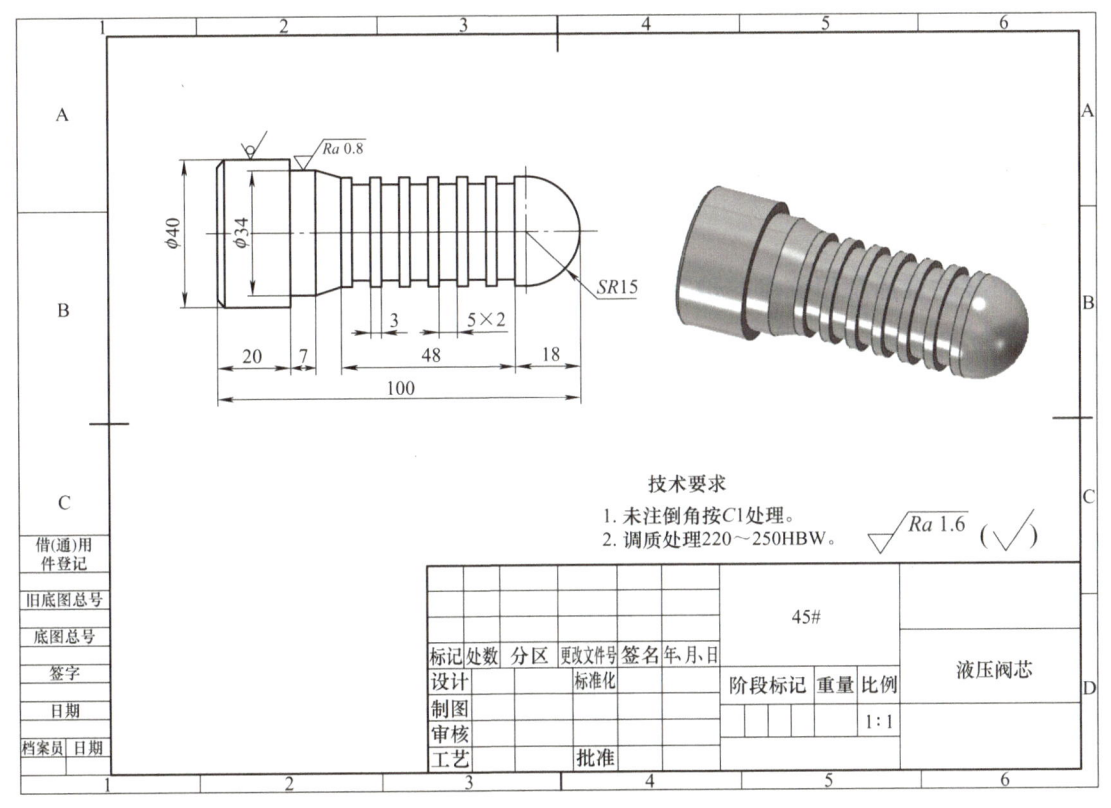

图 3-1　液压阀芯

任务 3.1　知识准备

3.1.1　槽的加工工艺

1. 常见的各种沟槽

常见的沟槽有直槽（包含外沟槽、内沟槽和端面槽）、V 槽（梯形槽）和圆弧槽等，沟槽主要用作螺纹退刀槽、砂轮越程槽、密封槽和冷却槽等，如图 3-2 所示。

根据宽度不同，沟槽分为窄槽和宽槽两种。窄槽是指沟槽的宽度不大，采用刀头宽度等于槽宽的车刀一次车出的沟槽；宽槽是指沟槽宽度大于切槽刀刀头宽度的槽。

根据加工特点的不同，沟槽大体可以分为单槽、多槽、宽槽及异型槽，加工时可能会遇到各种形式的叠加，如单槽可能是深槽或是宽槽。

图 3-2 常见的各种沟槽

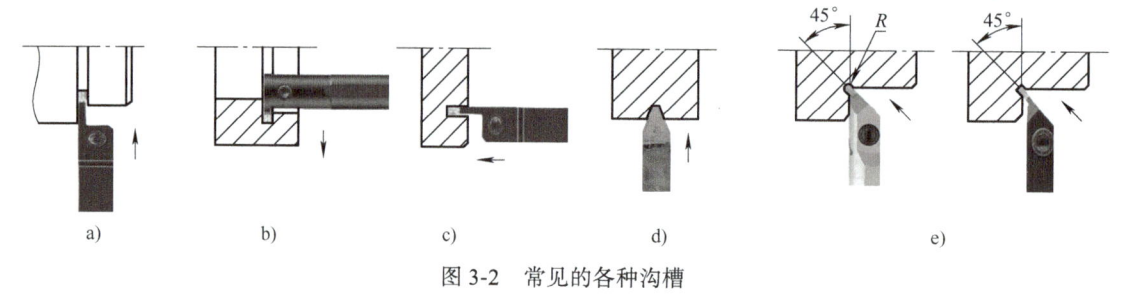

a）车外槽　b）车内槽　c）车端面槽　d）车梯形槽　e）车越程槽

2. 刀具的选择及刀位点的确定

切槽及切断常用的刀具有内切槽刀和外切槽刀两种，又称为内、外切断刀。切槽刀前端为主切削刃，两侧为副切削刃，刀头窄又长，强度较差，有左、右两侧刀尖及切削刃中心处三个刀位点，如图 3-3 所示，在编写加工程序时一般常用左侧刀位点①。

图 3-3 切槽刀的刀位点

3. 切槽加工的特点

（1）切削变形大　由于切槽刀的主切削刃和左、右副切削刃同时参加切削，所以在切屑排出时，受到槽两侧的摩擦、挤压作用，以致切削变形大。

（2）切削力大　由于切槽过程中切屑与刀具、工件的摩擦，加上被切金属的塑性变形大，所以在切削用量相同的条件下，切槽比一般车外圆时的切削力大 20%～25%。

（3）散热条件差　切槽时，塑性变形大，摩擦剧烈，产生切削热多，会加剧刀具的磨损。所以，在加工钢件时，可选择冷却性能好的切削液使刀具充分冷却；在加工铸件时一般不加切削液，必要时可用煤油进行冷却。

（4）刀具刚性差　切槽刀的主切削刃宽度较窄（一般在 2～5mm 之间），刀头狭长，因此刀具的刚性差，切槽过程中容易产生振动，需及时调整切削用量，保证切削稳定。

4. 常见的加工方法

（1）外沟槽的加工方法　加工外沟槽时使用外切槽刀，如图 3-2a 所示。加工方法根据槽的宽度和深度不同而不同，窄槽可选一次直进法和分次多刀法，宽槽可选二次直进法和多次直进法，见表 3-1。

表 3-1 外沟槽的加工方法

分类	加工方法	图例	说明
窄槽	一次直进法		对于宽度、深度值不大，且精度要求不高的槽，可选用与槽宽相等的刀具，采用一次直进法车出
			用 G01 指令切入，车至槽底时用 G04 指令暂停，以修正槽底精度，采用进给速度退出，以修正槽两侧精度
	分次多刀法		对于宽度不大但深度较大的深槽，采用径向分次多刀的方法车出
			刀具在径向切入工件一定深度后，停止进刀并回退一段距离，再切入工件，再回退，一直到刀具切入槽底
			这种方法可以达到断屑和排屑的目的，避免扎刀和断刀现象。注意在条件允许的范围内选择强度较高的刀具
	二次直进法		当车削精度要求较高的沟槽时，一般采用二次直进法车出。第一次车槽时槽壁两侧和槽底留精车余量，然后根据槽深和槽宽进行精车。**温馨提示**：左侧槽壁留少量精车余量
宽槽	多次直进法		对于深度不大但宽度较大的宽槽，可采用径向多次直进法
			采用排刀的方式进行粗切，注意每次左右方向要有一定的接刀量，并在车槽时槽壁两侧和槽底留精车余量。**温馨提示**：左侧槽壁留少量精车余量
			在精加工时，先沿槽的一侧车至槽底，精加工槽底至槽的另一侧，再沿侧面退出，以保证槽底的精度

分类	加工方法	图例	说明
异型槽			对于较小的异型槽，一般用成形刀车削完成
			对于较大的异型槽，大多采用先切直槽然后修整轮廓的方法完成
		a)　　　　b)	a）直槽刀分 3 次进刀切削方式； b）V 型槽刀 1 次直进方式

（2）内沟槽的加工方法　加工内沟槽时使用内切槽刀，如图 3-2b 所示。内沟槽的加工方法与外沟槽的加工方法类似，根据槽的宽度和深度不同，可分为如图 3-4 所示的 3 种方法：

① 直进法：用于加工宽度较小和要求不高的内沟槽。

② 多次直进法：用于加工要求较高或较宽的内沟槽。

③ 纵向进给法：用于加工较大较浅的内沟槽。

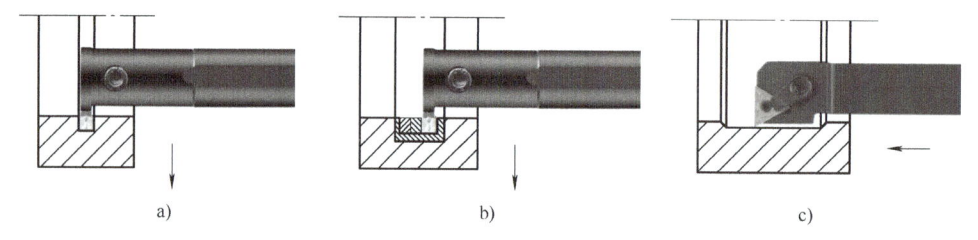

图 3-4　内沟槽的加工方法
a）直进法　b）多次直进法　c）纵向进给法

（3）端面槽的加工方法　加工端面槽时使用端面直槽刀，如图 3-2c 所示。端面槽的加工方法与外沟槽的加工方法类似。当端面槽较宽需要多次直进切削时，应从最大直径开始向内切削，并保持较低的切削速度，以获得较好的切屑控制，避免切屑堵塞。

5. 切削用量的选择

（1）背吃刀量 a_p　当加工窄槽时，选择刀头宽度等于槽宽的切槽刀，背吃刀量为刀头宽度，此时只需确定切削速度和进给量。当加工宽槽时，选择刀头宽度小于 5mm 的切槽刀，槽两侧及槽底精车余量取 0.1～0.3mm。

（2）进给量 f　由于刀具刚性、强度及散热条件较差，所以应适当地减小进给量。进给量太大时，容易使刀折断；进给量太小时，刀具与工件产生强烈摩擦会引起振动。一般情况下，粗车进给量为 0.08～0.1mm/r，精车进给量为 0.05～0.08mm/r。

（3）切削速度 v_c　切断时的实际切削速度随刀具的切入越来越低，因此，切断时切削速度可选得高一些。可转位切槽刀转速一般取 300～400r/min。

知识链接：槽加工的注意事项

（1）在整个加工程序中，应采用同一个刀位点。

（2）当采用左侧刀尖作为刀位点编程时，刀头宽度应考虑在内；当采用右侧刀尖作为刀位点编程时，不考虑刀头宽度，但在对刀时，应将左刀尖的Z向尺寸向负向移动一个刀宽位置换算成右刀尖的尺寸。

（3）为避免刀具与工件的碰撞，注意合理安排切槽后的退刀路线。当切完槽退刀时，应先X方向退刀至安全位置，再回换刀点。

（4）切槽时，一般刀刃宽度取3～5mm。刀刃宽度、主轴转速和进给速度都不宜过大，否则切削力过大，影响刀具寿命。

（5）切槽刀安装时要正，主切削刃应与车床主轴轴线平行，并等高或略高，保证两个副偏角对称，以保证槽底平整或切断时能切到工件中心。

（6）切槽刀安装时，伸出刀架的长度不宜过长，进给要缓慢均匀。

（7）当采用试切法对刀时，切槽刀不能再车端面，只能轻轻触碰第一把刀车过的端面，否则，零件长度尺寸会发生变化。

6. 沟槽常见的检测方法

（1）外沟槽常见的检测方法　外沟槽常用卡板、游标卡尺或外径千分尺测量，见表3-2。

表3-2　外沟槽常见的检测方法

分类	外槽宽度		外槽直径
检测方法	卡板	游标卡尺	外径千分尺
图例		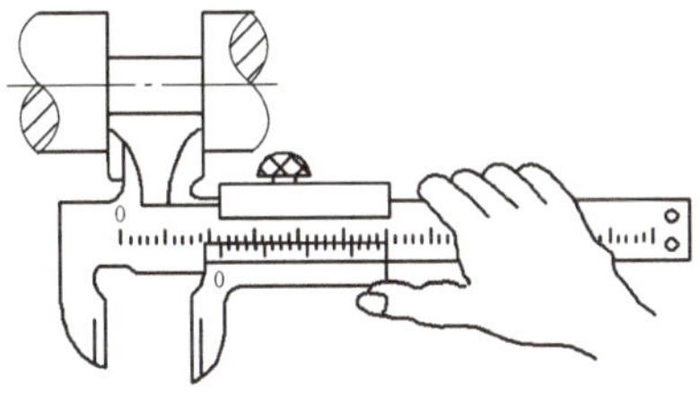	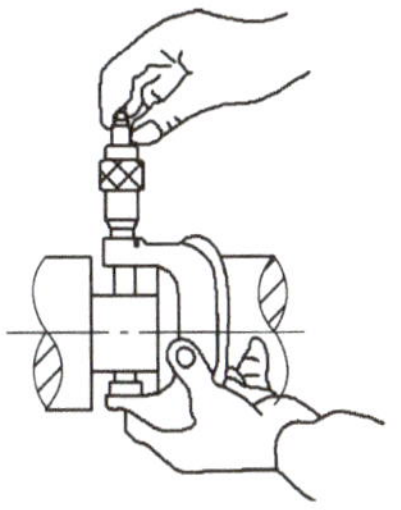

（2）内沟槽常见的检测方法　内沟槽直径常用带千分表内径量规或特殊弯头游标卡尺测量，见表3-3。内沟槽宽度常用卡板、游标卡尺或钩形游标卡尺测量，见表3-4。

表3-3　内沟槽直径常见的检测方法

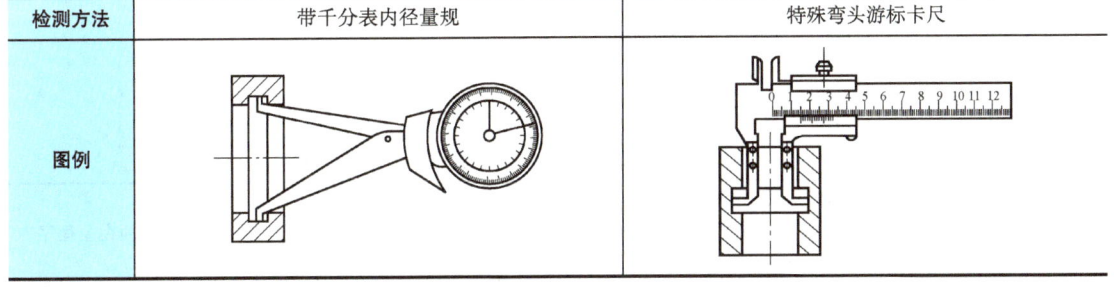

检测方法	带千分表内径量规	特殊弯头游标卡尺
图例		

表 3-4 内沟槽宽度常见的检测方法

检测方法	卡板	游标卡尺	钩形游标卡尺
图例	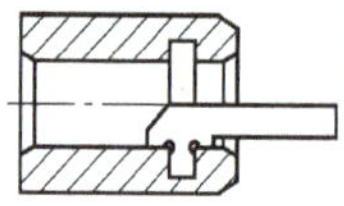	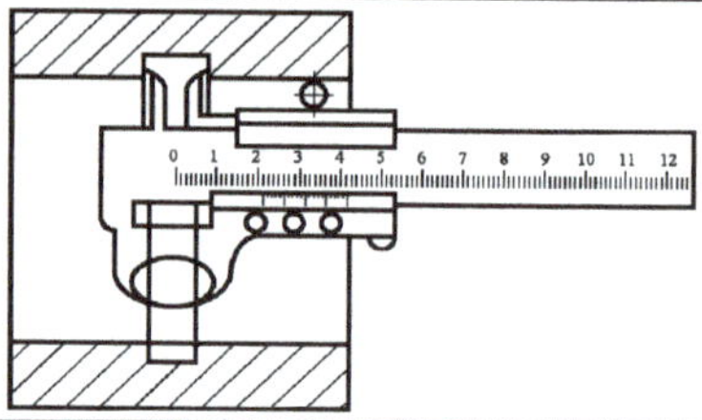	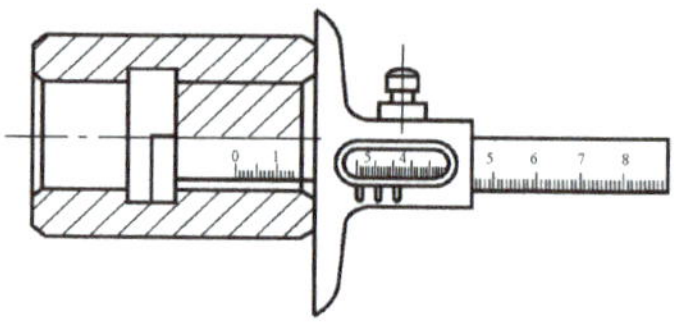

3.1.2 相关编程指令

1. 子程序功能指令 M98/M99

在实际生产中，会遇到有若干处相同轮廓形状的零件，或具有相同的加工轨迹或相对独立的内容，可以用子程序功能简化编程。使复杂程序结构明晰，程序简短。

（1）子程序的定义　为了简化加工程序，把具有相同轮廓形状的部分独立编写成一个程序，并单独命名，以供另外的程序调用，这个程序就称为子程序，而调用子程序的程序称为主程序。子程序的编程格式与主程序基本相同，不同的是子程序不能单独运行，由主程序或上层子程序调用执行，且结尾用M99指令表示子程序结束，并返回到主程序中，继续执行后面的程序段。

（2）子程序调用指令 M98　子程序调用指令 M98 的指令格式、参数含义及使用说明见表 3-5。

表 3-5　子程序调用指令 M98 的指令格式、参数含义及使用说明

类别	内容
指令格式	M98　P△△△△L××××；
参数含义	① 地址 P 后的 △△△△ —子程序号，为 4 位数； ② 地址 L 后的 ×××× —重复调用子程序的次数，为 4 位数，次数前面的零可以省略，系统允许重复调用的次数为 9999，如果只调用一次，此项可省略不写。 例如："M98 P1000;"表示调用 O1000 号子程序 1 次 例如："M98 P1000 L4;"表示重复调用 4 次 O1000 号子程序
使用说明	① 任何能实现加工功能的程序段都可以作为子程序独立出现，子程序可以只有一个程序段，也可以是若干程序段的集合。 ② 子程序的嵌套：子程序还可以调用另外的子程序，称为子程序的嵌套，如下图所示。子程序的嵌套不是无限次的，由具体的数控系统决定，FANUC 系统最多可嵌套 4 级 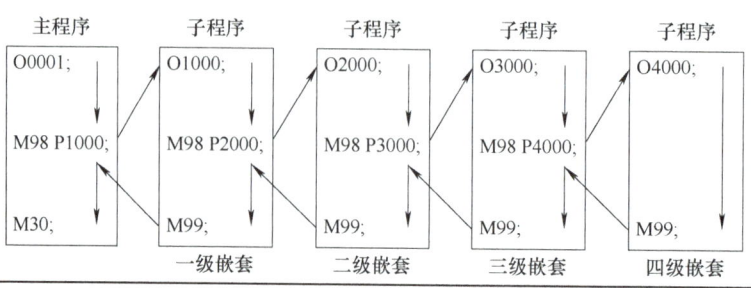 主程序　　子程序　　子程序　　子程序　　子程序 O0001;　　O1000;　　O2000;　　O3000;　　O4000; M98 P1000;　M98 P2000;　M98 P3000;　M98 P4000; M30;　　　M99;　　　M99;　　　M99;　　　M99; 　　　　　一级嵌套　　二级嵌套　　三级嵌套　　四级嵌套
注意事项	① 编写程序时，一般先编写主程序，再编写子程序。 ② 如果调用程序时使用了刀尖圆弧半径补偿，刀补的建立和取消应在子程序中进行。若必须在主程序中建立，则应在子程序中取消

（3）子程序结束指令 M99　子程序结束指令 M99 的指令格式、参数含义及使用说明见表 3-6。

表 3-6　子程序结束指令 M99 的指令格式、参数含义及使用说明

类别	内容
指令格式	M99； 或 M99 P_；
参数含义	① M99；—子程序结束，并返回主程序； ② M99 P_；—跳转到指定的程序段。执行该语句后程序跳转至 P 后指定行号的程序段。例如："M99 P50；"表示子程序结束后，程序跳转至主程序中 N50 号程序段

2. 径向切槽（钻孔）循环指令 G75

该指令用于径向加工深槽、宽槽和均布槽的断续切削。如果省略 Z（W）、Q 和 R，可用于 X 向切槽或切断及 X 轴啄式钻孔加工。G75 的指令格式、参数含义及使用说明见表 3-7。

表 3-7　G75 指令格式、参数含义及使用说明

类别	内容
指令格式	G75 R（e）； G75 X（U）Z（W）P（Δi）Q（Δk）R（Δd）F（f）S（s）T（t）；
参数含义	① e—每次沿 X 方向切削 Δi 后的退刀量，其值为模态值； ② X（U）Z（W）—车槽终点的绝对坐标或增量坐标。其中 X（U）为槽底直径，编程时二者可以混合使用，不运动的坐标可以省略； ③ Δi—X 方向的每次切削深度（半径量，无正负号，单位为 μm）； ④ Δk—Z 方向的每次循环移动量（即刀具完成一次径向切削后，在 Z 方向的移动量，无正负号，单位为 μm）； ⑤ Δd—切削到终点时 Z 方向的退刀量，单位为 μm，通常不指定； ⑥ F、S、T—加工时的进给速度、主轴转速和刀补设定
运动轨迹	（图示：G75 循环运动轨迹，(F)进给，(R)快速进给）
使用说明	宽槽的精度及表面质量要求相对较高，在切削时常先采用排刀的方式进行粗切，然后用精切槽刀沿槽的一侧切至槽底，精加工槽底至槽的另一侧，再沿侧面退出
注意事项	① 对于程序段中的 P（Δi）、Q（Δk）值，在 FANUC 系统中，无正负号，单位为 μm，并且不能输入小数点。例如"P2000"表示径向（X 方向）的每次切削深度为 2.0mm。 ② 宽槽加工需要计算循环次数以及刀具每次的移动距离。 ③ 每次的移动距离注意要有重叠的量

(续)

类别	内容
适用场合	一般用于深槽、宽槽和均布槽的断续切削加工，如下图所示 a) 深槽、宽槽　　　　b) 均布槽

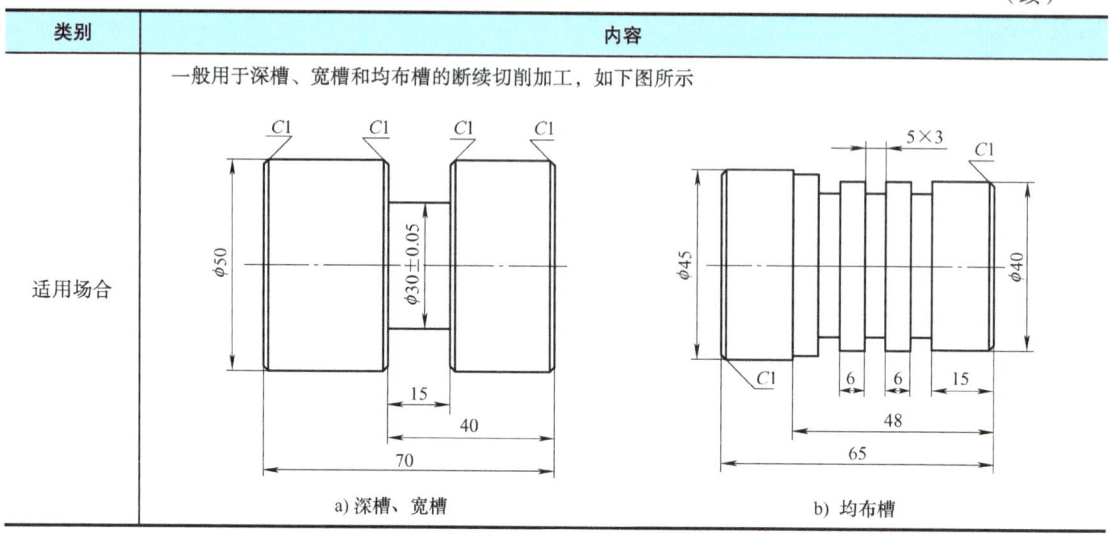

3. 知识拓展——端面切槽（钻孔）复合循环 G74

该指令用于端面槽的纵向断续切削。如果省略 X（U）、P 和 R 或设定为零时，可用于钻孔加工。G74 的指令格式、参数含义及使用说明见表 3-8。

表 3-8　G74 指令格式、参数含义及使用说明

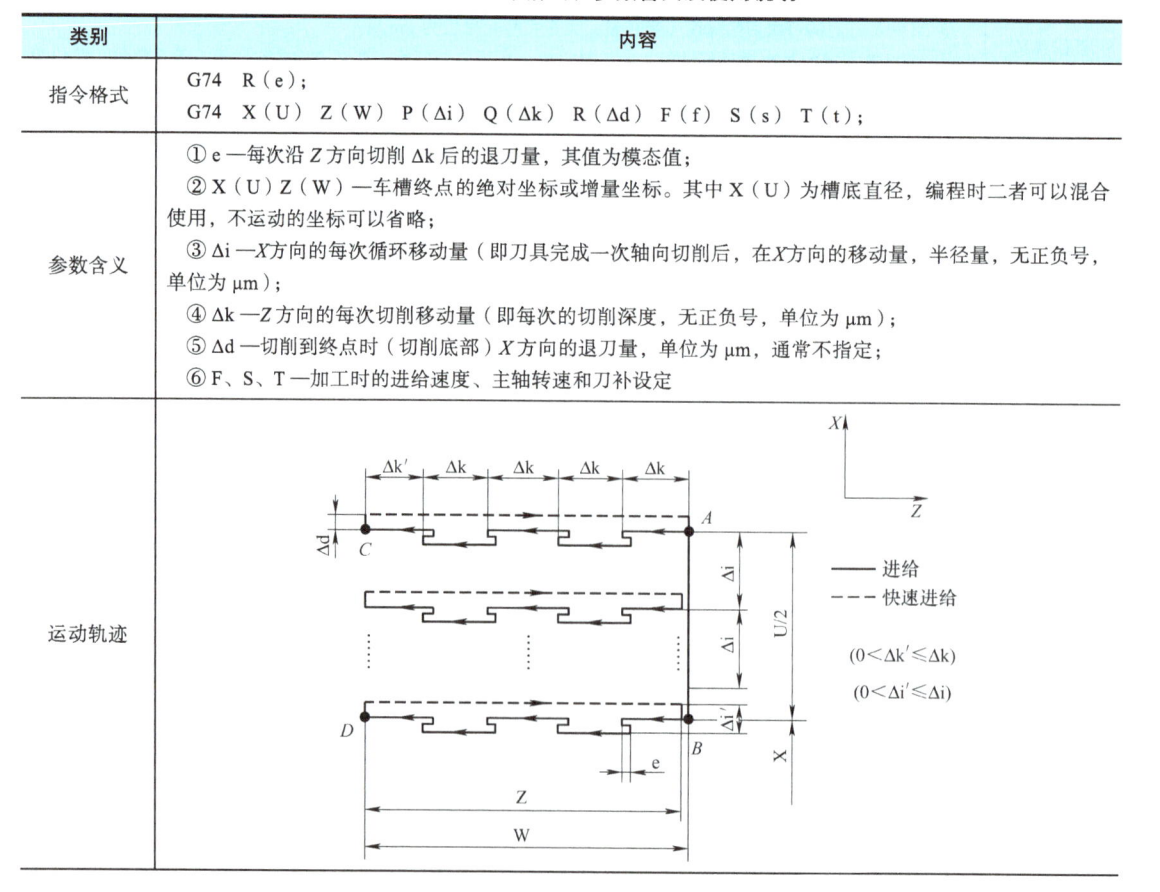

类别	内容
指令格式	G74　R（e）； G74　X（U）Z（W）P（Δi）Q（Δk）R（Δd）F（f）S（s）T（t）；
参数含义	① e—每次沿 Z 方向切削 Δk 后的退刀量，其值为模态值； ② X（U）Z（W）—车槽终点的绝对坐标或增量坐标。其中 X（U）为槽底直径，编程时二者可以混合使用，不运动的坐标可以省略； ③ Δi—X 方向的每次循环移动量（即刀具完成一次轴向切削后，在 X 方向的移动量，半径量，无正负号，单位为 μm）； ④ Δk—Z 方向的每次切削移动量（即每次的切削深度，无正负号，单位为 μm）； ⑤ Δd—切削到终点时（切削底部）X 方向的退刀量，单位为 μm，通常不指定； ⑥ F、S、T—加工时的进给速度、主轴转速和刀补设定
运动轨迹	（0＜Δk'≤Δk） （0＜Δi'≤Δi）

（续）

类别	内容
使用说明	宽槽的精度及表面质量要求相对较高，在切削时常采用排刀的方式进行粗切，然后用精切槽刀沿槽的一侧切至槽底，精加工槽底至槽的另一侧，再沿侧面退出
注意事项	① 对于程序段中的 P（Δi）、Q（Δk）值，在 FANUC 系统中，无正负号，单位为 μm，并且不能输入小数点。例如 "P2000" 表示径向（X 方向）的每次循环移动量为 2.0mm。 ② 宽槽加工需要计算循环次数以及刀具每次的移动距离。 ③ 每次的移动距离注意要有重叠的量
适用场合	一般用于端面槽的断续切削加工
程序示例	O0310；（参考程序） G21 G40 G97 G99； T0202 S400 M03；（B=3mm 切槽刀） G00 X100.0 Z100.0； G00 X30.0； 　　Z2.0； G74 R1.0；（G74 切槽循环） G74 X30.0 Z-8.0 P2000 Q2000 F0.05； G00 Z100.0； 　　X100.0； M05； M30；

任务 3.2　工作任务分析

3.2.1　分析零件图样

1）如图 3-1 所示，该零件属于多槽轴，加工内容主要包括圆弧、外圆、倒角和等距槽，ϕ40mm 的外圆柱部分不加工，槽的间距、宽度、深度相同，具有一定的规律性，表面粗糙度要求较高，加工难度较大。

2）零件图上的重要尺寸直接标注，符合数控加工尺寸标注的特点。零件图样上均为未注公差尺寸，编程时取其公称尺寸。

3）表面粗糙度以及技术要求的标注齐全、合理。

4）零件材料为 45 钢，强度硬度适中，切削加工性能良好，可通过调质使工件具有良好的综合机械性能。该零件有热处理和硬度要求，在安排工序时，必须做好数控加工工艺与热处理工艺的衔接。需在数控加工工序提高精度，保证热处理完成后达到图纸要求。

5）确定槽的加工工艺时，要服从整个零件加工的需要，同时还需考虑槽加工的特点。

3.2.2 制定工艺方案

1. 确定装夹方案

根据该零件的形状、尺寸、加工精度及生产批量要求，选择自定心卡盘（软卡爪）夹持毛坯棒料，伸出卡盘外 110～115mm，找正工件。

2. 确定加工顺序及进给路线

（1）工序的划分　该零件可划分为：数控加工（包括粗车、半精车外轮廓→精车外轮廓→车等距槽→切断四个工步）→热处理→后续工序。

（2）加工顺序及进给路线（走刀路线）的确定　该液压阀芯零件的加工顺序按基面先行、先粗后精、先主后次、先近后远、刀具集中等原则确定，一次装夹即可完成零件的加工。外轮廓形状简单，符合单调增，且零件上的等距槽轮廓形状相同，可采用调用子程序的方式加工该零件，设计走刀路线时可利用数控系统的复合循环功能，沿循环进给路线进行。

1）加工零件的外轮廓。用 G71 指令进行粗加工，用 G70 指令进行精加工。

2）加工零件的等距槽轮廓。用 M98/M99 指令和 G75 指令配合加工。

3）切断，保总长。

3. 选择刀具

根据加工要求，选用两把机夹可转位车刀和配套的涂层硬质合金刀片，将刀具信息填入表 3-9 所示的液压阀芯数控加工刀具卡中。采用试切法对刀，对外圆车刀的同时车出右端面，以此端面与主轴轴线的交点为原点建立工件坐标系。

表 3-9　液压阀芯数控加工刀具卡

产品名称或代号			零件名称	液压阀芯	零件图号	3-1
序号	刀具号	刀具名称及规格	数量	加工部位	刀尖半径/mm	备注
1	T0101	91°外圆车刀	1	车端面，粗、精车外轮廓	0.4	
2	T0202	B=5mm 切槽刀	1	车槽、切断，保总长		左刀尖
编制		审核		批准	日期	共1页	第1页

4. 选择量具

根据加工要求选用检测液压阀芯的量具,将信息填入表 3-10 所示的液压阀芯数控加工量具清单中。

表 3-10 液压阀芯数控加工量具清单

序号	用途	名称	简图	规格	分度值/mm	数量
1	测量长度方向尺寸	游标卡尺		0~125mm	0.02	1
2	测量外圆直径尺寸	外径千分尺		25~50mm	0.01	1
3	测量圆弧半径	R规		R15~25mm		1
4	测量槽部宽度尺寸	卡规(卡板)		5mm	通端 止端	1
	测量槽部直径尺寸			26mm		1
5	测量倒角	倒角游标卡尺		0~6mm/45°	0.02	1
6	测量表面粗糙度	表面粗糙度检测仪		Ra0.8μm		1
				Ra1.6μm		1
7	工件装夹时找正及测量几何公差	百分表		0~3mm	0.01	1
8		万向磁力表座				1

5. 切削用量的选择

确定合适的切削用量,将数据填入表 3-11 所示的液压阀芯数控加工工序卡中。

6. 数控加工工序卡的拟定

将前面分析的各项内容填入表 3-11 所示的液压阀芯数控加工工序卡中。

表 3-11 液压阀芯数控加工工序卡

简图及技术要求：

技术要求
1. 未注倒角按C1处理。
2. 调质处理220～250HBW。

数控加工工序卡		产品型号		零（部）件图号		3-1		部门		
		产品名称		零（部）件名称		液压阀芯		共1页		第1页

工序号	工序名称	规格尺寸	毛坯种类	每毛坯可制件数	材料牌号	每台件数
10	数控加工	ϕ40mm×600mm	棒料	5	45#	1

设备 名称/编号	夹具 名称/编号		同时加工件数
	自定心卡盘		
辅具 名称/编号	量具 名称/编号		

工步号	工步内容	刀具名称及规格	刀具号	切削速度 v_c/ (m/min)	主轴转速 n/ (r/min)	进给量 f/ (mm/r)	背吃刀量 a_p/ mm	工时/ min
1	手动车右端面	91°外圆车刀	T0101		500			
2	粗车外轮廓	91°外圆车刀	T0101		500	0.2	2.0	
3	精车外轮廓	91°外圆车刀	T0101		1200	0.1	0.5	
4	车等距槽	B=5mm切槽刀	T0202		400	0.05	0.5	
5	切断，保总长	B=5mm切槽刀	T0202		400	0.1/0.05		

	设计（日期）	校对、标准化（日期）	会签（日期）	会签（日期）	会审（日期）	单件	
						准备	
						定额（日期）	
						审核（日期）	
						批准（日期）	

| 更改文件号 | | 签字 | | 日期 | |

任务 3.3　编写零件加工程序

3.3.1　数值计算

液压阀芯零件的走刀路线与数值计算点位如图 3-5 所示。外轮廓走刀路线为：$P_1 \to A_1 \to ① \to ② \to ③ \to ④ \to ⑤ \to A_1 \to H_1$，坐标见表 3-12；车槽、倒角和切断走刀路线为：$P_2 \to A_2 \to ⑥ \to A_3 \to ⑦ \to ⑧ \to ⑨ \to ⑩ \to H_2$，坐标见表 3-13。

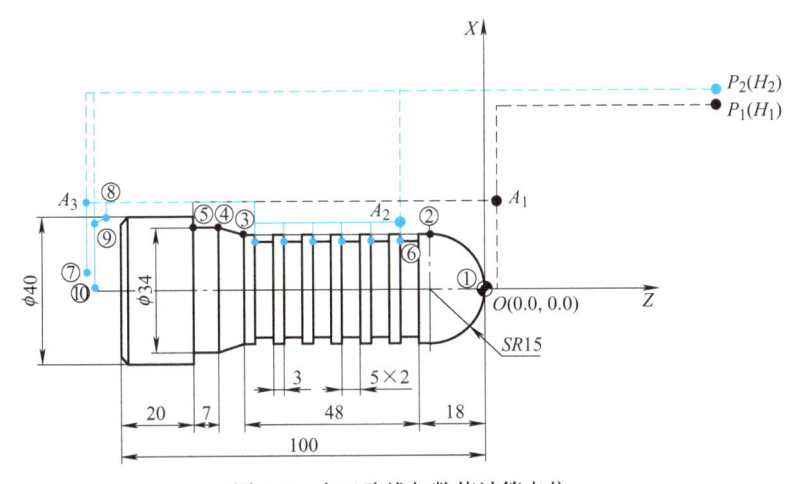

图 3-5　走刀路线与数值计算点位

表 3-12　液压阀芯外轮廓坐标

	编程原点 O	对刀点 O	安全点 P_1	换刀点 H_1	循环起点 A_1
X 坐标值	0.0	0.0	100.0	100.0	42.0
Z 坐标值	0.0	0.0	100.0	100.0	2.0
	①	②	③	④	⑤
X 坐标值	0.0	30.0	30.0	34.0	34.0
Z 坐标值	0.0	−15.0	−66.0	−73.0	−80.0

表 3-13　液压阀芯车槽、倒角和切断坐标

	编程原点 O	对刀点 O	安全点 P_2	换刀点 H_2	循环起点 A_2	循环起点 A_3
X 坐标值	0.0	0.0	100.0	100.0	34.0	42.0
Z 坐标值	0.0	0.0	100.0	100.0	−23.0	−105.1
	⑥	⑦	⑧	⑨	⑩	
X 坐标值	26.0	10.0	40.0	38.0	2.0	
Z 坐标值	−23.0	−105.1	−104.0	−105.0	−105.0	

3.3.2 编写加工程序

液压阀芯数控加工参考主程序 O0301 见表 3-14，液压阀芯数控加工参考子程序 O0010 见表 3-15。由于宇龙数控加工仿真软件某些系统不能执行子程序，因此仿真时需把所有加工内容编写成一个程序，用于仿真加工的液压阀芯数控加工参考程序 O0302 见表 3-16。

表 3-14 液压阀芯数控加工参考主程序

程序段号	程序	程序说明
	O0301;	程序号
	G21 G40 G97 G99;	程序初始化
	T0101 M03 S500;	换 1 号刀调用 1 号刀补，主轴以每分钟 500 转正转，粗加工外轮廓
	G00 X100.0 Z100.0;	快速移动到 1 号刀的安全点 P_1
	M08;	切削液开
	G00 Z2.0;	快速移动到循环起点 A_1 的 Z 坐标
	X42.0;	快速移动到循环起点 A_1 的 X 坐标
	G71 U2.0 R1.0;	内（外）圆粗车复合循环指令 G71
	G71 P100 Q200 U1.0 W0.0 F0.2;	
N100	G00 G42 X0.0;	精加工程序开始段。加刀尖圆弧半径右补偿快速移动到 SR15 圆弧起点①的 X 坐标
	G01 Z0.0;	直线插补到 SR15 圆弧起点①的 Z 坐标
	G03 X30.0 Z-15.0 R15.0;	逆时针圆弧插补到 SR15 圆弧的终点②
	G01 Z-66.0;	车 $\phi 30mm$ 的外圆至③点
	X34.0 Z-73.0;	车圆锥面至④点
	W-7.0;	车 $\phi 34mm$ 的外圆至⑤点
N200	G01 G40 X42.0;	退刀到循环起点 A_1 的 X 坐标，取消刀尖圆弧半径右补偿
	G00 X42.0 Z2.0;	快速移动到精加工循环起点 A_1
	G70 P100 Q200 S1200 M03 F0.1;	精加工外轮廓
	G00 X100.0;	快速返回到换刀点 H_1 点的 X 坐标
	Z100.0;	快速返回到换刀点 H_1 点的 Z 坐标
	T0202 S400 M03;	换 2 号刀调用 2 号刀补，主轴以每分钟 400 转正转，加工 6 个 $\phi 26mm \times 5mm$ 的等距槽
	G00 X100.0 Z100.0;	快速移动到 2 号刀的安全点 P_2
	G00 Z-23.0;	快速移动到切槽循环起点 A_2 的 Z 坐标
	X34.0;	快速移动到切槽循环起点 A_2 的 X 坐标
	M98 P0010 L6;	调用 O0010 号子程序 6 次，加工 6 个 $\phi 26mm \times 5mm$ 的等距槽
	G00 X42.0;	快速移动到切断循环起点 A_3 的 X 坐标
	G00 Z-105.1;	快速移动到切断循环起点 A_3 的 Z 坐标

（续）

程序段号	程序	程序说明
	G94 X10.0 Z-105.1 F0.1;	端面切削单一固定循环指令 G94 切槽至⑦点
	G01 W1.1 F0.2;	直线插补到倒角起点⑧的 Z 坐标
	X40.0 F0.1;	直线插补到倒角起点⑧的 X 坐标
	X38.0 W-1.0 F0.05;	直线插补到倒角终点⑨点
	X2.0;	直线插补到切断终点⑩点
	X42.0 F0.2;	退刀到距离外圆 X 坐标 2mm 处
	G00 X100.0;	快速返回到换刀点 H_2 点的 X 坐标
	Z100.0;	快速返回到换刀点 H_2 点的 Z 坐标
	M05 M09;	主轴停止，切削液关
	M30;	程序结束

表 3-15　液压阀芯数控加工参考子程序

程序段号	程序	程序说明
	O0010;	车槽子程序
	G75 R1.0;	径向切槽（钻孔）循环指令 G75
	G75 X26.0 W0.0 P1000 Q0 F0.05;	
	G00 W-8.0;	快速移动一个槽距
	M99;	子程序结束，返回主程序

表 3-16　液压阀芯数控加工参考程序（用于仿真加工）

程序段号	程序	程序说明
	O0302;	程序号
	G21 G40 G97 G99;	程序初始化
	T0101 M03 S500;	换 1 号刀调用 1 号刀补，主轴以每分钟 500 转正转，粗加工外轮廓
	……	省略部分内容同 O0301 中 1 号刀的程序
	T0202 S400 M03;	换 2 号刀调用 2 号刀补，主轴以每分钟 400 转正转，加工 6 个 $\phi26 \times 5$mm 的等距槽
	G00 X100.0 Z100.0;	快速移动到 2 号刀的安全点 P_2
	G00 Z-23.0;	快速移动到切槽循环起点 A_2 的 Z 坐标
	X34.0;	快速移动到切槽循环起点 A_2 的 X 坐标
	G75 R1.0;	径向切槽循环指令 G75，加工 6 个 $\phi26 \times 5$mm 等距槽的第一个槽
	G75 X26.0 W0.0 P1000 Q0 F0.05;	
	G00 W-8.0;	快速移动一个槽距
	G75 R1.0;	径向切槽循环指令 G75，加工第二个槽
	G75 X26.0 W0.0 P1000 Q0 F0.05;	
	G00 W-8.0;	快速移动一个槽距

（续）

程序段号	程序	程序说明
	G75 R1.0;	径向切槽循环指令 G75，加工第三个槽
	G75 X26.0 W0.0 P1000 Q0 F0.05;	
	G00 W-8.0;	快速移动一个槽距
	G75 R1.0;	径向切槽循环指令 G75，加工第四个槽
	G75 X26.0 W0.0 P1000 Q0 F0.05;	
	G00 W-8.0;	快速移动一个槽距
	G75 R1.0;	径向切槽循环指令 G75，加工第五个槽
	G75 X26.0 W0.0 P1000 Q0 F0.05;	
	G00 W-8.0;	快速移动一个槽距
	G75 R1.0;	径向切槽循环指令 G75，加工第六个槽
	G75 X26.0 W0.0 P1000 Q0 F0.05;	
	G00 X42.0;	快速移动到切断循环起点 A_3 的 X 坐标
	G00 Z-105.1;	快速移动到切断循环起点 A_3 的 Z 坐标
	G94 X10.0 Z-105.1 F0.1;	端面切削单一固定循环指令 G94 切槽至⑦点
	……	省略部分内容同 O0301 后半部分
	M30;	程序结束

任务 3.4　液压阀芯的仿真实战

在沈阳机床厂 -1 生产的 FANUC 0i Mate 系统数控车床上，液压阀芯仿真实战模拟结果如图 3-6 所示。

3-1 液压阀芯仿真实战

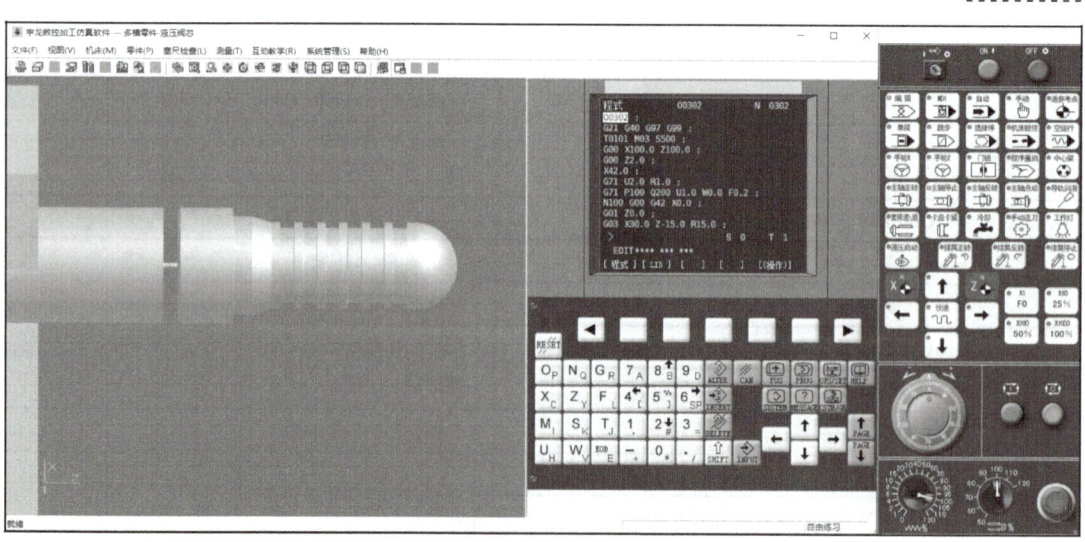

图 3-6　液压阀芯的仿真实战模拟结果

3.4.1 加工准备

1. 机床的准备

机床的准备包括选择机床、激活机床、返参考点（回零）操作、设置显示方式和保存项目。

2. 设置与装夹工件

设置与装夹工件包括定义毛坯、装夹工件和调整工件位置。其中定义毛坯的操作步骤及说明见表3-17。

表3-17 定义毛坯

步骤	图示	操作说明
定义毛坯		选择菜单栏"零件"→"定义毛坯"命令，或在工具栏单击"定义毛坯"图标，系统弹出"定义毛坯"对话框
		输入名字"液压阀芯"，选择材料"45#钢"；选择形状"圆柱形"，输入参数"直径40mm，长度200mm"
		单击"确定"按钮，保存定义的毛坯，并退出操作
		单击"取消"按钮，不保存定义的毛坯，并退出操作

3. 选择和安装刀具

根据工艺要求，选择程序指定刀具，并将其安装在刀架上。选择安装T01外圆车刀和T02外圆切槽刀，操作步骤及说明见表3-18。

表3-18 选择和安装刀具

步骤		图示	操作说明
1	选择安装外圆车刀		选择菜单栏"机床"→"选择刀具"命令，或在工具栏单击"选择刀具"图标，系统将弹出"刀具选择"对话框
			选择刀位：在刀架图中单击1号刀位
			选择刀片类型："标准""T型"刀片
			在"刀片"列表框中选择刃长"11.00mm"，刀尖半径"0.40mm"
			选择刀柄类型："外圆左向横柄"
			在"刀柄"列表框中选择主偏角"91.0°"

(续)

步骤	图示	操作说明
2	选择安装外圆切槽刀	选择刀位：在刀架图中单击2号刀位
		选择刀片类型："定制""方头切槽"刀片
		在"刀片"列表框中选择宽度"5.00mm"，刀尖半径"0.20mm"
		选择刀柄类型："外圆切槽柄"
		在"刀柄"列表框中选择切槽深度"22.0mm"
		刀具全部选择完成后，单击"确定"按钮，T01和T02安装到刀架上

3.4.2 程序的输入与校验

1. 导入程序

将事先写入记事本并保存为文本格式的 O0302 号程序导入系统。

2. 程序校验

利用机床空运行和图形模拟功能进行程序校验，操作步骤及说明见表 3-19。

表 3-19 程序校验

步骤	图示	操作说明
1	选择运行模式	确认程序"O0302"的光标置于程序开始处
		单击 <机床锁住> 键 和 <空运行> 键
		选择 <自动> 模式，指示灯亮，系统进入自动运行模式
2	图形模拟	按下 <CSTM/GRAPH> 键，打开"图形模拟"页面，按下"循环启动"按钮，观察程序的运行轨迹。对检查中发现的错误必须进行修改，直到程序试运行轨迹完全正确为止
		退出"图形模拟"页面，关闭 <机床锁住> 和 <空运行> 模式，执行返参考点操作

3.4.3 对刀设置

采用试切法对刀,将 T01 外圆车刀和 T02 外圆切槽刀的对刀数据输入到刀具补偿页面,并分别进行对刀验证,检验对刀是否正确。

3.4.4 首件试切

程序试运行轨迹完全正确后,可进行首件试切,模拟加工结果如图 3-6 所示。

3.4.5 零件的检测与质量分析

1. 零件的检测

选择菜单"测量"→"剖面图测量"命令,在弹出的如图 3-7 所示的"车床工件测量"对话框中分别单击 1 号刀和 2 号刀的加工表面,在下半部分的标号中,该线段会突出显示,可读取线段数据,记下对应的 X、Z 值,并填写表 3-20 液压阀芯零件质量检验单。与图样尺寸进行对比,若在公差范围内,则判定该零件为合格产品,如有超差,应分析产生原因,检查编程、对刀、补偿值设定等工作环节,有针对性地进行修改和调整,再次进行试切,直到产品合格为止。

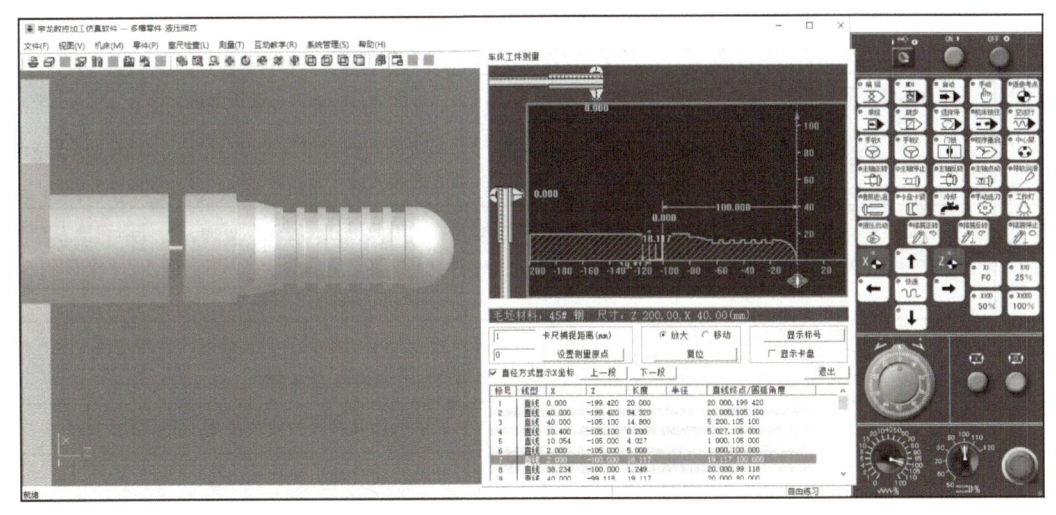

图 3-7 "车床工件测量"对话框

表 3-20 液压阀芯零件质量检验单

序号	项目	内容	量具	检测结果	结论 合格	结论 不合格
1	长度	18mm	0～125mm 游标卡尺			
2	长度	48mm	0～125mm 游标卡尺			
3	长度	7mm	0～125mm 游标卡尺			
4	长度	20mm	0～125mm 游标卡尺			
5	长度	100mm	0～125mm 游标卡尺			

（续）

序号	项目	内容	量具	检测结果	结论 合格	结论 不合格
6	外圆	ϕ30mm	25～50mm 外径千分尺			
7	外圆	ϕ34mm	25～50mm 外径千分尺			
8	圆弧	SR15mm	R15～25mm R规			
9	未注倒角	C1	45°倒角游标卡尺			
10	槽尺寸	槽直径 6×ϕ26mm	26mm 卡规（卡板）			
11	槽尺寸	槽宽 5mm	5mm 卡规（卡板）			
12	槽尺寸	槽间距 3mm	0～125mm 游标卡尺			
13	外轮廓表面粗糙度	Ra0.8μm	表面粗糙度检测仪			
14	槽表面粗糙度	Ra1.6μm	表面粗糙度检测仪			
液压阀芯　检测结论			合格 □		不合格 □	

2. 质量分析

根据零件的加工过程和检测情况，分析不合格品产生的原因，并提出质量改进措施，优化程序，等距槽部分产生不合格项目的原因及质量改进措施见表3-21。

表3-21　液压阀芯零件质量改进措施单

序号	不合格项目	产生原因	改进措施
1	槽宽尺寸超差	刀具宽度不合适或刀具安装误差影响尺寸	检查外圆切槽刀及其安装情况，重新选择合适的刀具并正确安装
2	槽深尺寸超差	对刀不准确引起尺寸超差	在"刀具补正/磨耗"页面，与外圆切槽刀对应的番号02"X"处，若尺寸偏大，输入"-超差值"；若尺寸偏小，输入"+超差值"
3	槽两侧或底面倾斜	刀具安装不正确	检查外圆切槽刀的安装情况，重新正确安装，使主切削刃与主轴轴线平行
4	槽底有振纹	刀具安装不正确	检查外圆切槽刀的安装情况，重新正确安装
4	槽底有振纹	切削用量不合理	优化外圆切槽刀的切削用量
5	表面粗糙度差	切削用量不合理	优化切削用量。提高外圆切槽刀精加工的切削速度、减小进给量
5	表面粗糙度差	车刀刀尖磨损	及时更换外圆切槽刀的刀片
5	表面粗糙度差	产生积屑瘤	避开产生积屑瘤的切削速度
5	表面粗糙度差	刀柄刚性差，产生振动	选用刚性好的刀具
5	表面粗糙度差	刀具安装不正确	检查外圆切槽刀的安装情况，重新正确安装
6	外圆切槽刀扎刀断裂	刀具安装不正确	检查外圆切槽刀的安装情况，重新正确安装
6	外圆切槽刀扎刀断裂	切削用量不合理	优化外圆切槽刀的切削用量
6	外圆切槽刀扎刀断裂	切屑阻断	优化切槽循环的参数

任务 3.5 液压阀芯的生产加工

在 FANUC 0i Mate 系统数控车床上完成液压阀芯零件的生产加工。

3.5.1 加工准备

1. 零件生产前的准备工作

1）领取零件毛坯。领取毛坯，检验毛坯是否符合尺寸要求，是否留有足够的加工余量。

2）领取刀具和量具。携带表 3-9"液压阀芯数控加工刀具卡"和表 3-10"液压阀芯数控加工量具清单"去工具室领取所需刀具和量具。

3）熟悉数控车床安全操作与文明生产的内容。

2. 开机操作

（1）电源接通前检查　依据附录 F《设备点检卡（数控车）》检查机床有无异常情况，检查完毕执行开机操作。

（2）接通电源　按机床通电顺序通电。

（3）通电后检查　检查"位置显示"页面屏幕是否显示。如有错误，依据提示正确处理，解除报警。

3. 返参考点操作

1）X 轴返参考点操作。
2）Z 轴返参考点操作。
3）移动刀架至换刀安全位置。

4. 装夹工件

采用自定心卡盘（软卡爪）夹持毛坯棒料，找正工件。手持毛坯将一端水平装入卡盘，伸出卡盘外 110～115mm，右手拿工件稍作转动，左手配合右手旋紧卡盘扳手，将工件夹紧。因 ϕ40mm 的外圆柱面在本工序不加工，故需仔细找正，将全跳动量控制在 ϕ0.01mm 以内。

5. 装夹刀具

（1）检查刀具　选择程序指定的刀具，检查所用刀具螺钉是否夹紧，刀片是否完好。

（2）安装刀具　正确、可靠地装夹刀具。将 T01 外圆车刀安装在 1 号刀位，T02 外圆切槽刀安装在 2 号刀位，安装刀具时应注意"伸出长度、刀尖高度和工作角度"。

3.5.2 程序的输入与校验

1. 程序的输入

采用手动输入方式，应用 MDI 键盘将主程序 O0301、子程序 O0010 输入到机床中。

2. 程序的校验

为防止因数据输入错误等原因造成的不良后果，利用机床空运行和图形模拟功能进行程序校验，观察加工时刀具轨迹的变化。

3.5.3 对刀设置

采用试切法对刀，将 T01 外圆车刀和 T02 外圆切槽刀的对刀数据输入刀具补偿页面，并分别进行对刀验证，检验对刀是否正确。

3.5.4 首件试切

程序试运行轨迹完全正确后，调整"进给倍率"旋钮和"主轴倍率"旋钮至 50%，调整"快速倍率"至 25%，采用单段方式进行首件试切，加工中注意观察切削情况，逐步将进给倍率和主轴倍率调至最佳状态。

3.5.5 零件的检测与质量分析

1. 零件的检测

根据零件图样要求，自检零件各部分尺寸，并填写表 3-20 液压阀芯零件质量检验单。与图样尺寸进行对比，若在公差范围内，则判定该零件为合格产品；如有超差，应分析产生原因，检查编程、对刀、补偿值设定等工作环节，有针对性地进行修改和调整，再次进行试切，直到产品合格为止。

2. 质量分析

根据零件的加工过程和检测情况，分析不合格品产生的原因，并提出质量改进措施，优化程序，等距槽部分产生不合格项目的原因及质量改进措施见表 3-21。

3.5.6 生产订单

1. 批量生产

首件合格，进入批量生产，每件产品自检合格方可下机。

2. 转入后续工序

转入热处理工序，热处理结束，转入后续工序。

3. 完工检验

加工结束后送检，完工检验合格，盖章入库。

4. 交付订单

5. 关机

日常保养、关机、整理好现场，做好交接班记录。

工作任务评价

将任务完成情况的检测与评价填入附录 G（XX 零件）工作任务评价表。

技能巩固

想一想：加工等距槽零件的其他加工工艺方案。

查一查：加工不等距槽零件的加工工艺方案。

试一试：编写不等距槽零件的加工工艺方案。

练一练：机械制造厂数车生产班组接到一个不等距槽零件的生产订单，如图 3-8 所示。来料毛坯为 $\phi55mm \times 500mm$ 的 45 钢棒料，加工数量为 5 件，工期为 2 天。

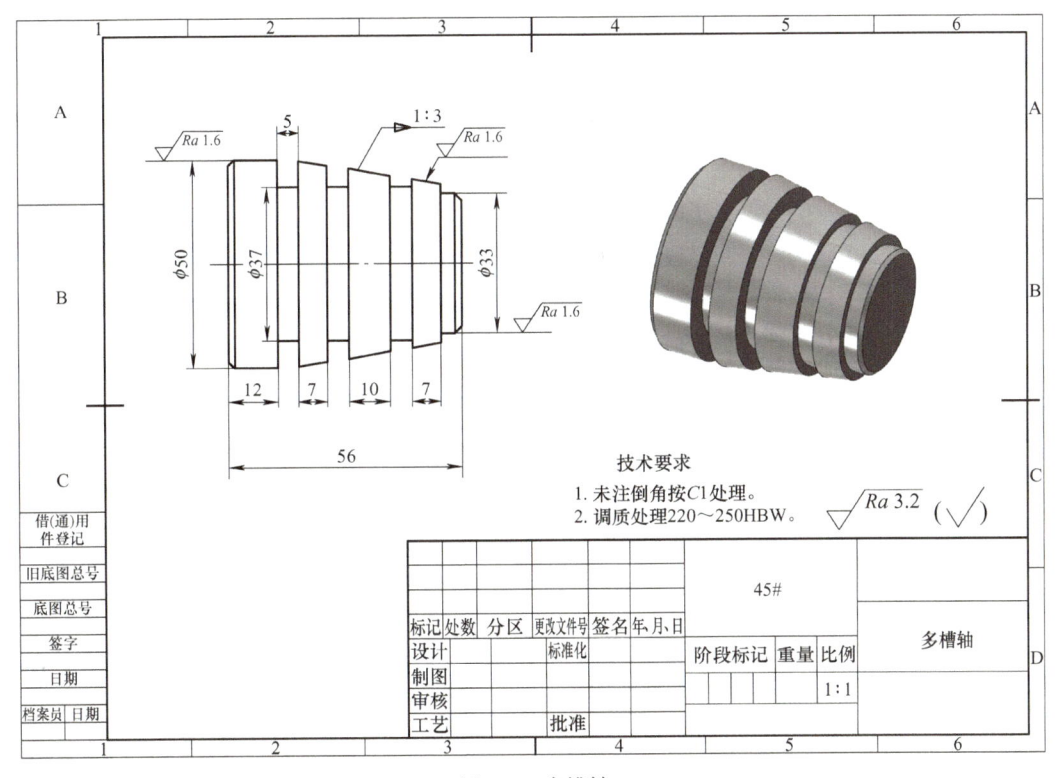

图 3-8 多槽轴

共话空间——传承

2022 年，在德国莱昂贝格举办了世界级数控车和数控铣技能大赛，来自 20 多个国家和地区的 40 多名选手参赛。经过 6 天的激烈角逐，中国选手吴鸿宇、周楚杰斩获数控车、数控铣两枚金牌。赛场上，"青年小匠"们展现的是精湛技能，追寻的是技能之光，更折射的是"匠心传承"的大国风范。

匠心精神薪火相传，一个又一个的"青年小匠"们走向了"大国工匠"！

讨论：精益求精于物，严谨传承于神。

项目 4　陀螺的编程与加工

思维导学

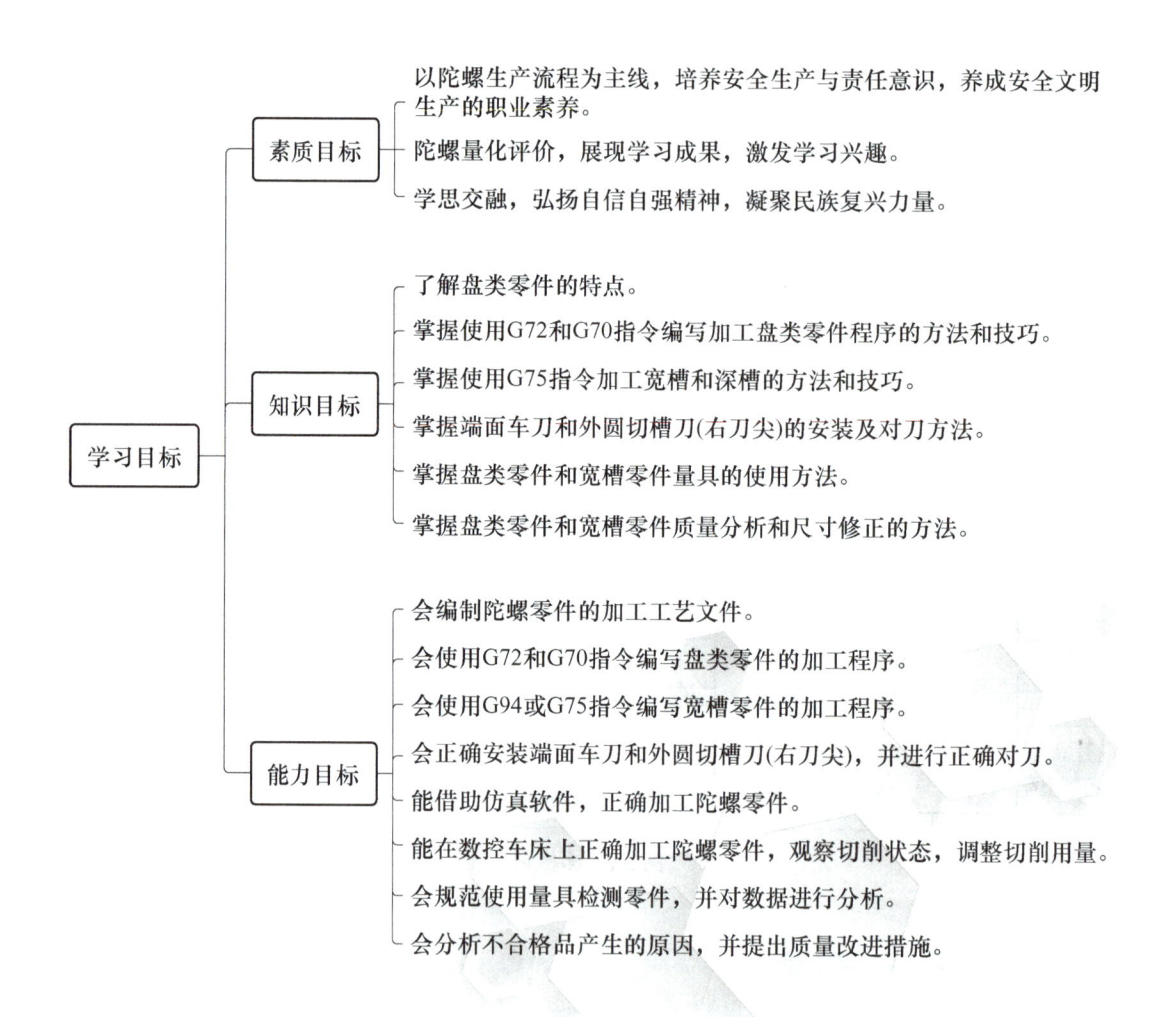

学习目标

- **素质目标**
  - 以陀螺生产流程为主线，培养安全生产与责任意识，养成安全文明生产的职业素养。
  - 陀螺量化评价，展现学习成果，激发学习兴趣。
  - 学思交融，弘扬自信自强精神，凝聚民族复兴力量。

- **知识目标**
  - 了解盘类零件的特点。
  - 掌握使用G72和G70指令编写加工盘类零件程序的方法和技巧。
  - 掌握使用G75指令加工宽槽和深槽的方法和技巧。
  - 掌握端面车刀和外圆切槽刀(右刀尖)的安装及对刀方法。
  - 掌握盘类零件和宽槽零件量具的使用方法。
  - 掌握盘类零件和宽槽零件质量分析和尺寸修正的方法。

- **能力目标**
  - 会编制陀螺零件的加工工艺文件。
  - 会使用G72和G70指令编写盘类零件的加工程序。
  - 会使用G94或G75指令编写宽槽零件的加工程序。
  - 会正确安装端面车刀和外圆切槽刀(右刀尖)，并进行正确对刀。
  - 能借助仿真软件，正确加工陀螺零件。
  - 能在数控车床上正确加工陀螺零件，观察切削状态，调整切削用量。
  - 会规范使用量具检测零件，并对数据进行分析。
  - 会分析不合格品产生的原因，并提出质量改进措施。

领取生产任务

机械制造厂数车生产班组接到一个陀螺零件的生产订单,如图 4-1 所示,来料毛坯为 $\phi 40\text{mm} \times 500\text{mm}$ 的 2A11 铝棒,加工数量为 20 件,工期为 1 天。

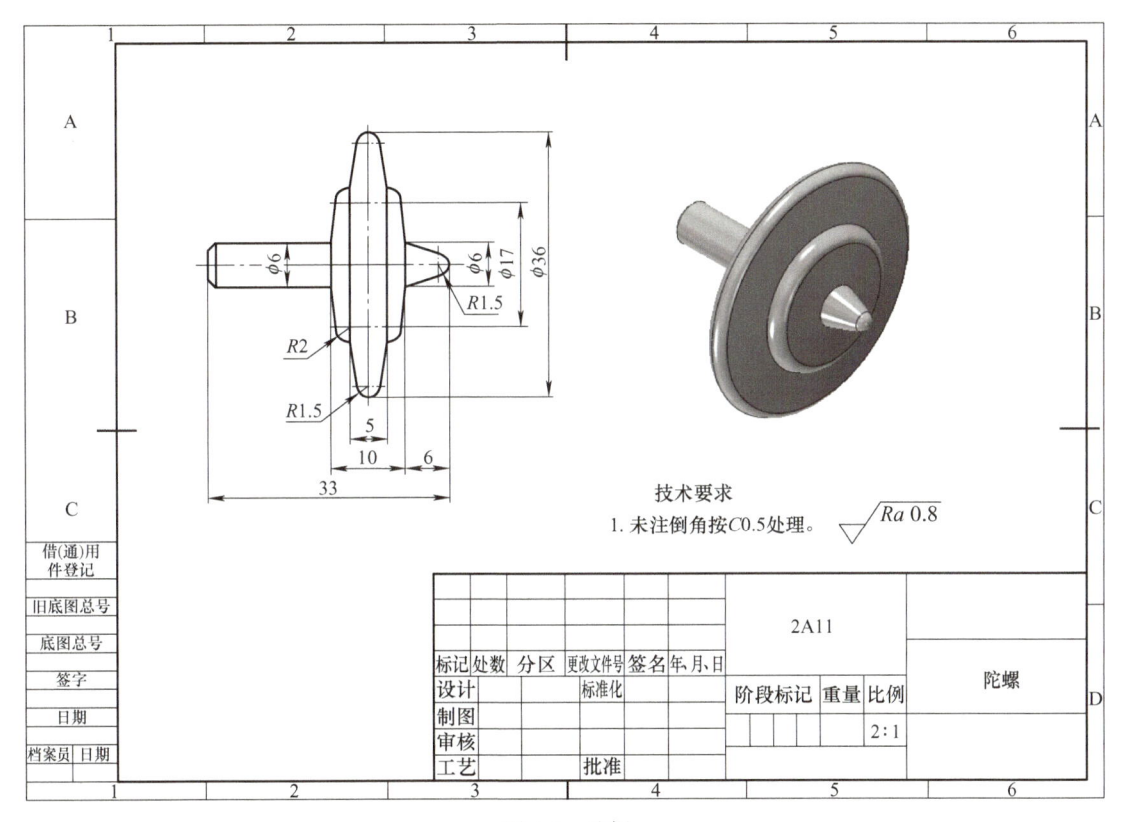

图 4-1 陀螺

任务 4.1 知识准备

盘类零件在机械设备中主要起支承和连接作用,主要由端面、外圆和内孔等组成,一般零件直径尺寸大于轴向尺寸,如齿轮、带轮、端盖、法兰盘、轴承环和螺母等。尺寸精度、几何精度和表面粗糙度都有着较高的要求。

相关编程指令为端面粗车复合循环指令 G72,该指令用于需要多次进给才能完成的盘类零件的粗加工。G72 的指令格式、参数含义及使用说明见表 4-1。

表 4-1 G72 的指令格式、参数含义及使用说明

类别	内容
指令格式	G72 W(Δd) R(e); G72 P(ns) Q(nf) U(Δu) W(Δw) F(f) S(s) T(t);

(续)

类别	内容
参数含义	① Δd—每次切削深度,其值为模态值; ② e—退刀量,其值为模态值; ③ ns—精加工程序段开始程序段的段号; ④ nf—精加工程序段结束程序段的段号; ⑤ Δu—X 轴方向(径向)的精加工余量(直径值); ⑥ Δw—Z 轴方向(轴向)的精加工余量; ⑦ F、S、T—粗加工时的进给速度、主轴转速和刀补设定
运动轨迹	精车路线:$A \rightarrow A_1 \rightarrow B \rightarrow A$
注意事项	① ns~nf 程序段中的 F、S、T,在执行 G70 指令时有效。 ② 在 ns~nf 程序段中,不能调用子程序。 ③ 零件轮廓必须符合 X、Z 轴同时单调增大或单调减小的模式。 ④ 该指令的执行过程与 G71 基本相同,不同之处是零件沿 Z 轴方向进行分层,沿平行于 X 轴的方向进行切削
适用场合	适于盘类零件(Z 向余量小、X 向余量大)毛坯的粗加工

任务 4.2 工作任务分析

4.2.1 分析零件图样

1)如图 4-1 所示,该零件右端轮廓属于盘类,左端除了成形部分,细长轴部分可以当作宽槽。加工内容主要有外圆、圆弧和细长轴等,轮廓形状相对复杂,作为玩具,表面粗糙度、对称度要求高,且整体轮廓不符合单调增,需要巧妙设计加工工艺,才能保证零件的尺寸精度、几何精度和表面质量要求,加工难度较大。

2)零件图上的重要尺寸直接标注,左端成形部分的尺寸可通过已知条件计算得出,符合数控加工尺寸标注的特点。零件图样上均为未注公差尺寸,编程时取其公称尺寸。

3)表面粗糙度及技术要求的标注齐全、合理。

4)零件材料 2A11 是一种标准硬铝,具有中等强度,切削加工性能良好,该零件无热处理和硬度要求。巧妙设计加工工艺,一次装夹便可完成零件加工。

4.2.2 制定工艺方案

1. 确定装夹方案

根据该零件的形状、尺寸、加工精度及生产批量要求,选择自定心卡盘夹持毛坯棒料,伸出卡盘外 43 ~ 50mm,找正工件。

2. 确定加工顺序及进给路线

(1) 工序的划分 该陀螺零件整体轮廓不符合单调增,且为小批量生产,安排工序时,选用普通工艺需要掉头装夹,精度不易保证,可以巧用切槽刀右刀尖加工左端成形和细长轴部分,便可一次装夹完成零件的加工。该零件数控加工工序可划分为:粗车、半精车外圆→精车外圆→粗车、半精车右端成形→精车右端成形→粗车左端成形和细长轴→精车左端成形和细长轴→切断七个工步。

(2) 加工顺序及进给路线(走刀路线)的确定 该陀螺零件设计走刀路线时可利用数控系统的复合循环功能,沿循环进给路线进行。

1) 加工外圆至 ϕ36mm。用 G71 指令进行粗加工,用 G70 指令进行精加工。

2) 加工右端轮廓。用 G72 指令进行粗加工,用 G70 指令进行精加工。

3) 加工左端成形和细长轴部分。用 G94 或 G75 指令粗加工左端成形和细长轴部分,沿着零件轮廓用单一指令进行精加工。

4) 切断,保总长。

3. 选择刀具

根据加工要求,选用三把机夹可转位车刀和配套的涂层硬质合金刀片,将刀具信息填入表 4-2 所示的陀螺数控加工刀具卡中。采用试切法对刀,对外圆车刀的同时车出右端面,以此端面与主轴轴线的交点为原点建立工件坐标系。在切槽刀对刀时,将左刀尖的 Z 向尺寸向负向移动一个刀宽位置,即(Z–4)mm,换算成右刀尖的尺寸。

表 4-2 陀螺数控加工刀具卡

产品名称或代号			零件名称		陀螺	零件图号	4-1
序号	刀具号	刀具名称及规格	数量		加工部位	刀尖半径 / mm	备注
1	T0101	91° 外圆车刀	1		车端面,粗、精车外圆	0.4	
2	T0202	91° 端面车刀	1		粗、精车右端成形	0.4	
3	T0303	B=4mm 切槽刀	1		粗、精车左端成形和细长轴部分;切断,保总长		右刀尖
编制		审核	批准		日期	共1页	第1页

4. 选择量具

根据加工要求选用检测陀螺的量具，将信息填入表 4-3 所示的陀螺数控加工量具清单中。

表 4-3　陀螺数控加工量具清单

序号	用途	名称	简图	规格	分度值/mm	数量
1	测量长度方向尺寸	游标卡尺		0～125mm	0.02	1
2	测量外圆直径尺寸	外径千分尺		0～25mm	0.01	1
3				25～50mm	0.01	1
4	测量深度	深度游标卡尺		0～150mm	0.02	1
5	测量圆弧半径	R 规		$R1$～6.5mm		1
6	测量倒角	倒角游标卡尺		0～6mm/45°	0.02	1
7	测量表面粗糙度	表面粗糙度检测仪		Ra1.6μm		1
				Ra3.2μm		1
8	工件装夹时找正或测量几何公差	百分表		0～3mm	0.01	1
9		万向磁力表座				1

5. 切削用量的选择

确定合适的切削用量，将数据填入表 4-4 所示的陀螺数控加工工序卡中。

6. 数控加工工序卡的拟定

将前面分析的各项内容填入表 4-4 所示的陀螺数控加工工序卡中。

表 4-4 陀螺数控加工工序卡

数控加工工序卡		产品型号		零(部)件图号				部门		第1页
		产品名称		零(部)件名称				共1页		

	工序号	工序名称				
	10	数控加工	4-1	陀螺		

毛坯种类	规格尺寸	每毛坯可制件数	材料牌号
棒料	φ40mm×500mm	10	2A11

设备 名称/编号	夹具 名称/编号	同时加工件数	每台件数
	自定心卡盘		1

辅具 名称/编号	量具 名称/编号	工时/min	
		单件	准备

简图及技术要求：

技术要求
未注倒角按C0.5处理。 √Ra 0.8

工步号	工步内容	刀具号	刀具名称及规格	切削速度 v_c /(m/min)	主轴转速 n/(r/min)	进给量 f/(mm/r)	背吃刀量 a_p/mm
1	手动车右端面	T0101	91°外圆车刀		500		0.5
2	粗车外圆至φ36mm	T0101	91°外圆车刀		500	0.2	2.0
3	精车外圆至φ36mm	T0101	91°外圆车刀		1200	0.1	0.2
4	粗车右端成形	T0202	91°端面车刀		500	0.2	1.0
5	精车右端成形	T0202	91°端面车刀		1200	0.1	0.2
6	粗车左端成形和细长轴	T0303	B=4mm 切槽刀		400	0.1	
7	精车左端成形和细长轴	T0303	B=4mm 切槽刀		600	0.05	
8	切断，保总长	T0303	B=4mm 切槽刀		600	0.1/0.05	

	设计(日期)	校对(日期)	会签(日期)	会签(日期)	定额(日期)	审核(日期)	批准(日期)
签字							
日期							

更改文件号

任务 4.3　编写零件加工程序

4.3.1　数值计算

陀螺零件的走刀路线与数值计算点位如图 4-2 所示。外圆轮廓的走刀路线为：$P_1 \to A_1 \to ① \to ② \to A_1 \to H_1$，坐标见表 4-5；右端轮廓的走刀路线为：$P_2 \to A_2 \to ③ \to ④ \to ⑤ \to ⑥ \to ⑦ \to ⑧ \to ⑨ \to A_2 \to H_2$，坐标见表 4-6；左端轮廓、细长轴、倒角和切断的走刀路线为：$P_3 \to A_3 \to ⑩ \to A_4 \to ⑪ \to A_4 \to ③ \to ⑫ \to ⑬ \to ⑭ \to ⑮ \to ⑯ \to ⑰ \to ⑱ \to ⑲ \to ⑳ \to H_3$，坐标见表 4-7。

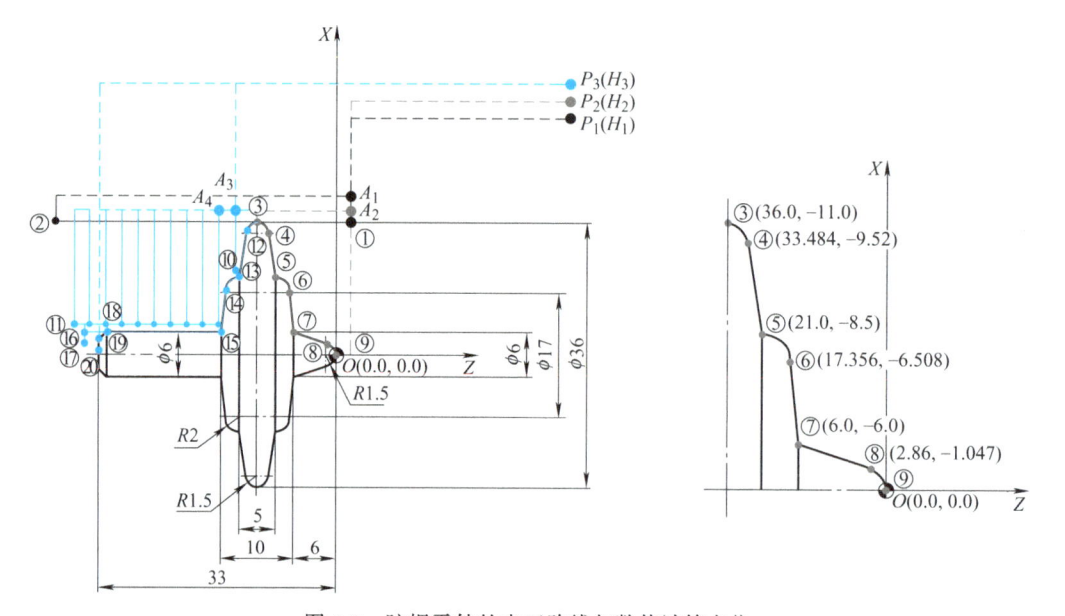

图 4-2　陀螺零件的走刀路线与数值计算点位

表 4-5　陀螺外圆轮廓坐标

绝对坐标	编程原点 O	对刀点 O	安全点 P_1	换刀点 H_1	循环起点 A_1	①	②
X 坐标值	0.0	0.0	100.0	100.0	42.0	36.0	36.0
Z 坐标值	0.0	0.0	100.0	100.0	2.0	2.0	-39.0

表 4-6　陀螺右端轮廓坐标

	编程原点 O	对刀点 O	安全点 P_2	换刀点 H_2	循环起点 A_2	③
X 坐标值	0.0	0.0	100.0	100.0	38.0	36.0
Z 坐标值	0.0	0.0	100.0	100.0	2.0	-11.0
	④	⑤	⑥	⑦	⑧	⑨
X 坐标值	33.484	21.0	17.356	6.0	2.86	0.0
Z 坐标值	-9.52	-8.5	-6.508	-6.0	-1.047	0.0

表 4-7　陀螺左端轮廓、细长轴、倒角和切断坐标

	编程原点 O	对刀点 O	安全点 P_3	换刀点 H_3	循环起点 A_3	⑩
X 坐标值	0.0	0.0	100.0	100.0	38.0	21.2
Z 坐标值	0.0	0.0	100.0	150.0	−13.6	−13.6
	循环起点 A_4	⑪	③	⑫	⑬	⑭
X 坐标值	38.0	6.1	36.0	33.484	21.0	17.356
Z 坐标值	−16.1	−34.0	−11.0	−12.48	−13.5	−15.496
	⑮	⑯	⑰	⑱	⑲	⑳
X 坐标值	6.0	6.0	4.0	6.0	5.0	2.0
Z 坐标值	−16.0	−33.1	−33.1	−32.5	−33.0	−33.0

4.3.2　编写加工程序

陀螺数控加工参考程序 O0401 见表 4-8（G72/G94），O0402 见表 4-9（G72/G75）。

表 4-8　陀螺数控加工参考程序（G72/G94）

程序段号	程序	注释
	O0401;	程序号
	G21 G40 G97 G99;	程序初始化
	T0101 S500 M03;	换 1 号刀调用 1 号刀补，主轴以每分钟 500 转正转，粗加工外圆
	G00 X100.0 Z100.0;	快速移动到 1 号刀的安全点 P_1
	M08;	切削液开
	G00 Z2.0;	快速移动到循环起点 A_1 的 Z 坐标
	X42.0;	快速移动到循环起点 A_1 的 X 坐标
	G71 U2.0 R1.0;	内/外圆粗车复合循环指令 G71
	G71 P100 Q200 U0.4 W0.0 F0.2;	
N100	G00 G42 X36.0;	精加工程序开始段。加刀尖圆弧半径右补偿，快速移动到 φ36mm 的外圆起点①
	G01 Z−39.0;	直线插补到 φ36mm 的外圆终点②
N200	G01 G40 X42.0;	退刀到循环起点 A_1 的 X 坐标，取消刀尖圆弧半径右补偿
	G00 X42.0 Z2.0;	快速移动到精加工循环起点 A_1
	G70 P100 Q200 S1200 M03 F0.1;	精加工 φ36mm 的外圆
	G00 X100.0;	快速返回到换刀点 H_1 的 X 坐标
	Z100.0;	快速返回到换刀点 H_1 的 Z 坐标
	T0202 M03 S500;	换 2 号刀调用 2 号刀补，主轴以每分钟 500 转正转，粗加工右端成形
	G00 X100.0 Z100.0;	快速移动到 2 号刀的安全点 P_2
	G00 Z2.0;	快速移动到循环起点 A_2 的 Z 坐标

(续)

程序段号	程序	注释
	X38.0;	快速移动到循环起点 A_2 的 X 坐标
	G72 W1.0 R1.0;	端面粗车复合循环指令 G72
	G72 P300 Q400 U0.4 W0.2 F0.2;	
N300	G00 G41 Z-11.0;	精加工程序开始段。加刀尖圆弧半径左补偿,快速移动到③点的 Z 坐标
	G01 X36.0;	直线插补到③点的 X 坐标
	G02 X33.484 Z-9.52 R1.5;	顺时针圆弧插补到④点
	G01 X21.0 Z-8.5;	直线插补到⑤点
	G02 X17.356 Z-6.508 R2.0;	顺时针圆弧插补到⑥点
	G01 X6.0 Z-6.0;	直线插补到⑦点
	X2.86 Z-1.047;	直线插补到⑧点
	G02 X0.0 Z0.0 R1.5;	顺时针圆弧插补到⑨点
N400	G01 G40 Z2.0;	退刀到循环起点 A_2 的 Z 坐标,取消刀尖圆弧半径左补偿
	G00 X38.0 Z2.0;	快速移动到精加工循环起点 A_2
	G70 P300 Q400 S1200 M03 F0.1;	精加工右端轮廓
	G00 X100.0;	快速返回到换刀点 H_2 的 X 坐标
	Z100.0;	快速返回到换刀点 H_2 的 Z 坐标
N500	T0303 M03 S400;	换3号刀调用3号刀补,主轴以每分钟400转正转,用切槽刀右刀尖加工左端轮廓
	G00 X100.0 Z100.0;	快速移动到3号刀的安全点 P_3
	G00 Z-13.6;	快速移动到切槽循环起点 A_3 的 Z 坐标
	X38.0;	快速移动到切槽循环起点 A_3 的 X 坐标,粗加工左端成形
	G94 X21.2 Z-13.6 F0.1;	端面切削单一固定循环指令 G94 切槽至⑩点
	G00 X38.0 Z-16.1;	快速移动到循环起点 A_4
	G94 X6.1 Z-16.1 F0.1;	G94 循环粗加工细长轴,第一次粗车
	Z-18.1;	第二次粗车
	Z-20.1;	第三次粗车
	Z-22.1;	第四次粗车
	Z-24.1;	第五次粗车
	Z-26.1;	第六次粗车
	Z-28.1;	第七次粗车
	Z-30.1;	第八次粗车
	Z-32.1;	第九次粗车
	Z-34.0;	第十次粗车,切槽至终点⑪
	G00 X38.0 Z-11.0;	快速移动到③点 Z 坐标,精加工左端成形
	S600 M03;	主轴以每分钟600转正转

（续）

程序段号	程序	注释
	G01 X36.0 F0.2;	直线插补到③点 X 坐标
	G03 X33.484 Z-12.48 R1.5 F0.05;	逆时针圆弧插补到⑫点
	G01 X21.0 Z-13.5;	直线插补到⑬点
	G03 X17.356 Z-15.492 R2.0;	逆时针圆弧插补到⑭点
	G01 X6.0 Z-16.0 F0.05;	直线插补到⑮点
	Z-33.1;	直线插补至⑯点，精加工细长轴
	X4.0;	直线插补到⑰点
	G01 X8.0 F0.1;	退刀到距离细长轴 X 坐标 2mm 处
	W0.6;	直线插补到倒角起点⑱ Z 坐标
	X6.0;	直线插补到倒角起点⑱ X 坐标
	G01 X5.0 W-0.5 F0.05;	直线插补到倒角终点⑲
	X2.0;	直线插补到切断终点⑳
	G01 X8.0 F0.2;	退刀到距离细长轴 X 坐标 2mm 处
	G00 X100.0;	快速返回到换刀点 H_3 的 X 坐标
	Z100.0;	快速返回到换刀点 H_3 的 Z 坐标
	M05 M09;	主轴停止，切削液关
	M30;	程序结束

表 4-9　陀螺数控加工参考程序（G72/G75）

程序段号	程序	注释
	O0402;	程序号
	G21 G40 G97 G99;	程序初始化
	T0101 S500 M03;	换 1 号刀调用 1 号刀补，主轴以每分钟 500 转正转，粗加工外圆
	……	此部分同 O0401 中 1 号刀的程序相同
	T0202 M03 S500;	换 2 号刀调用 2 号刀补，主轴以每分钟 500 转正转，粗加工右端成形
	……	此部分同 O0401 中 2 号刀的程序相同
N500	T0303 M03 S400;	换 3 号刀调用 3 号刀补，主轴以每分钟 400 转正转，用切槽刀右刀尖加工左端轮廓
	G00 X100.0 Z100.0;	快速移动到 3 号刀的安全点 P_3
	G00 Z-13.6;	快速移动到切槽循环起点 A_3 的 Z 坐标
	X38.0;	快速移动到切槽循环起点 A_3 的 X 坐标，粗加工左端成型
	G75 R1.0;	径向切槽（钻孔）循环指令 G75，切槽至终点⑩
	G75 X21.2 Z-13.6 P2000 Q0000 F0.1;	
	G00 X38.0 Z-16.1;	快速移动到循环起点 A_4

(续)

程序段号	程序	注释
	G75 R1.0;	G75 切槽循环，切槽至终点⑪
	G75 X6.1 Z-34.0 P2000 Q2000 F0.1;	
	G00 X38.0 Z-11.0;	快速移动到③点 Z 坐标，精加工左端成形
	……	此部分同 O0401 后半部分
	M30;	程序结束

任务 4.4　陀螺的仿真实战

在沈阳机床厂-1 生产的 FANUC 0i Mate 系统数控车床上，陀螺仿真实战模拟结果如图 4-3 所示。

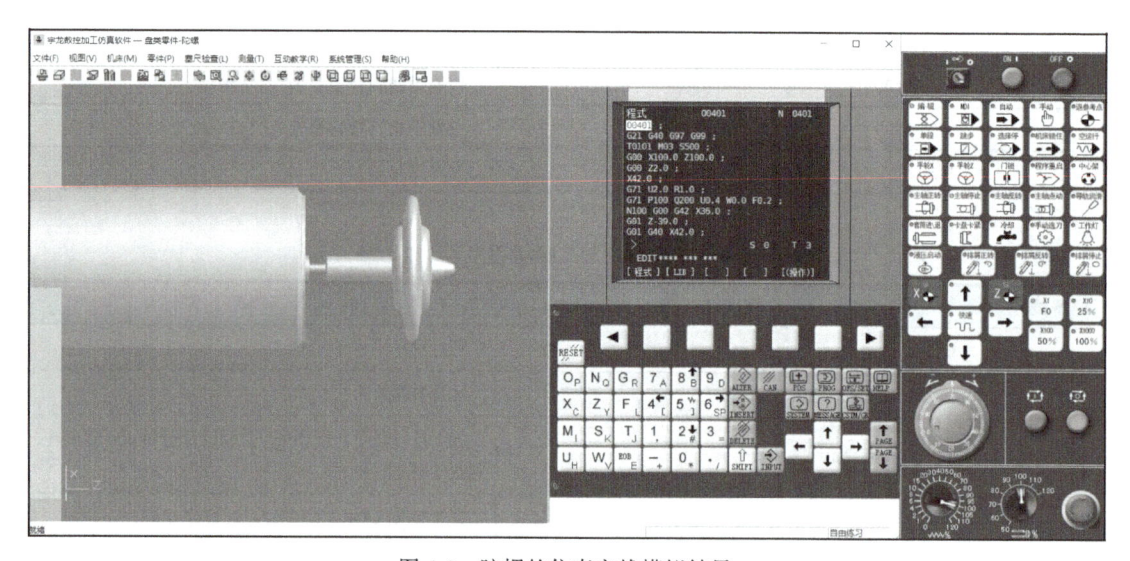

4-1 陀螺仿真实战

图 4-3　陀螺的仿真实战模拟结果

4.4.1　加工准备

1. 机床的准备

机床的准备包括选择机床、激活机床、返参考点（回零）操作、设置显示方式和保存项目。

2. 设置与装夹工件

设置与装夹工件包括定义毛坯、装夹工件和调整工件位置。其中定义毛坯的操作步骤及说明见表 4-10。

4-2 机床的准备

4-3 设置与装夹工件

项目4 陀螺的编程与加工

表 4-10 定义毛坯

步骤	图示	操作说明
定义毛坯		选择菜单栏"零件"→"定义毛坯"命令,或在工具栏单击"定义毛坯"图标,系统弹出"定义毛坯"对话框
		输入名字"陀螺",选择材料"铝",选择形状"圆柱形",输入参数"直径40mm,长度150mm"
		单击"确定"按钮,保存定义的毛坯,并退出操作
		单击"取消"按钮,不保存定义的毛坯,并退出操作

3. 选择和安装刀具

根据工艺要求,选择程序指定的刀具,并将其安装在刀架上。选择安装T01外圆车刀、T02端面车刀和T03外圆切槽刀,操作步骤及说明见表4-11。

4-4 选择和安装刀具

表 4-11 选择和安装刀具

步骤		图示	操作说明
1	选择安装外圆车刀		选择菜单栏"机床"→"选择刀具"命令,或在工具栏单击"选择刀具"图标,系统将弹出"刀具选择"对话框
			选择刀位:在刀架图中单击1号刀位
			选择刀片类型:"标准""T型"刀片
			在"刀片"列表框中选择刃长"11.00mm",刀尖半径"0.40mm"
			选择刀柄类型:"外圆左向横柄"
			在"刀柄"列表框中选择主偏角"91.0°"
2	选择安装端面车刀		选择刀位:在刀架图中单击2号刀位
			选择刀片类型:"标准""T型"刀片
			在"刀片"列表框中选择刃长"11.00mm",刀尖半径"0.40mm"
			选择刀柄类型:"外圆左向纵柄"
			在"刀柄"列表框中选择主偏角"91.0°"

(续)

步骤		图示	操作说明
3	选择安装外圆切槽刀		选择刀位：在刀架图中单击 3 号刀位
			选择刀片类型："定制""方头切槽"刀片
			在"刀片"列表框中选择宽度"4.00mm"，刀尖半径"0.00mm"
			选择刀柄类型："外圆切槽柄"
			在"刀柄"列表框中选择切槽深度"22.0mm"
			在刀具全部选择完成后，单击"确定"按钮，T01、T02 和 T03 安装到刀架上

4.4.2 程序的输入与校验

1. 导入程序

将事先写入记事本并保存为文本格式的 O0401 号程序导入系统。

4-5 程序的输入　　4-6 程序的校验

2. 程序校验

利用机床空运行和图形模拟功能进行程序校验，操作步骤及说明见表 4-12。

表 4-12　程序校验

步骤		图示	操作说明
1	选择运行模式		确认程序"O0401"的光标置于程序开始处
			单击 < 机床锁住 > 键和 < 空运行 > 键
			选择 < 自动 > 模式，指示灯亮，系统进入自动运行模式
2	图形模拟		按下 < CSTM/GRAPH > 键，打开"图形模拟"页面，按下"循环启动"按钮，观察程序的运行轨迹。对检查中发现的错误必须进行修改，直到程序试运行轨迹完全正确为止
			退出"图形模拟"页面，关闭"机床锁住"和"空运行"模式，执行返参考点操作

4.4.3 对刀设置

采用试切法对刀，将 T01 外圆车刀、T02 端面车刀和 T03 外圆切槽刀的对刀数据输入到刀具补偿页面，并分别进行对刀验证，检验对刀是否正确。其中，T02 端面车刀（外圆左向纵柄）的对刀操作步骤见表 4-13，T03 外圆切槽刀（右刀尖）的对刀操作步骤见表 4-14。

4-7 端面车刀（外圆左向纵柄）的对刀

表 4-13 端面车刀（外圆左向纵柄）的对刀

步骤		图示	操作说明
1	换 2 号刀		选择 <手动> 模式，移动刀架至换刀安全位置
			选择 <MDI> 模式，按下 <PROGRAM> 键，打开 MDI 程式界面
			在程序 "O0000" 中输入 "T0200;"，按下 <INSERT> 键 → "循环启动" 按钮，2 号刀成为当前刀具
2	指定主轴转速		在程序 "O0000" 中输入 "S500 M03;"，按下 <INSERT> 键 → "循环启动" 按钮，主轴以 500r/min 正转
3	接近工件		选择 <手动> 模式，单击相应的 <轴方向> 键，选择合适的倍率，再单击 <快速> 键，控制机床向相应的轴方向 "+X/-X/+Z/-Z" 手动连续移动，将刀具快速移动到接近工件位置 10～20mm 处

(续)

步骤		图示	操作说明
4	Z 向对刀	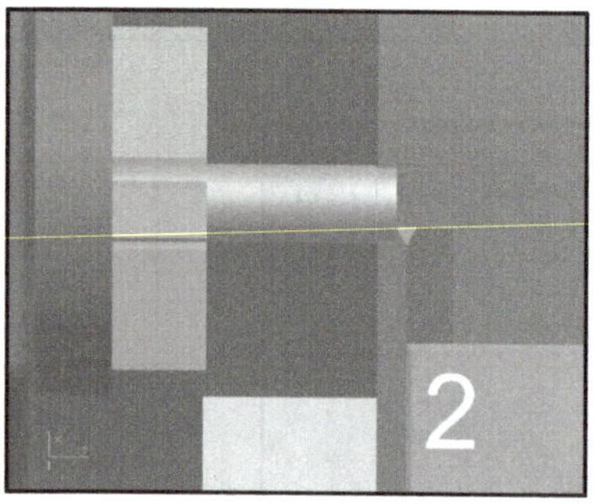	Z 向对刀即接触右端面
			选择手轮轴。单击操作面板上的 < 手轮 X > 键 或 < 手轮 Z > 键
			选择手轮步长 <1×100> 键，< 手轮 X >、< 手轮 Z > 交替使用，接近时选 <1×10> 或 <1×1> 键，将鼠标指针对准手轮，单击鼠标右键或左键来转动手轮，向选定轴 "+、-" 方向精确移动机床，使端面车刀刀尖轻轻接触工件右端面，不进行切削加工
			单击 < 手轮 Z > 键，选择手轮步长 <1×100> 键，+Z 方向移动 2 格（0.2mm），该数值以实际移动量为准
			在 Z 轴不动的情况下，单击 < 手轮 X > 键 或 < 手动 > 模式键，+X 方向移动到安全位置
		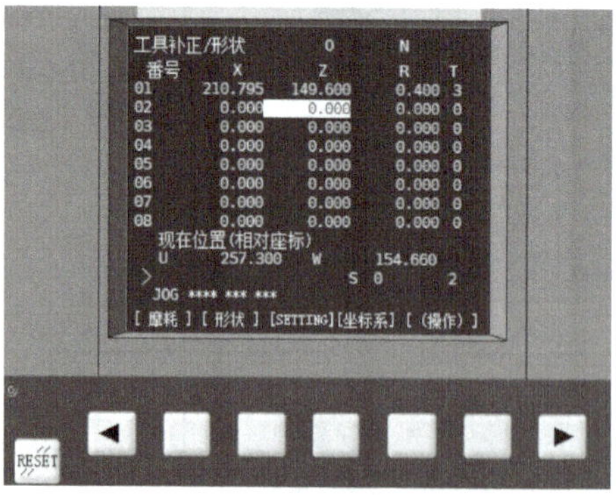	按下 <OFFSET/SETT> 键，进入参数设定页面，按下 < 形状 > 软键，进入 "刀具补正 / 形状" 页面
		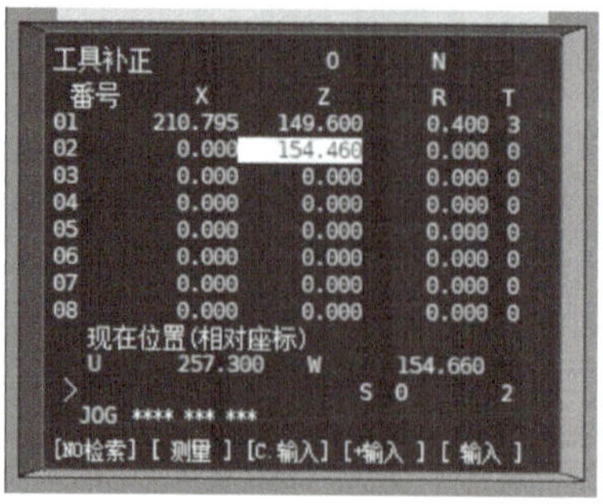	按下 MDI 键盘上的 < 翻页 > 键 或 < 光标 > 键，将光标移动到与刀具号对应的番号 02 "Z" 处，输入 "Z0.2"，按下 < 测量 > 软键，系统自动把计算后的工件 Z 向零点偏置值输入到 "Z" 处，完成 Z 向的对刀操作

（续）

步骤		图示	操作说明
5	X向对刀	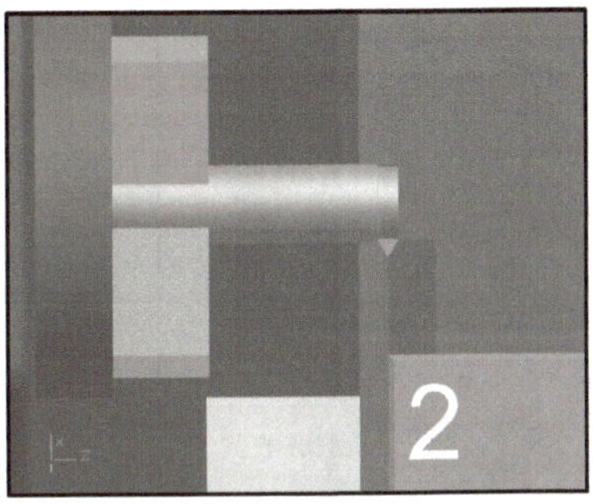	X向对刀即车削外圆
			单击<手轮X>键，选择手轮步长<1×100>键，-X方向移动刀架使刀具接触工件外圆，背吃刀量尽量小一些，减少刀具损坏
			单击<手轮Z>键，选择手轮步长<1×10>键，-Z方向连续车削一段长约10mm的外圆（比外圆车刀车削的略短一点）
			单击<手轮X>键，选择手轮步长<1×100>键，+X方向移动2格（0.2mm），该数值以实际移动量为准
			在X轴不动的情况下，单击<手轮Z>键或<手动>模式键，+Z方向移动到安全位置
			单击<主轴停止>键，使主轴停止转动
			选择菜单栏"测量"→"剖面图测量"命令，在弹出的对话框中，选择"否"
		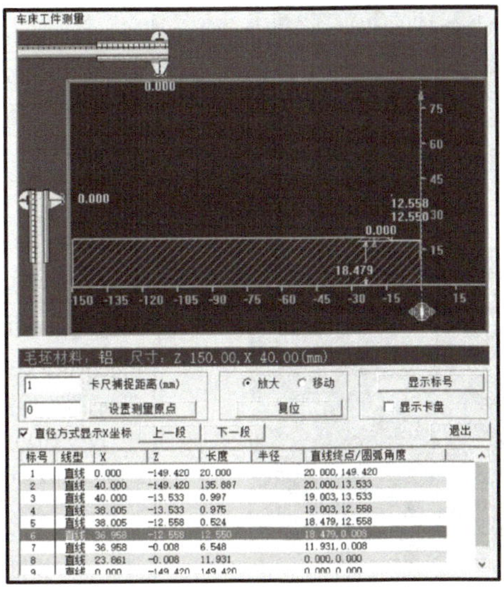	在弹出的"车床工件测量"对话框中，测得所车外圆直径为"36.958"，将此测量值36.958+0.2=37.158备用

（续）

步骤		图示	操作说明
5	X 向对刀	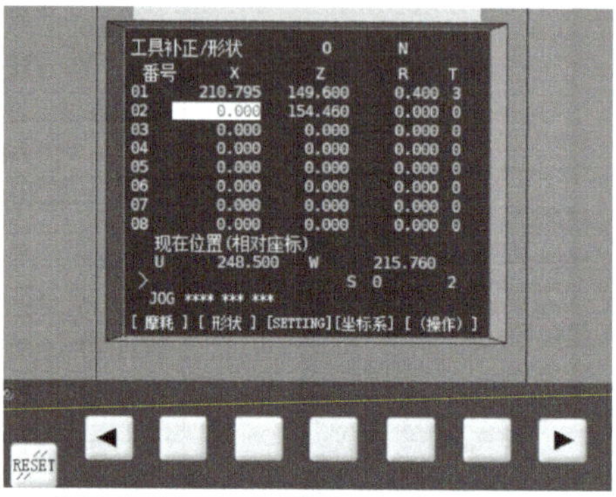	按下 <OFFSET/SETT> 键，进入参数设定页面，按下 < 形状 > 软键，进入"刀具补正 / 形状"页面
			按下 < 翻页 > 键 或 < 光标 > 键，将光标移动到与刀具号对应的番号 02"X"处，输入"X37.158"，按下 < 测量 > 软键，系统自动把计算后的工件 X 向零点偏置值输入到"X"处，完成 X 向的对刀操作
6	设置刀具补偿参数	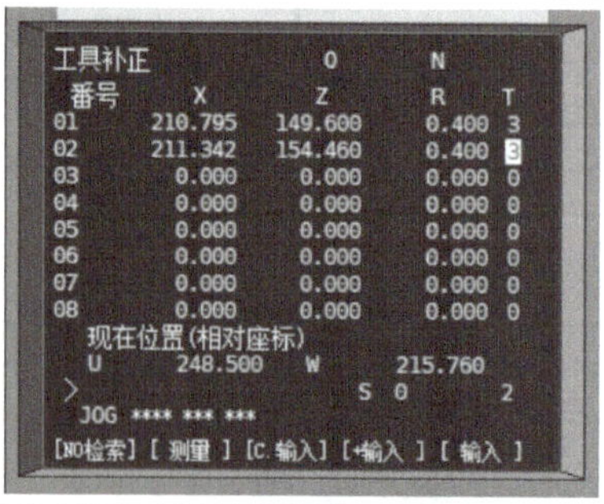	将光标移动到与刀具号对应的番号 02"R"处，输入刀尖圆弧半径"0.4"，按下 < 输入 > 软键或 <INPUT> 键，将光标移动到 02"T"处，输入刀尖方位号"3"，按下 < 输入 > 软键，完成刀具补偿参数的设置。至此完成端面车刀的对刀操作
7	对刀验证	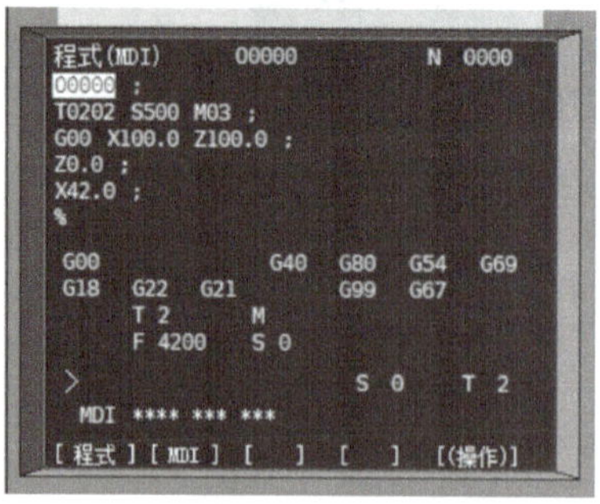	选择 < 手动 > 模式，移动刀架至换刀安全位置
			选择 <MDI> 模式，按下 <PROGRAM> 键，打开 MDI 程式界面，在程序"O0000"中输入测试程序段"T0202 S500 M03；/G00 X100.0 Z100.0；/Z0.0；/X42.0；"
			单击 < 单段执行 > 键，按下"循环启动"按钮，运行测试程序

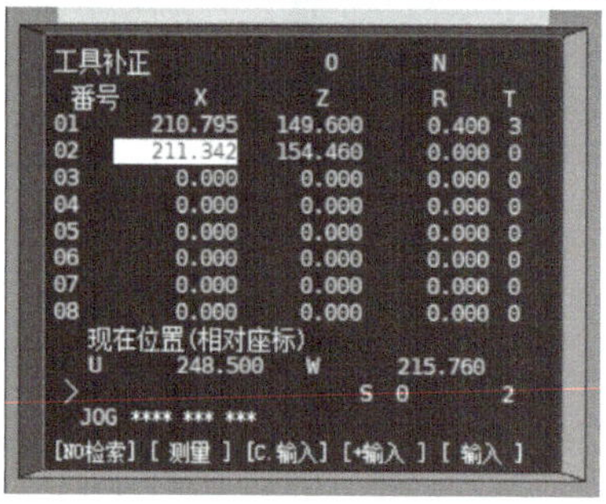

（续）

步骤		图示	操作说明
7	对刀验证	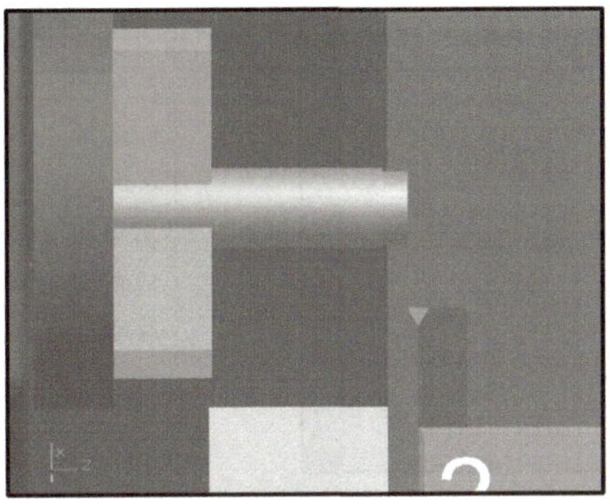	执行完"Z0.0;"，观察刀尖与工件右端面是否处于同一平面，如在同一平面则Z向对刀正确。 否则，对刀操作不正确
		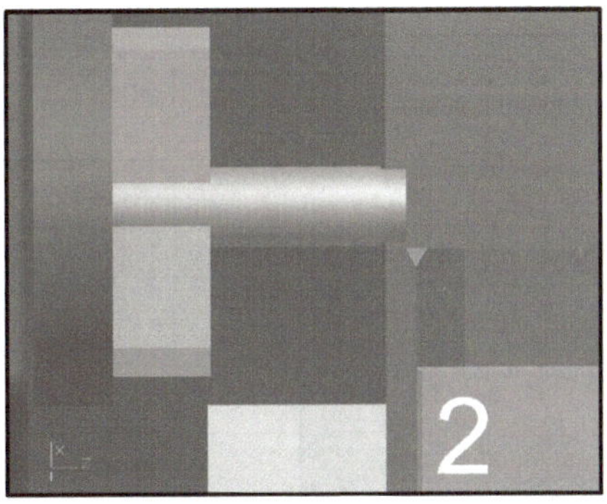	执行完"X42.0;"，观察刀尖与工件外圆处的间隙是否适当，若适当则X向对刀正确。 否则，对刀操作不正确
			若对刀操作不正确，查找原因，重新对刀

表4-14 外圆切槽刀（右刀尖）的对刀

步骤		图示		操作说明
1	换3号刀		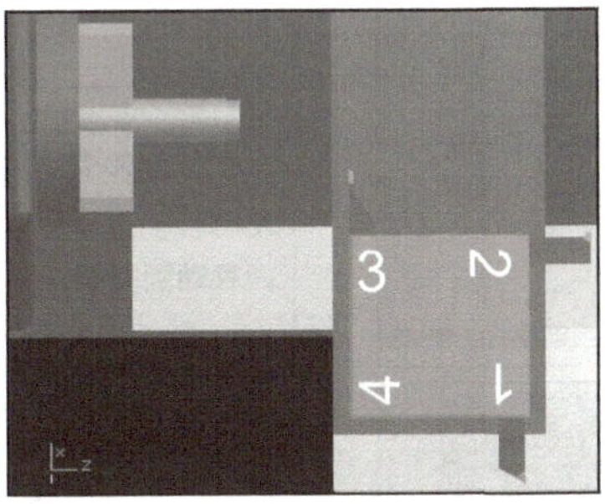 4-8 外圆切槽刀（右刀尖）的对刀	选择<手动>模式，移动刀架至换刀安全位置
				选择<MDI>模式，按下<PROGRAM>键，打开MDI程序界面
				在程序"O0000"中输入"T0300;"，按下<INSERT>键 → "循环启动"按钮，3号刀成为当前刀具
2	指定主轴转速		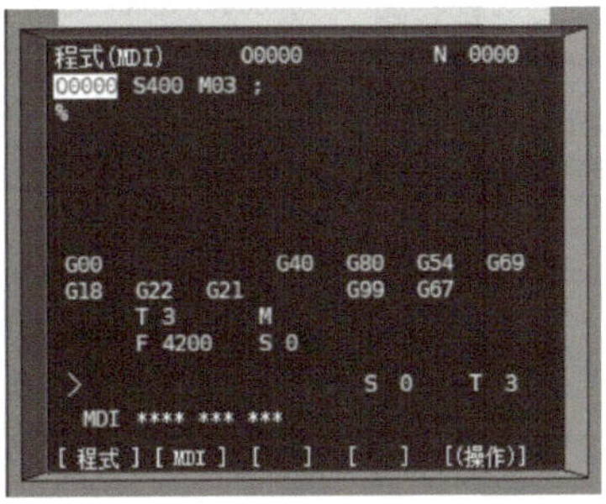 4-9 外圆切槽刀（左刀尖）的对刀	在程序"O0000"中输入"S400 M03;"，按下<INSERT>键 → "循环启动"按钮，主轴以400r/min正转

（续）

步骤		图示	操作说明
3	接近工件	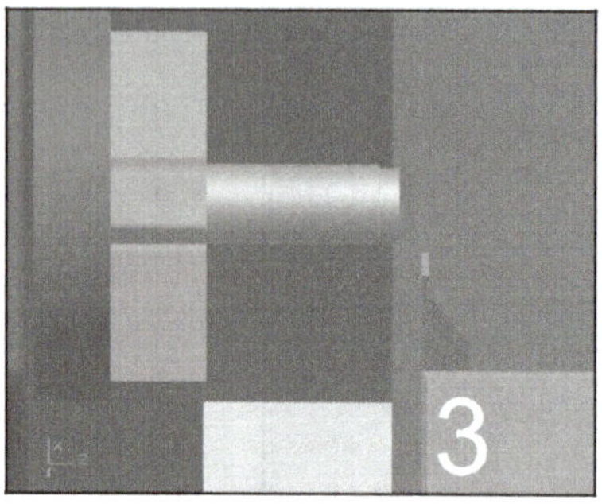	选择<手动>模式，单击相应的<轴方向>键，选择合适的倍率，再单击<快速>键，控制机床向相应的轴方向"+X/-X/+Z/-Z"手动连续移动，将刀具快速移动到接近工件位置10～20mm处
4	右刀尖Z向对刀		右刀尖Z向对刀前，先进行左刀尖Z向对刀
		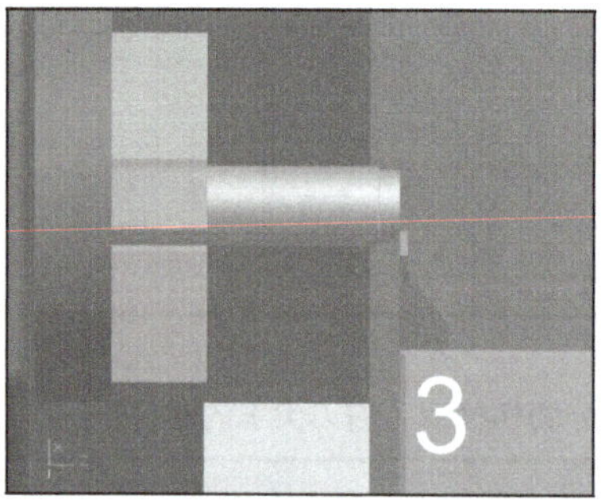	选择手轮轴。单击操作面板上的<手轮X>键或<手轮Z>键
			选择手轮步长<1×100>键，<手轮X>、<手轮Z>交替使用，接近时选<1×10>或<1×1>键，将鼠标指针对准手轮，单击鼠标右键或左键来转动手轮，向选定轴"+、-"方向精确移动机床，使切槽刀左刀尖轻轻接触工件右端面，不进行切削加工。完成左刀尖Z向对刀
		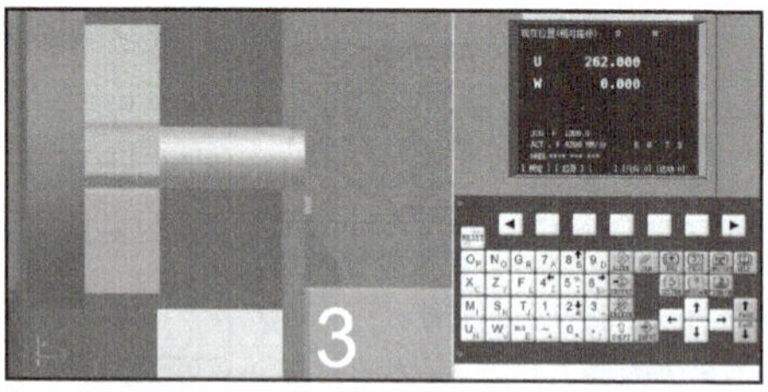	在Z轴不动的情况下，单击<手轮X>键或<手动>模式键，+X方向移动到安全位置
		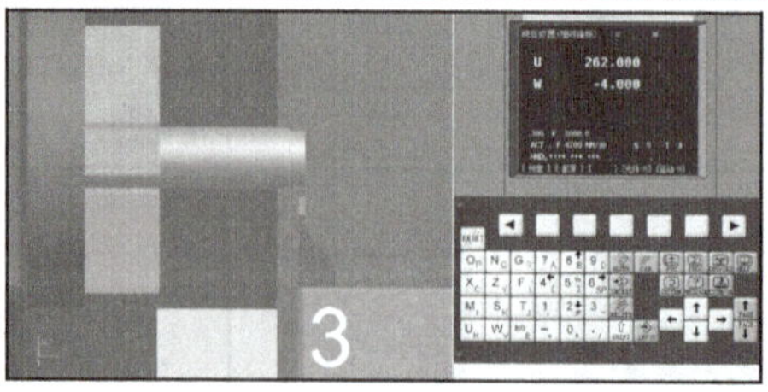	按下<POS>键，进入位置页面→"相对坐标"页面，输入"W"，按下<起源>键，Z向的相对坐标为"0"。此处为外圆切槽刀右刀尖Z向对刀的起始位置
			选择<手轮Z>键和<1×100>键，-Z方向移动40格（一个刀宽4.0mm），Z向的相对坐标为"-4.0"，此处为外圆切槽刀右刀尖Z向对刀的终点位置

（续）

步骤		图示	操作说明
4	右刀尖Z向对刀	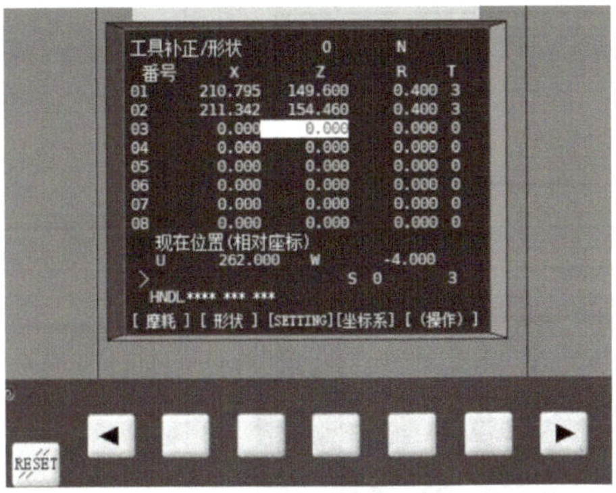 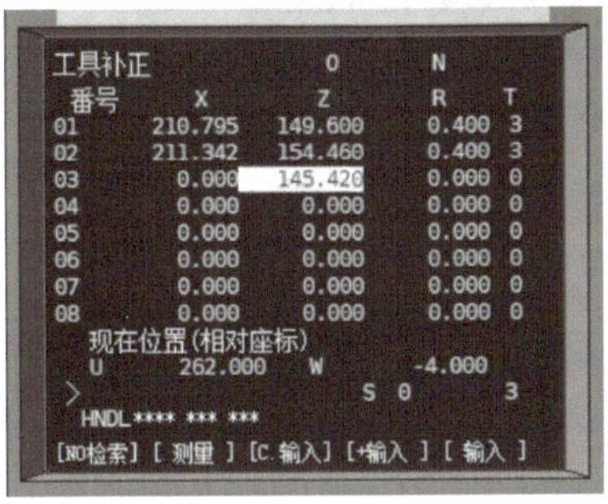	按下<OFFSET/SETT>键，进入参数设定页面，按下<形状>软键，进入"刀具补正/形状"页面
			按下MDI键盘上的<翻页>键或<光标>键，将光标移动到与刀号对应的番号03"Z"处，输入"Z0"，按下<测量>软键，系统自动把计算后的工件Z向零点偏置值输入到"Z"处，完成Z向的对刀操作
			单击<手轮Z>键，选择手轮步长<1×100>键，+Z方向移出至准备车削外圆的位置
5	X向对刀	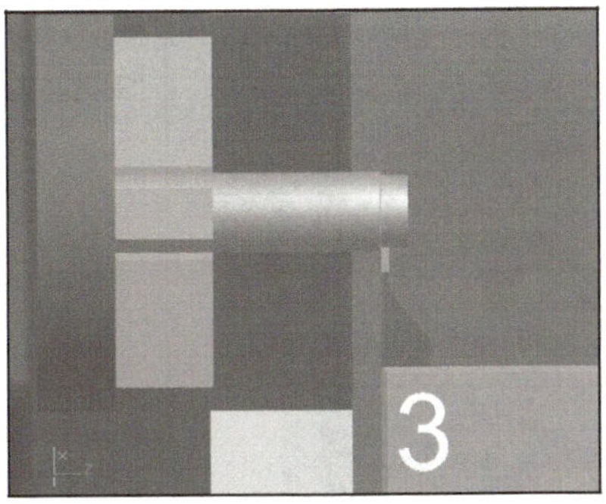	X向对刀即车削外圆
			单击<手轮X>键，选择手轮步长<1×100>键，-X方向移动刀架使刀具接触工件外圆，背吃刀量尽量小一些，减少刀具损坏
			单击<手轮Z>键，选择手轮步长<1×10>键，-Z方向连续车削一段长约10mm的外圆（比端面车刀车削的略短一点）
			单击<手轮X>键，选择手轮步长<1×100>键，+X方向移动2格（0.2mm），该数值以实际移动量为准
			在X轴不动的情况下，单击<手轮Z>键或<手动>模式键，+Z方向移动到安全位置
			单击<主轴停止>键，使主轴停止转动

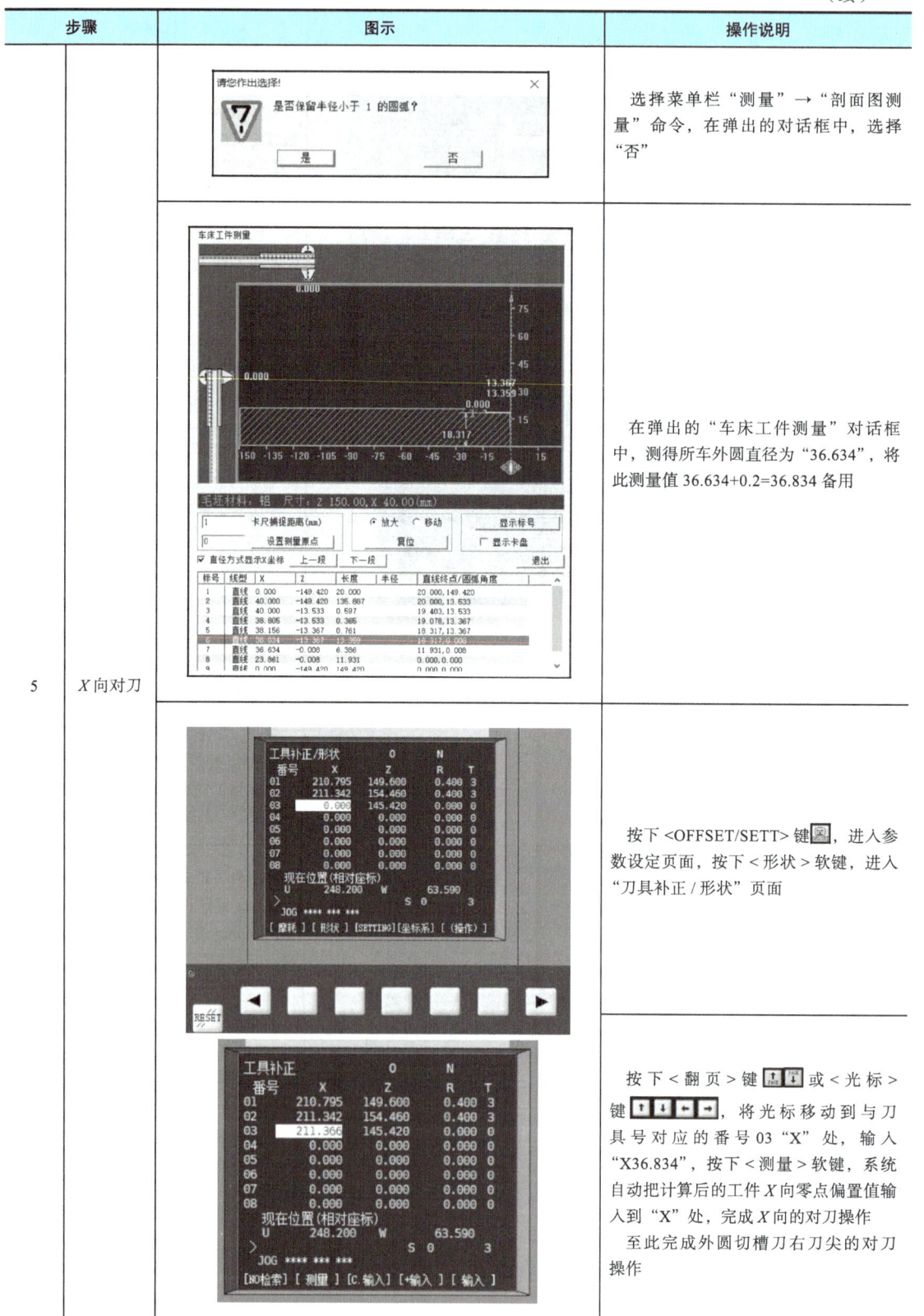

（续）

步骤		图示	操作说明
5	X向对刀		选择菜单栏"测量"→"剖面图测量"命令，在弹出的对话框中，选择"否"
			在弹出的"车床工件测量"对话框中，测得所车外圆直径为"36.634"，将此测量值 36.634+0.2=36.834 备用
			按下 <OFFSET/SETT> 键，进入参数设定页面，按下 <形状> 软键，进入"刀具补正/形状"页面
			按下 <翻页> 键或 <光标> 键，将光标移动到与刀具号对应的番号 03"X"处，输入"X36.834"，按下 <测量> 软键，系统自动把计算后的工件 X 向零点偏置值输入到"X"处，完成 X 向的对刀操作 至此完成外圆切槽刀右刀尖的对刀操作

步骤		图示	操作说明
6	对刀验证		选择<手动>模式，移动刀架至换刀安全位置
			选择<MDI>模式，按下<PROGRAM>键，打开 MDI 程式界面，在程序"O0000"中输入测试程序段"T0303 S400 M03；/G00 X100.0 Z100.0；/Z0.0；/X42.0；"（X 取毛坯直径 +2mm）
			单击<单段执行>键，按下"循环启动"按钮，运行测试程序
			执行完"Z0.0；"，观察右刀尖与工件右端面是否处于同一平面，如在同一平面则 Z 向对刀正确。否则，对刀操作不正确
			执行完"X42.0；"，观察右刀尖与工件外圆处的间隙是否适当，若适当则 X 向对刀正确。否则，对刀操作不正确
			若对刀操作不正确，查找原因，重新对刀

4.4.4 首件试切

程序试运行轨迹完全正确后，可进行首件试切，模拟加工结果如图 4-3 所示。

4-10 首件试切和零件的检测

4.4.5 零件的检测与质量分析

1. 零件的检测

选择菜单"测量"→"剖面图测量"命令，在弹出的如图 4-4 所示的"车床工件测量"对话框中分别单击 1 号刀、2 号刀和 3 号刀的加工表面，在下半部分的标号中，该线段会突出显示，可读取线段数据，记下对应的 X、Z 值，并填写表 4-15 陀螺零件质量检验单。与图样尺寸进行对比，若在公差范围内，判定该零件为合格产品，如有超差，应分析产生原因，检查编程、对刀、补偿值设定等工作环节，有针对性地进行修改和调整，再次进行试切，直到产品合格为止。

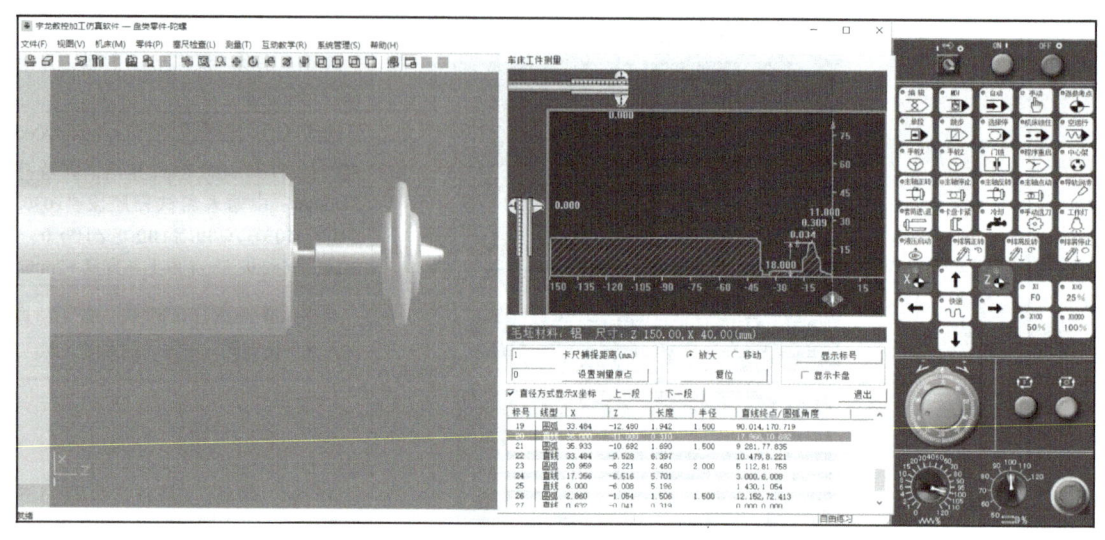

图 4-4 "车床工件测量"对话框

表 4-15 陀螺零件质量检验单

序号	项目	内容	量具	检测结果	结论 合格	结论 不合格
1	长度	5mm	0～125mm 游标卡尺			
2	长度	10mm	0～125mm 游标卡尺			
3		33mm				
4	深度	6mm	0～150mm 深度千分尺			
5	外圆	ϕ6mm	0～25mm 外径千分尺			
6	外圆	ϕ36mm	25～50mm 外径千分尺			
7	圆弧	R1.5mm（2处）	R1～6.5mm R 规			
8	圆弧	R2mm（4处）	R1～6.5mm R 规			
9	未注倒角	C0.5	45°倒角游标卡尺			
10	外轮廓表面粗糙度	Ra0.8μm	表面粗糙度检测仪			
陀螺 检测结论			合格 □		不合格 □	

2. 质量分析

根据零件的加工过程和检测情况，分析不合格品产生的原因，并提出质量改进措施，优化程序，产生不合格项目的原因及质量改进措施见表 4-16。

表 4-16 陀螺零件质量改进措施单

序号	不合格项目	产生原因	改进措施
1	外圆直径尺寸超差	对刀不准确引起尺寸超差	在"刀具补正/磨耗"页面，与外圆车刀对应的番号 01 "X"处，若尺寸偏大，输入"－超差值"；若尺寸偏小，输入"＋超差值"
		刀具补偿参数不准确	在"刀具补正/形状"页面，与外圆车刀对应的番号 01 "R"或"T"处，修改刀尖圆弧半径补偿值或刀尖方位号
		车刀刀尖磨损	更换刀片或修改刀尖圆弧半径补偿值
2	细长杆直径尺寸超差	对刀不准确引起尺寸超差	在"刀具补正/磨耗"页面，与外圆切槽刀对应的番号 03 "X"处，若尺寸偏大，输入"－超差值"；若尺寸偏小，输入"＋超差值"
3	总长尺寸超差	对刀不准确引起尺寸超差	在"刀具补正/磨耗"页面，与外圆切槽刀对应的番号 03 "Z"处，若尺寸偏大，输入"＋超差值"；若尺寸偏小，输入"－超差值"
4	圆弧尺寸超差	车刀刀尖磨损	左端超差，及时更换外圆切槽刀的刀片；右端超差，更换端面车刀的刀片或修改刀尖圆弧半径补偿值
		刀具补偿参数不准确	在"刀具补正/形状"页面，与端面车刀对应的番号 02 "R"或"T"处，修改刀尖圆弧半径补偿值或刀尖方位号
5	表面粗糙度差	切削用量不合理	优化切削用量。提高相关刀具精加工的切削速度、减小进给量
		车刀刀尖磨损	及时更换刀片
		产生积屑瘤	避开产生积屑瘤的切削速度
		刀柄刚性差，产生振动	选用刚性好的刀具
		刀具安装不正确	检查安装情况，重新正确安装该刀具

任务 4.5　陀螺的生产加工

在 FANUC 0i Mate 系统数控车床上完成陀螺零件的生产加工。

4.5.1 加工准备

1. 零件生产前的准备工作

1）领取零件毛坯。领取毛坯，检验毛坯是否符合尺寸要求，是否留有足够的加工余量。

2）领取刀具和量具。携带表 4-2"陀螺数控加工刀具卡"和表 4-3"陀螺数控加工量具清单"去工具室领取所需刀具和量具。

3）熟悉数控车床安全操作与文明生产的内容。

2. 开机操作

（1）电源接通前检查　依据附录 F《设备点检卡（数控车）》检查机床有无异常情况，检查完毕执行开机操作。

（2）接通电源　按机床通电顺序通电。

（3）通电后检查　检查"位置显示"页面屏幕是否显示。如有错误，依据提示正确处理，解除报警。

3. 返参考点操作

1）X 轴返参考点操作。
2）Z 轴返参考点操作。
3）移动刀架至换刀安全位置。

4. 装夹工件

手持毛坯将一端水平装入自定心卡盘，伸出卡盘外 43～50mm，右手拿工件稍做转动，左手配合右手旋紧卡盘扳手，将工件夹紧，并找正工件。

5. 装夹刀具

（1）检查刀具　选择程序指定的刀具，检查所用刀具螺钉是否夹紧，刀片是否完好。

（2）安装刀具　正确、可靠地装夹刀具。将 T01 外圆车刀安装在 1 号刀位，T02 端面车刀安装在 2 号刀位，T03 外圆切槽刀安装在 3 号刀位，安装刀具时应注意"伸出长度、刀尖高度和工作角度"。

4.5.2 程序的输入与校验

1. 程序的输入

采用手动输入方式，应用 MDI 键盘将程序 O0401 输入到机床中。

2. 程序的校验

为防止因数据输入错误等原因造成的不良后果，利用机床空运行和图形模拟功能进行程序校验，观察加工时刀具轨迹的变化。

4.5.3 对刀设置

采用试切法对刀，将 T01 外圆车刀、T02 端面车刀和 T03 外圆切槽刀的对刀数据输入刀具补偿页面，并分别进行对刀验证，检验对刀是否正确。其中，T02 端面车刀的对刀操作步骤见表 4-17，T02 外圆切槽刀（右刀尖）的对刀操作步骤见表 4-18。

表 4-17　端面车刀的对刀

步骤		操作说明
1	换 2 号端面车刀	选择 <手动> 模式，移动刀架至换刀安全位置
		选择 <MDI> 模式，按下 <PROGRAM> 键，打开 MDI 程式界面，在程序 "O0000" 中输入 "T0200;"，按下 <INSERT> 键 → "循环启动" 按钮，2 号刀成为当前刀具
2	指定主轴转速	在程序 "O0000" 中输入 "S500 M03;"，按下 <INSERT> 键 → "循环启动" 按钮，主轴以 500r/min 正转
3	接近工件	选择 <手动> 模式，按下相应的 <轴方向> 键，选择合适的倍率，再按下 <快速> 键，将刀具快速移动到接近工件位置 10～20mm
4	Z 向对刀（接触右端面）	选择 <手轮> 模式，<X>、<Z> 轴交替使用，先选择 <1×100> 键，接近时选 <1×10> 或 <1×1> 键，执行 X 轴或 Z 轴的精确移动，使外圆切槽刀左刀尖轻轻接触工件右端面，不进行切削加工
		选择 <Z> 轴和 <1×100> 键，+Z 方向移动 2 格（0.2mm），该数值以实际移动量为准
		在 Z 轴不动的情况下，选择 <手轮> 或 <手动> 模式，将刀具沿 +X 方向移动到安全位置
		按下 <OFFSET/SETT> 键，进入 "刀偏显示/参数设置" 页面 → 按下 <偏置> 软键 → <形状> 软键，进入 "刀具补正/形状" 页面
		按下 <翻页> 键或 <光标> 键，将光标移动到与刀具号对应的番号 02 "Z" 处，输入 "Z0.2"，按 <测量> 软键，系统自动把计算后的工件 Z 向零点偏置值输入到 "Z" 处，完成 Z 向的对刀操作
5	X 向对刀（车削外圆）	选择 <手轮> 模式，选择 <X> 轴和 <1×100> 键，-X 方向移动刀架使刀具接触工件外圆，试切背吃刀量尽量小一些，减少刀具损坏
		选择 <Z> 轴和 <1×10> 键，-Z 方向连续车削一段长约 10mm 的外圆
		选择 <X> 轴和 <1×100> 键，+X 方向移动 2 格（0.2mm），该数值以实际移动量为准
		在 X 轴不动的情况下，选择 <手轮> 或 <手动> 模式，将刀具沿 +Z 方向移动到安全位置
		按下 <主轴停止> 键，使主轴停止转动
		用外径千分尺多点位多次测量所车外圆直径，将 "测量值 +0.2" 备用
		按下 <OFFSET/SETT> 键，进入 "刀偏显示/参数设置" 页面 → 按下 <偏置> 软键 → <形状> 软键，进入 "刀具补正/形状" 页面
		按下 <翻页> 键或 <光标> 键，将光标移动到与刀具号对应的番号 02 "X" 处，输入 X "备用值"，按下 <测量> 软键，系统自动把计算后的工件 X 向零点偏置值输入到 "X" 处，完成 X 向的对刀操作
6	设置刀具补偿参数	将光标移动到与刀具号对应的番号 02 "R" 处，输入刀尖圆弧半径 "0.4"，按下 <输入> 软键或 <INPUT> 键，将光标移动到 02 "T" 处，输入刀尖方位号 "3"，按下 <输入> 软键，完成刀具补偿参数的设置，至此完成端面车刀的对刀操作

（续）

步骤		操作说明
7	对刀验证	选择<手动>模式，移动刀架至换刀安全位置
		选择<MDI>模式，按下<PROGRAM>键，打开MDI程式界面，在程序"O0000"中输入测试程序段"T0202 S500 M03;/G00 X100.0 Z100.0;/Z0.0;/X42.0;"
		单击<单段执行>键，按下"循环启动"按钮，运行测试程序
		执行完"Z0.0;"，观察刀尖与工件右端面是否处于同一平面，如在同一平面则Z向对刀正确，否则，对刀操作不正确。执行完"X42.0;"，观察刀尖与工件外圆处的间隙是否适当，若适当则X向对刀正确，否则，对刀操作不正确
		若对刀操作不正确，查找原因，重新对刀

表4-18　外圆切槽刀（右刀尖）的对刀

步骤		操作说明
1	换3号外圆切槽刀	选择<手动>模式，移动刀架至换刀安全位置
		选择<MDI>模式，按下MDI面板上的<PROGRAM>键，打开MDI程式界面，在程序"O0000"中输入"T0300;"，按下<INSERT>键→"循环启动"按钮，3号刀成为当前刀具
2	指定主轴转速	在程序"O0000"中输入"S400 M03;"，按下<INSERT>键→"循环启动"按钮，主轴以400r/min正转
3	接近工件	选择<手动>模式，按下相应的<轴方向>键，选择合适的倍率，再按下<快速>键，将刀具快速移动到接近工件位置10～20mm处
4	右刀尖Z向对刀（对齐右端面）	右刀尖Z向对刀前，先进行左刀尖Z向对刀
		选择<手轮>模式，<X>、<Z>轴交替使用，先选择<1×100>键，接近时选<1×10>或<1×1>键，执行X轴或Z轴的精确移动，使外圆槽刀左刀尖轻轻接触工件右端面，不进行切削加工。即完成左刀尖Z向对刀
		在Z轴不动的情况下，选择<手轮>或<手动>模式，将刀具沿+X方向移动到安全位置
		按下<POS>键，进入位置页面→"相对坐标"页面，输入"W"，按下<起源>键，Z向的相对坐标为"0"。此处为外圆切槽刀右刀尖Z向对刀的起始位置
		选择<Z>轴和<1×100>键，-Z方向移动40格（一个刀宽4.0mm），Z向的相对坐标为"-4.0"，此处为外圆切槽刀右刀尖Z向对刀的终点位置
		按下<OFFSET/SETT>键，进入"刀偏显示/参数设置"页面→按下<偏置>软键→<形状>软键，进入"刀具补正/形状"页面
		按下<翻页>键或<光标>键，将光标移动到与刀具号对应的番号03"Z"处，输入"Z0"，按下<测量>软键，系统自动把计算后的工件Z向零点偏置值输入到"Z"处，完成Z向的对刀操作

（续）

步骤		操作说明
4	右刀尖Z向对刀（对齐右端面）	单击<手轮Z>键，选择手轮步长<1×100>键，+Z方向移出至准备车削外圆的位置
5	X向对刀（车削外圆）	选择<手轮>模式，选择<X>轴和<1×100>键，–X方向移动刀架使刀具接触工件外圆
		选择<Z>轴和<1×10>键，–Z方向连续车削一段长约10mm的外圆（比端面车刀车削的略短一点）
		选择<X>轴和<1×100>键，+X方向移动2格（0.2mm），该数值以实际移动量为准
		在X轴不动的情况下，选择<手轮>或<手动>模式，将刀具沿+Z方向移动到安全位置
		按下<主轴停止>键，使主轴停止转动
		用外径千分尺多点位多次测量所车外圆直径，将"测量值+0.2"备用
		按下<OFFSET/SETT>键，进入"刀偏显示/参数设置"页面→按下<偏置>软键→<形状>软键，进入"刀具补正/形状"页面
		按下<翻页>键或<光标>键，将光标移动到与刀具号对应的番号03 "X"处，输入"X测量值+0.2"，按下<测量>软键，系统自动把计算后的工件X向零点偏置值输入到"X"处，完成X向的对刀操作。至此完成外圆切槽刀右刀尖的对刀操作
6	对刀验证	选择<手动>模式，移动刀架至换刀安全位置
		选择<MDI>模式，按下<PROGRAM>键，打开MDI程式界面，在程序"O0000"中输入测试程序段"T0303 S400 M03；/G00 X100.0 Z100.0；/Z0.0；/X42.0；"（X取毛坯直径+2mm）
		单击<单段执行>键，按下"循环启动"按钮，运行测试程序
		执行完"Z0.0；"，观察左刀尖与工件右端面是否处于同一平面，若在同一平面则Z向对刀正确，否则，对刀操作不正确。执行完"X42.0；"，观察刀尖与工件外圆处的间隙是否适当，若适当则X向对刀正确，否则，对刀操作不正确
		若对刀操作不正确，查找原因，重新对刀

安全警示：

1. 在外圆切槽刀Z向设置时，先用左刀尖轻轻接触工件右端面，再用右刀尖对齐工件右端面。
2. 在外圆切槽刀X向设置时，切削外圆时背吃刀量尽量小一些

4.5.4 首件试切

程序试运行轨迹完全正确后，调整"进给倍率"旋钮和"主轴倍率"旋钮至50%，调整"快速倍率"至25%，采用单段方式进行首件试切，加工中注意观察切削情况，逐步将进给倍率和主轴倍率调至最佳状态。

4.5.5 零件的检测与质量分析

1. 零件的检测

根据零件图样要求，自检零件各部分尺寸，并填写表4-15陀螺零件质量检验单。与图样尺寸进行对比，若在公差范围内，则判定该零件为合格产品；如有超差，应分析产生原因，检查编程、对刀、补偿值设定等工作环节，有针对性地进行修改和调整，再次进行试切，直到产品合格为止。

2. 质量分析

根据零件的加工过程和检测情况，分析不合格品产生的原因，并提出质量改进措施，优化程序，产生不合格项目的原因及质量改进措施见表4-16。

4.5.6 生产订单

1. 批量生产

首件合格，进入批量生产，每件产品自检合格后方可下机。

2. 完工检验

加工结束后送检，完工检验合格，盖章入库。

3. 交付订单

4. 关机

日常保养、关机、整理好现场，做好交接班记录。

工作任务评价

将任务完成情况的检测与评价填入附录G（XX零件）工作任务评价表。

技能巩固

想一想：陀螺（盘类零件）的其他加工工艺方案。
查一查：加工盘套类零件的加工工艺方案。
试一试：编写盘套类零件的加工工艺方案。
练一练：机械制造厂数车生产班组接到端盖零件的生产订单，如图4-5所示。来料毛坯为$\phi50mm \times 25mm$的45钢锻料，加工数量为5件，工期为2天。

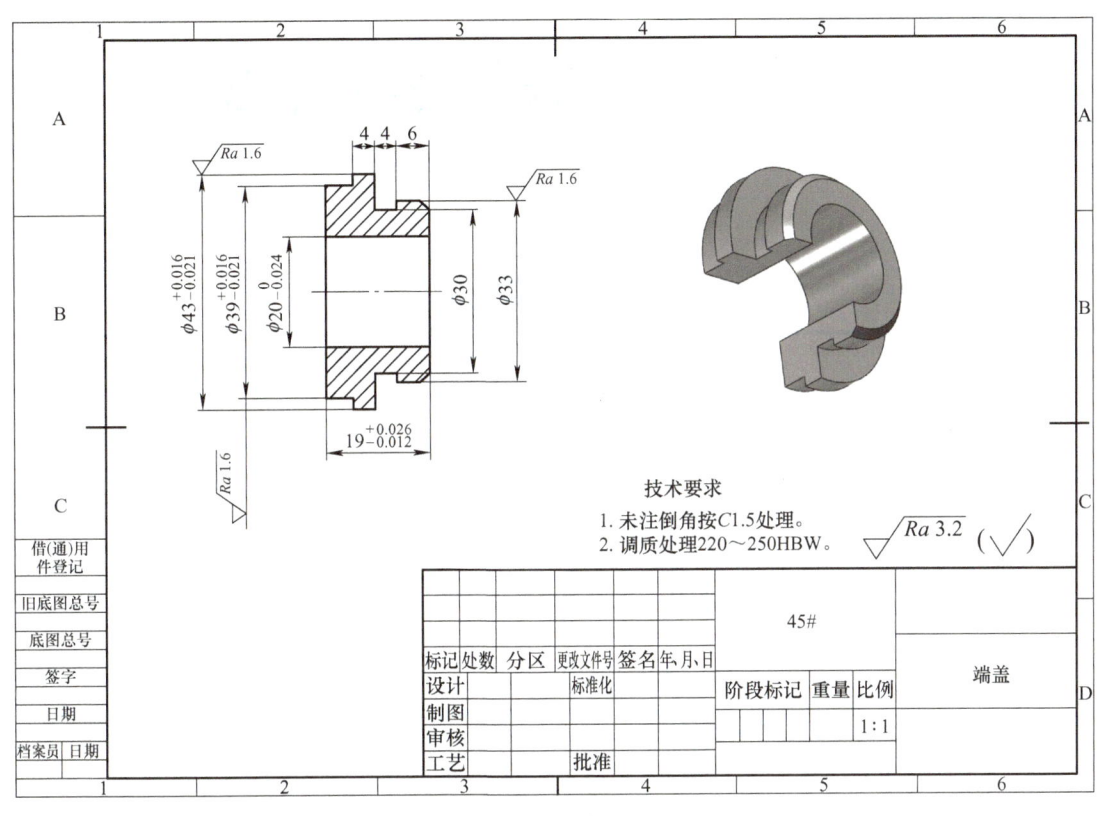

图 4-5 端盖

共话空间——自信

百年征程波澜壮阔，百年成就举世瞩目；
从起重船"振华30"到"中国天眼"射电望远镜FAST；
从"港珠澳大桥"到海上钻井平台"蓝鲸2号"；
从"复兴号"高铁首发到国产大飞机C919首飞；
从"华龙一号"扬帆出海到"天宫一号"驻留太空；
从摘取造船业"皇冠上的明珠"到国产航空母舰下水；
……
它们承载着国人梦想，凝聚着中国智慧，也彰显出中国制造不断增强的实力。

讨论：挺起中国制造脊梁的大国重器。

项目 5　　手柄的编程与加工

思维导学

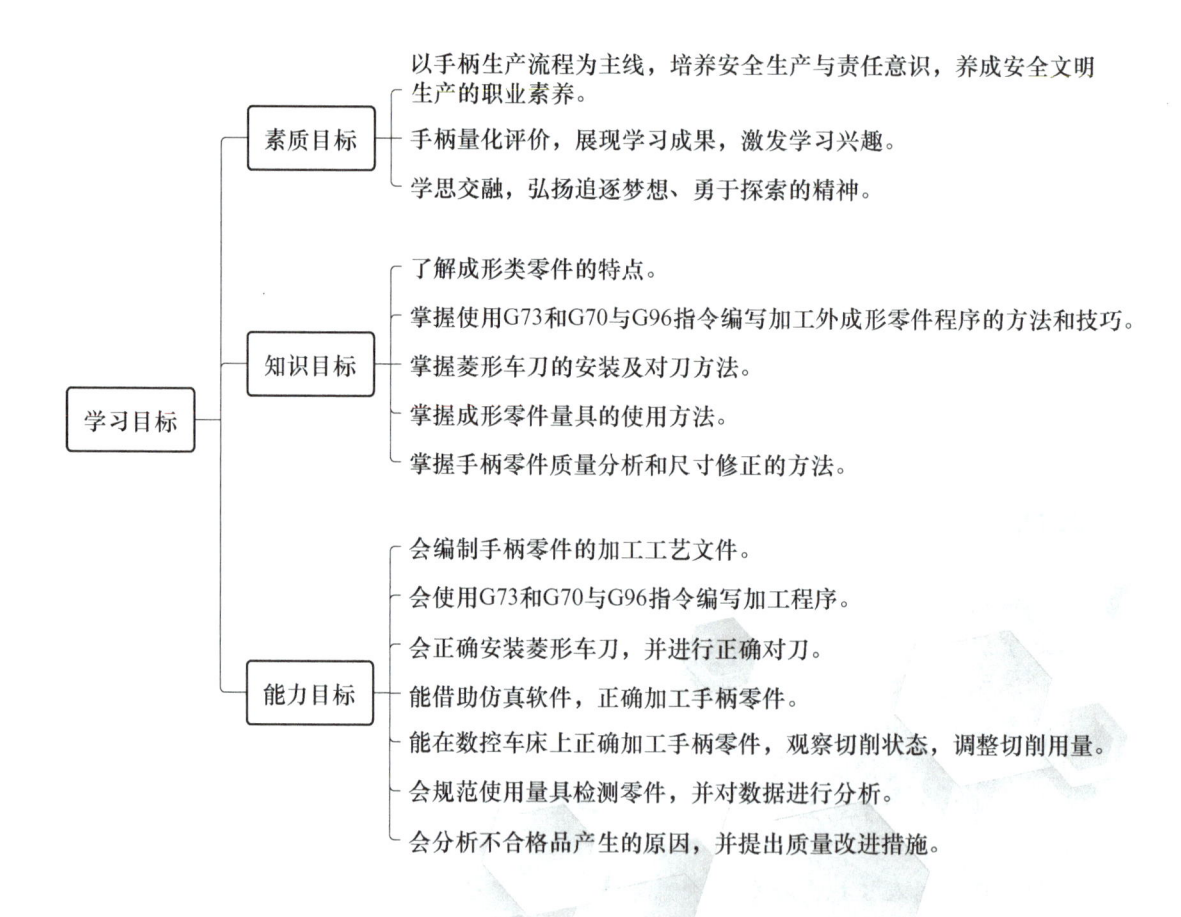

学习目标

- **素质目标**
  - 以手柄生产流程为主线，培养安全生产与责任意识，养成安全文明生产的职业素养。
  - 手柄量化评价，展现学习成果，激发学习兴趣。
  - 学思交融，弘扬追逐梦想、勇于探索的精神。

- **知识目标**
  - 了解成形类零件的特点。
  - 掌握使用G73和G70与G96指令编写加工外成形零件程序的方法和技巧。
  - 掌握菱形车刀的安装及对刀方法。
  - 掌握成形零件量具的使用方法。
  - 掌握手柄零件质量分析和尺寸修正的方法。

- **能力目标**
  - 会编制手柄零件的加工工艺文件。
  - 会使用G73和G70与G96指令编写加工程序。
  - 会正确安装菱形车刀，并进行正确对刀。
  - 能借助仿真软件，正确加工手柄零件。
  - 能在数控车床上正确加工手柄零件，观察切削状态，调整切削用量。
  - 会规范使用量具检测零件，并对数据进行分析。
  - 会分析不合格品产生的原因，并提出质量改进措施。

领取生产任务

机械制造厂数车生产班组接到一个手柄零件的生产订单，如图 5-1 所示。来料毛坯为 $\phi 45mm \times 500mm$ 的 2A11 铝棒，加工数量为 10 件，工期为 1 天。

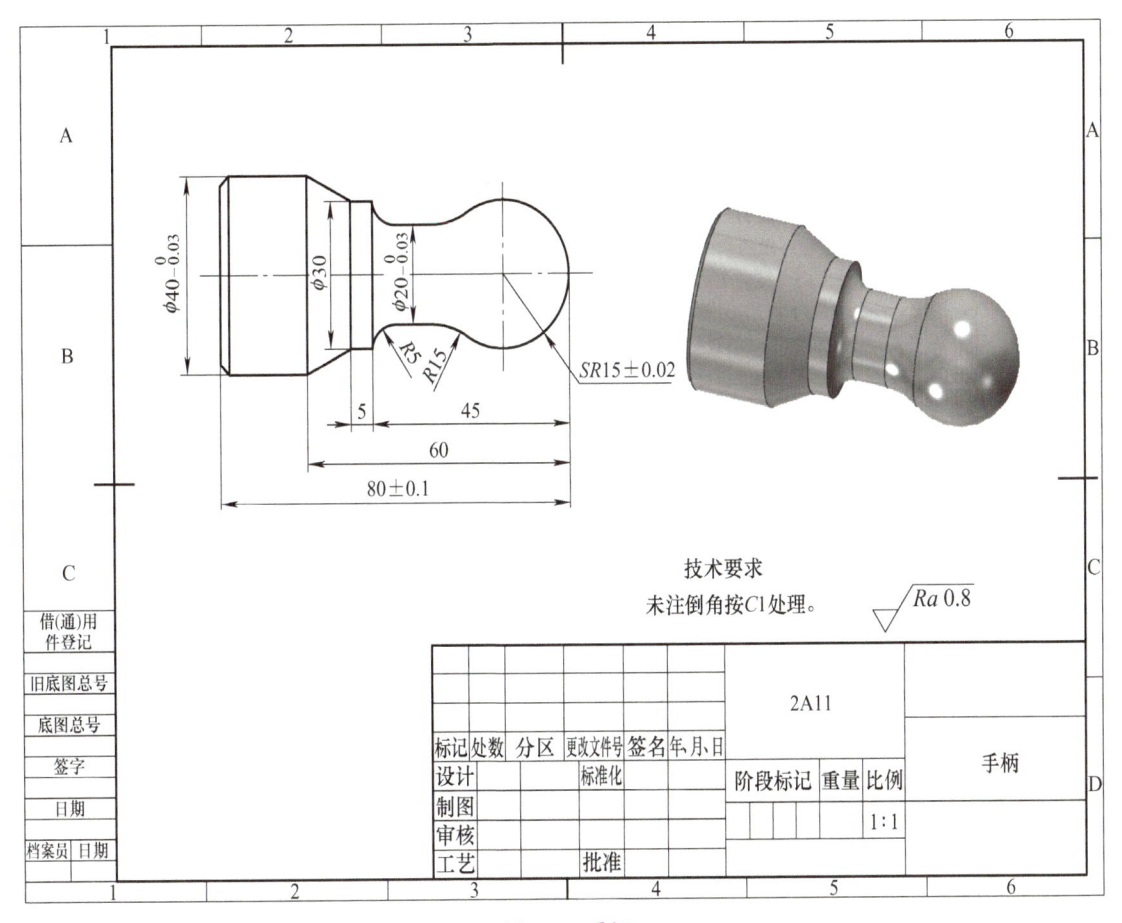

图 5-1　手柄

任务 5.1　知识准备

手柄零件外形特征鲜明，是现代制造与日常生活中常见的零件之一，是由曲面（圆弧曲面和仿形曲面）和连接杆组成的成形零件。

仿形（封闭）切削循环指令 G73 用于需要多次进给才能完成的成形零件的粗加工。对零件轮廓的单调性没有要求，可以按零件轮廓的形状、按同一轨迹分层重复切削，每次平移一个距离，程序中只需给出粗加工循环的次数、精加工余量和精加工路线，系统自动计算出粗加工的切削深度，给出粗加工路线，从而完成零件的粗加工。G73 的指令格式、参数含义及使用说明见表 5-1。

表 5-1　G73 的指令格式、参数含义及使用说明

类别	内容
指令格式	G73　U（Δi）　W（Δk）　R（e）； G73　P（ns）　Q（nf）　U（Δu）　W（Δw）　F（f）　S（s）　T（t）；
参数含义	① Δi —X 轴方向的总退刀量或毛坯切除量（半径值），其值为模态值。经验公式：（毛坯直径 – 零件最小直径）/2； ② Δk —Z 轴方向的总退刀量或毛坯切除量，其值为模态值； ③ e —分割次数，等于粗车次数（总余量 / 切削深度），其值为模态值； ④ ns —精加工程序段的开始程序段的段号； ⑤ nf —精加工程序段的结束程序段的段号； ⑥ Δu —X 轴方向（径向）的精加工余量（直径值）； ⑦ Δw —Z 轴方向（轴向）的精加工余量； ⑧ F、S、T—粗加工时的进给速度、主轴转速和刀补设定
运动轨迹	精车路线：$A \to A_1 \to B \to A$ （图示）
注意事项	① ns ～ nf 程序段中的 F、S、T，在执行 G70 指令时有效。 ② 在 ns ～ nf 程序段中，不能调用子程序。 ③ 注意刀具几何角度的选择，防止主、副切削刃与工件表面产生干涉现象。 ④ 采用刀尖圆弧半径补偿进行加工。 ⑤ G73 指令用于内孔加工时，注意是否留有足够的退刀空间
适用场合	适用于铸、锻成形毛坯或已粗加工成形的工件

　　铸、锻成形毛坯或已粗加工成形的工件已经具备了简单的零件轮廓，使用 G73 指令可以提高效率。对于棒料毛坯，会有较多的空行程，因此可以先用 G71 或 G72 指令去除大部分余量。

任务 5.2　工作任务分析

5.2.1　分析零件图样

1）如图 5-1 所示，该零件属于成形轴，加工内容主要包括圆球、圆弧、外圆和圆锥，径向尺寸精度和表面质量要求较高，加工难度较大。

2）零件图上的重要尺寸直接标注，符合数控加工尺寸标注的特点。零件图样上注有公差的尺寸，编程时取其中间公差尺寸；未注公差的尺寸，编程时取其公称尺寸。

3）表面粗糙度以及技术要求的标注齐全、合理。

4）零件材料 2A11 是一种标准硬铝，具有中等强度，切削加工性能良好，该零件无热处理和硬度要求。安排工序时，一次装夹即可完成零件的加工。

5）圆球直径精度要求高，最好使用恒线速控制指令 G96。

5.2.2　制定工艺方案

1. 确定装夹方案

根据该零件的形状、尺寸、加工精度及生产批量要求，选择自定心卡盘夹持毛坯棒料，棒料伸出卡盘外 90～95mm，找正工件。

2. 确定加工顺序及走刀路线

（1）工序的划分　该零件数控加工工序可划分为：粗车、半精车外轮廓→精车外轮廓→切断三个工步。

（2）加工顺序及进给路线（走刀路线）的确定　该手柄零件的加工顺序按基面先行、先粗后精、先主后次、先近后远、刀具集中等原则确定，一次装夹即可完成零件的加工。外轮廓不符合单调增或单调减，且为小批量生产，设计走刀路线时可利用数控系统的复合循环功能，沿循环进给路线进行。

1）加工零件的外轮廓。用 G73 指令进行粗加工，用 G70 指令进行精加工。

2）切断，保总长。

3. 选择刀具

根据加工要求，选用两把机夹可转位车刀和配套的涂层硬质合金刀片，将刀具信息填入表 5-2 所示的手柄数控加工刀具卡中。采用试切法对刀，对外圆车刀的同时车出右端面，以此端面与主轴轴线的交点为原点建立工件坐标系。

表 5-2　手柄数控加工刀具卡

产品名称或代号			零件名称	手柄	零件图号	5-1
序号	刀具号	刀具名称及规格	数量	加工部位	刀尖半径 /mm	备注
1	T0101	35°菱形车刀	1	车端面，粗、精车外轮廓	0.2	
2	T0202	B=4mm 切槽刀	1	切断，保总长		左刀尖
编制		审核	批准	日期	共 1 页	第 1 页

4. 选择量具

根据加工要求选用检测手柄的量具，将信息填入表 5-3 所示的手柄数控加工量具清单中。

表 5-3 手柄数控加工量具清单

序号	用途	名称	简图	规格	分度值 /mm	数量
1	测量长度方向尺寸	游标卡尺		0～125mm	0.02	1
2	测量外圆直径尺寸	外径千分尺		0～25mm	0.01	1
3				25～50mm	0.01	1
4	测量圆弧半径	R 规		R1～6.5mm		1
				R15～25mm		1
5	测量倒角	倒角游标卡尺		0～6mm/45°	0.02	1
6	测量表面粗糙度	表面粗糙度检测仪		$Ra0.8\mu m$		1
7	工件装夹时找正及测量几何公差	百分表		0～3mm	0.01	1
8		万向磁力表座				1

5. 切削用量的选择

确定合适的切削用量，将数据填入表 5-4 所示的手柄数控加工工序卡中。

6. 数控加工工序卡的拟定

将前面分析的各项内容填入表 5-4 所示的手柄数控加工工序卡中。

表 5-4 手柄数控加工工序卡

数控加工工序卡	产品型号		零（部）件图号		5-1		部门		第 1 页
	产品名称		零（部）件名称		手柄		共 1 页		

工序号	工序名称	材料牌号
10	数控加工	2A11

毛坯种类	规格尺寸	每毛坯可制件数	每台件数
棒料	φ45mm×500mm	5	1

设备	名称/编号	夹具	名称/编号	同时加工件数
		自定心卡盘		

辅具	名称/编号	量具	名称/编号	工时/min	单件	准备

简图及技术要求：

技术要求
1. 未注倒角按C1处理。

$\sqrt{Ra\ 0.8}$

$SR15\pm 0.02$
$R15$
$\phi 20^{\ 0}_{-0.03}$
45
60
5
80 ± 0.1
$\phi 30$
$\phi 40^{\ 0}_{-0.03}$

工步号	工步内容	刀具号	刀具名称及规格	切削速度 v_c/(m/min)	主轴转速 n/(r/min)	进给量 f/(mm/r)	背吃刀量 a_p/mm
1	手动车右端面	T0101	35°菱形车刀				
2	粗车外轮廓	T0101	35°菱形车刀	200	500	0.15	0.5
3	精车外轮廓	T0101	35°菱形车刀	260		0.08	1.0
4	切断，保总长	T0202	B=4mm切槽刀		400	0.1/0.05	0.1

更改文件号	签字	日期		设计（日期）	校对、标准化（日期）	会签（日期）	会签（日期）	会审（日期）	定额（日期）	审核（日期）	批准（日期）

任务 5.3　编写零件加工程序

5.3.1　数值计算

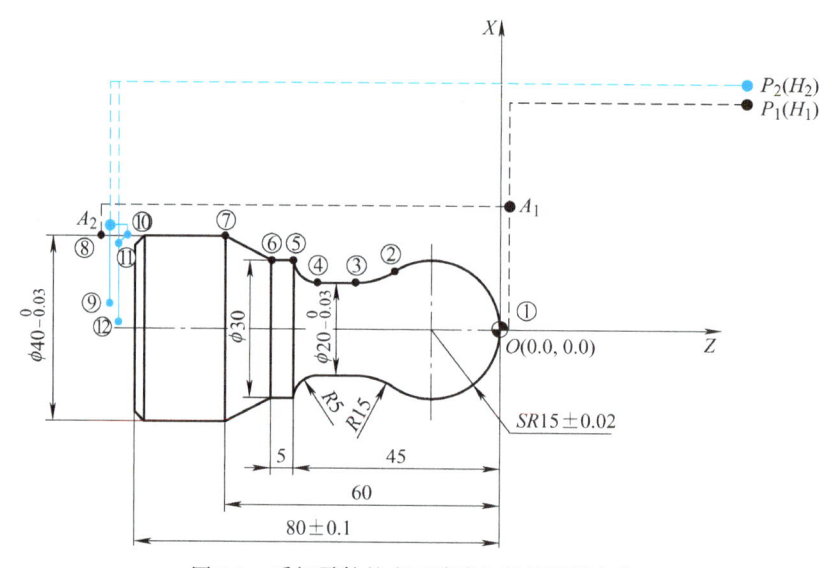

手柄零件的走刀路线与数值计算点位如图 5-2 所示。外轮廓走刀路线为：$P_1 \to A_1 \to ① \to ② \to ③ \to ④ \to ⑤ \to ⑥ \to ⑦ \to ⑧ \to A_1 \to H_1$，坐标见表 5-5；倒角、切断走刀路线为：$P_2 \to A_2 \to ⑨ \to ⑩ \to ⑪ \to ⑫ \to H_2$，坐标见表 5-6。

图 5-2　手柄零件的走刀路线与数值计算点位

表 5-5　手柄外轮廓坐标

	编程原点 O	对刀点 O	安全点 P_1	换刀点 H_1	循环起点 A_1	
X 坐标值	0.0	0.0	100.0	100.0	47.0	
Z 坐标值	0.0	0.0	100.0	100.0	2.0	
	①	②	③	④	⑤	⑥
X 坐标值	0.0	25.0	19.985	19.985	30.0	30.0
Z 坐标值	0.0	−23.292	−31.583	−40.0	−45.0	−50.0
	⑦	⑧				
X 坐标值	39.985	39.985				
Z 坐标值	−60.0	−86.0				

表 5-6　手柄倒角、切断坐标

	编程原点 O	对刀点 O	安全点 P_2	换刀点 H_2	循环起点 A_2
X 坐标值	0.0	0.0	100.0	100.0	42.0
Z 坐标值	0.0	0.0	100.0	100.0	−84.1
	⑨	⑩	⑪	⑫	
X 坐标值	10.0	40.0	38.0	2.0	
Z 坐标值	−84.1	−83.0	−84.0	−84.0	

5.3.2　编写加工程序

手柄数控加工的参考程序 O0501 见表 5-7。

表 5-7　手柄数控加工参考程序

程序段号	程序	程序说明
	O0501;	程序号
	G21 G40 G99;	程序初始化
	G50 S2000;	限制最高转速为每分钟 2000 转
	G96 S200;	切削点线速度控制在每分钟 200 米
	T0101 M03 S500;	换 1 号刀调用 1 号刀补，主轴以每分钟 500 转正转，粗加工外轮廓
	G00 X100.0 Z100.0;	快速移动到 1 号刀的安全点 P_1
	M08;	切削液开
	G00 Z2.0;	快速移动到循环起点 A_1 的 Z 坐标
	X47.0;	快速移动到循环起点 A_1 的 X 坐标
	G73 U21.0 W0.0 R14;	仿形（封闭）切削循环指令 G73
	G73 P100 Q200 U0.2 W0.0 F0.15;	
N100	G00 G42 X0.0;	精加工程序开始段。加刀尖圆弧半径右补偿快速移动到 SR15 圆弧起点①的 X 坐标
	G01 Z0.0;	直线插补到 SR15 圆弧起点①的 Z 坐标
	G03 X25.0 Z−23.292 R15.0;	逆时针圆弧插补到 SR15 圆弧的终点②
	G02 X19.985 Z−31.583 R15.0;	顺时针圆弧插补到③点
	G01 Z−40.0;	直线插补到④点
	G02 X30.0 Z−45.0 R5.0;	顺时针圆弧插补到⑤点
	G01 Z−50.0;	直线插补到⑥点
	X39.985 Z−60.0;	直线插补到⑦点
	Z−86.0;	直线插补到⑧点

（续）

程序段号	程序	程序说明
N200	G01 G40 X47.0；	退刀到循环起点 A_1 的 X 坐标，取消刀尖圆弧半径右补偿
	G00 X47.0 Z2.0；	快速移动到精加工循环起点 A_1 点
	G96 S260；	切削点线速度控制在每分钟 260 米
	G70 P100 Q200 F0.08；	精加工外轮廓
	G00 X100.0；	快速返回到换刀点 H_1 点的 X 坐标
	Z100.0；	快速返回到换刀点 H_1 点的 Z 坐标
	T0202；	换 2 号刀调用 2 号刀补
	G97 M03 S400；	取消恒线速，建立恒转速，主轴以每分钟 400 转正转，倒角、切断
	G00 X100.0 Z100.0；	快速移动到 2 号刀的安全点 P_2
	G00 Z-84.1；	快速移动到切断循环起点 A_2 的 Z 坐标
	X42.0；	快速移动到切断循环起点 A_2 的 X 坐标
	G94 X10.0 F0.1；	端面切削单一固定循环指令 G94 切槽至⑨点
	G01 W1.1；	直线插补到倒角起点⑩的 Z 坐标
	X40.0 F0.1；	直线插补到倒角起点⑩的 X 坐标
	X38.0 W-1.0 F0.05；	直线插补到倒角终点⑪点
	X2.0；	直线插补到切断终点⑫点
	G01 X42.0 F0.2；	退刀到距离外圆 X 坐标 2mm 处
	G00 X100.0；	快速返回到换刀点 H_2 点的 X 坐标
	Z100.0；	快速返回到换刀点 H_2 点的 Z 坐标
	M05 M09；	主轴停止，切削液关
	M30；	程序结束

任务 5.4　手柄的仿真实战

在沈阳机床厂-1 生产的 FANUC 0i Mate 系统数控车床上，手柄仿真实战模拟结果如图 5-3 所示。

5-1 手柄仿真实战

项目5 手柄的编程与加工

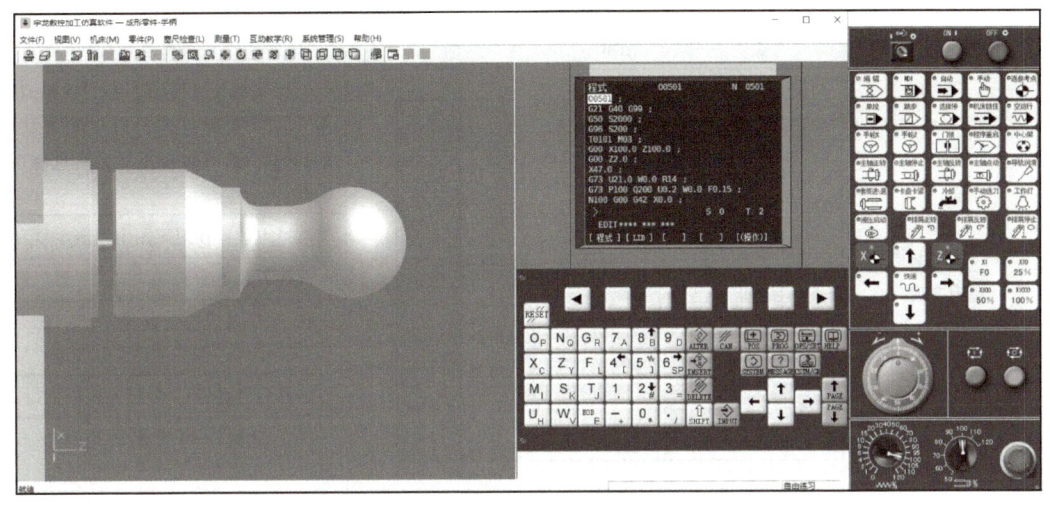

图 5-3 手柄的仿真实战模拟结果

5.4.1 加工准备

1. 机床的准备

机床的准备包括选择机床、激活机床、返参考点（回零）操作、设置显示方式和保存项目。

2. 设置与装夹工件

设置与装夹工件包括定义毛坯、装夹工件和调整工件位置。其中定义毛坯的操作步骤及说明见表 5-8。

表 5-8 定义毛坯

步骤	图示	操作说明
定义毛坯		选择菜单栏"零件"→"定义毛坯"命令，或在工具栏单击"定义毛坯"图标，系统弹出"定义毛坯"对话框
		输入名字"手柄"，选择材料"铝"，选择形状"圆柱形"，输入参数"直径45mm，长度150mm"
		单击"确定"按钮，保存定义的毛坯，并退出操作
		单击"取消"按钮，不保存定义的毛坯，并退出操作

3. 选择和安装刀具

根据工艺要求，选择程序指定刀具，并将其安装在刀架上。选择安装 T01 35°菱形车刀和 T02 外圆切槽刀，操作步骤及说明见表 5-9。

表 5-9　选择和安装刀具

步骤		图示	操作说明
1	选择安装菱形车刀		选择菜单栏"机床"→"选择刀具"命令，或在工具栏单击"选择刀具"图标，系统将弹出"刀具选择"对话框
			选择刀位：在刀架图中单击 1 号刀位
			选择刀片类型："标准""V 型"刀片
			在"刀片"列表框中选择刃长"11.00mm"，刀尖半径"0.20mm"
			选择刀柄类型："外圆左向横柄"
			在"刀柄"列表框中选择主偏角"93.0°"
2	选择安装外圆切槽刀		选择刀位：在刀架图中单击 2 号刀位
			选择刀片类型："定制""方头切槽"刀片
			在"刀片"列表框中选择宽度"4.00mm"，刀尖半径"0.20mm"
			选择刀柄类型："外圆切槽柄"
			在"刀柄"列表框中选择切槽深度"24.0mm"
			刀具全部选择完成后，单击"确定"按钮，T01 和 T02 安装到刀架上

5.4.2　程序的输入与校验

1. 导入程序

将事先写入记事本并保存为文本格式的 O0501 号程序导入系统。

2. 程序校验

利用机床空运行和图形模拟功能进行程序校验，操作步骤及说明见表 5-10。

表 5-10　程序校验

步骤		图示	操作说明
1	选择运行模式		确认程序"O0501"的光标置于程序开始处
			单击<机床锁住>键和<空运行>键
			选择<自动>模式，指示灯亮，系统进入自动运行模式

（续）

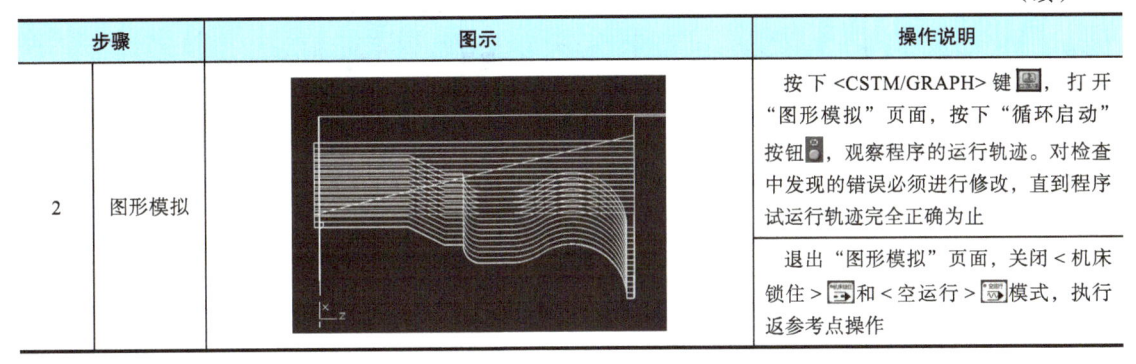

步骤	图示	操作说明
2	图形模拟	按下 <CSTM/GRAPH> 键，打开"图形模拟"页面，按下"循环启动"按钮，观察程序的运行轨迹。对检查中发现的错误必须进行修改，直到程序试运行轨迹完全正确为止
		退出"图形模拟"页面，关闭<机床锁住>和<空运行>模式，执行返回参考点操作

5.4.3 对刀设置

采用试切法对刀，将 T01 35°菱形车刀和 T02 外圆切槽刀的对刀数据输入到刀具补偿页面，并分别进行对刀验证，检验对刀是否正确。其中，35°菱形车刀的对刀操作步骤参考外圆车刀的对刀操作步骤。

5-2 35°菱形车刀的对刀操作

5.4.4 首件试切

程序试运行轨迹完全正确后，可进行首件试切，模拟加工结果如图 5-3 所示。

5.4.5 零件的检测与质量分析

1. 零件的检测

选择菜单"测量"→"剖面图测量"命令，在弹出的如图 5-4 所示的"车床工件测量"对话框中分别单击 1 号刀和 2 号刀的加工表面，在下半部分的标号中，该线段会突出显示，可读取线段数据，记下对应的 X、Z 值，并填写表 5-11 手柄零件质量检验单。与图样尺寸进行对比，若在公差范围内，则判定该零件为合格产品；如有超差，应分析产生原因，检查编程、对刀、补偿值设定等工作环节，有针对性地进行修改和调整，再次进行试切，直到产品合格为止。

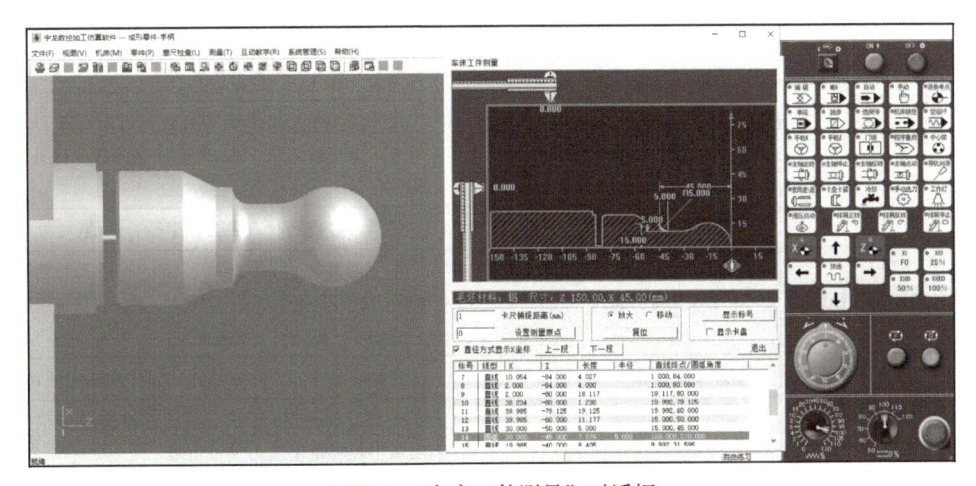

图 5-4 "车床工件测量"对话框

表 5-11 手柄零件质量检验单

序号	项目	内容	量具	检测结果	结论 合格	结论 不合格
1	长度	5mm	0～125mm 游标卡尺			
2		45mm				
3		60mm				
4		80±0.1mm				
5	外圆	$\phi 20_{-0.03}^{0}$ mm	0～25mm 外径千分尺			
6		2×(SR15±0.02)mm	25～50mm 外径千分尺			
7		ϕ30mm				
8		$\phi 40_{-0.03}^{0}$ mm				
9	圆弧	R5mm	R1～6.5mm R 规			
10		R15mm	R15～25mm R 规			
11		SR15±0.02mm				
12	未注倒角	C1	45°倒角游标卡尺			
13	外轮廓表面粗糙度	Ra0.8μm	表面粗糙度检测仪			
手柄 检测结论			合格 □		不合格 □	

2. 质量分析

根据零件的加工过程和检测情况，分析不合格品产生的原因，并提出质量改进措施，优化程序。产生不合格项目的原因及质量改进措施见表 5-12。

表 5-12 手柄零件质量改进措施单

序号	不合格项目	产生原因	改进措施
1	外圆直径尺寸超差	对刀不准确引起尺寸超差	在"刀具补正/磨耗"页面，与菱形车刀对应的番号 01 "X" 处，若尺寸偏大，输入"－超差值"；若尺寸偏小，输入"＋超差值"
		刀具补偿参数不准确	在"刀具补正/形状"页面，与菱形车刀对应的番号 01 "R" 或 "T" 处，修改刀尖圆弧半径补偿值或刀尖方位号
		车刀刀尖磨损	更换刀片或修改刀尖圆弧半径补偿值
2	总长尺寸超差	对刀不准确引起尺寸超差	在"刀具补正/磨耗"页面，与外圆切槽刀对应的番号 02 "Z" 处，若尺寸偏大，输入"＋超差值"；若尺寸偏小，输入"－超差值"
3	圆弧尺寸超差	车刀刀尖磨损	更换菱形车刀刀片或修改其刀尖圆弧半径补偿值
		刀具补偿参数不准确	在"刀具补正/形状"页面，修改菱形车刀的刀尖圆弧半径补偿值或刀尖方位号

(续)

序号	不合格项目	产生原因	改进措施
4	表面粗糙度差	切削用量不合理	优化切削用量。提高相关刀具精加工的切削速度、减小进给量
		车刀刀尖磨损	及时更换刀片
		产生积屑瘤	避开产生积屑瘤的切削速度
		刀柄刚性差产生振动	选用刚性好的刀具
		刀具安装不正确	检查安装情况,重新正确安装该刀具

任务 5.5　手柄的生产加工

在 FANUC 0i Mate 系统数控车床上完成手柄零件的生产加工。

5.5.1　加工准备

1. 零件生产前的准备工作

1）领取零件毛坯。领取毛坯,检验毛坯是否符合尺寸要求,是否留有足够的加工余量。

2）领取刀具和量具。携带表 5-2 "手柄数控加工刀具卡"和表 5-3 "手柄数控加工量具清单"去工具室领取所需刀具和量具。

3）熟悉数控车床安全操作与文明生产的内容。

2. 开机操作

（1）电源接通前检查　依据附录 F《设备点检卡（数控车）》检查机床有无异常情况,检查完毕执行开机操作。

（2）接通电源　按机床通电顺序通电。

（3）通电后检查　检查"位置显示"页面屏幕是否显示。如有错误,依据提示正确处理,解除报警。

3. 返参考点操作

1）X 轴返参考点操作。

2）Z 轴返参考点操作。

3）移动刀架至换刀安全位置。

4. 装夹工件

手持毛坯将一端水平装入自定心卡盘,毛坯伸出卡盘外 90～95mm,右手拿工件稍做转动,左手配合右手旋紧卡盘扳手,将工件夹紧,并找正工件。

5. 装夹刀具

（1）检查刀具　选择程序指定的刀具，检查所用刀具螺钉是否夹紧，刀片是否完好。

（2）安装刀具　正确、可靠地装夹刀具。将 T01 35°菱形车刀安装在 1 号刀位，T02 外圆切槽刀安装在 2 号刀位，安装刀具时应注意"伸出长度、刀尖高度和工作角度"。

5.5.2　程序的输入与校验

1. 程序的输入

采用手动输入方式，应用 MDI 键盘将程序 O0501 输入到机床中。

2. 程序的校验

为防止因数据输入错误等原因造成的不良后果，利用机床空运行和图形模拟功能进行程序校验，观察加工时刀具轨迹的变化。

5.5.3　对刀设置

采用试切法对刀，将 T01 35°菱形车刀和 T02 外圆切槽刀的对刀数据输入到刀具补偿页面，并分别进行对刀验证，检验对刀是否正确。其中，35°菱形车刀的对刀操作步骤参考外圆车刀的对刀操作步骤。

5.5.4　首件试切

程序试运行轨迹完全正确后，调整"进给倍率"旋钮和"主轴倍率"旋钮至 50%，调整"快速倍率"至 25%，采用单段方式进行首件试切，加工中注意观察切削情况，逐步将进给倍率和主轴倍率调至最佳状态。

5.5.5　零件的检测与质量分析

1. 零件的检测

根据零件图样要求，自检零件各部分尺寸，并填写表 5-11 手柄零件质量检验单。与图样尺寸进行对比，若在公差范围内，则判定该零件为合格产品；如有超差，应分析产生原因，检查编程、对刀、补偿值设定等工作环节，有针对性地进行修改和调整，再次进行试切，直到产品合格为止。

2. 质量分析

根据零件的加工过程和检测情况，分析不合格品产生的原因，并提出质量改进措施，优化程序，产生不合格项目的原因及质量改进措施见表 5-12。

5.5.6　生产订单

1. 批量生产

首件合格，进入批量生产，每件产品自检合格方可下机。

2. 完工检验

加工结束后送检，完工检验合格，盖章入库。

3. 交付订单

4. 关机

日常保养、关机、整理好现场，做好交接班记录。

工作任务评价

将任务完成情况的检测与评价填入附录 G（XX 零件）工作任务评价表。

技能巩固

想一想：手柄的其他加工工艺方案。
查一查：加工内外成形零件的加工工艺方案。
试一试：编写内外成形零件的加工工艺方案。
练一练：机械制造厂数车生产班组接到一个葫芦零件的生产订单，如图 5-5 所示。来料毛坯为 $\phi40mm \times 500mm$ 的 2A11 铝棒，加工数量为 5 件，工期为 1 天。

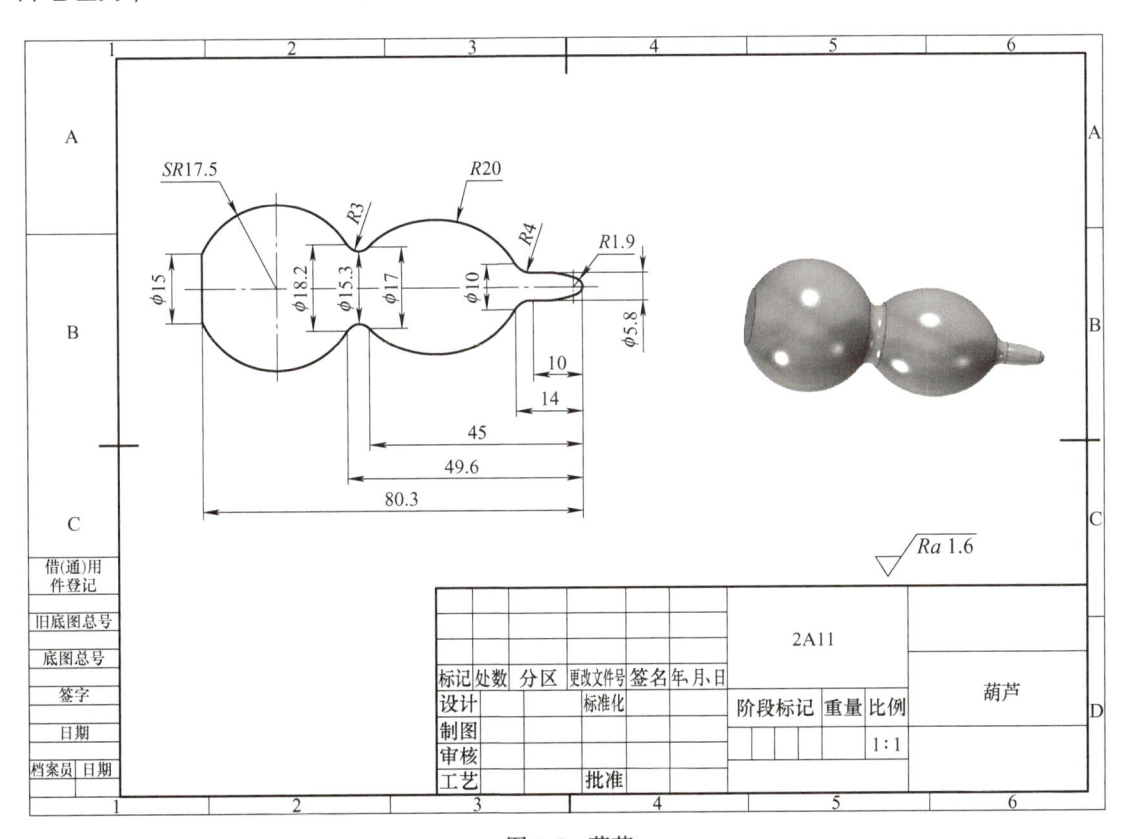

图 5-5　葫芦

共话空间——逐梦

当橘红色的火箭尾焰划破茫茫夜空
神舟载人飞船
犹如白色巨龙一飞冲天
这一飞
标注下崭新的飞天高度
也是
携着梦想再出发的新起点
奔赴星辰大海
书写中国梦,航天梦,有你有我

讨论:"神舟"的由来?

项目 6　酒杯的编程与加工

思维导学

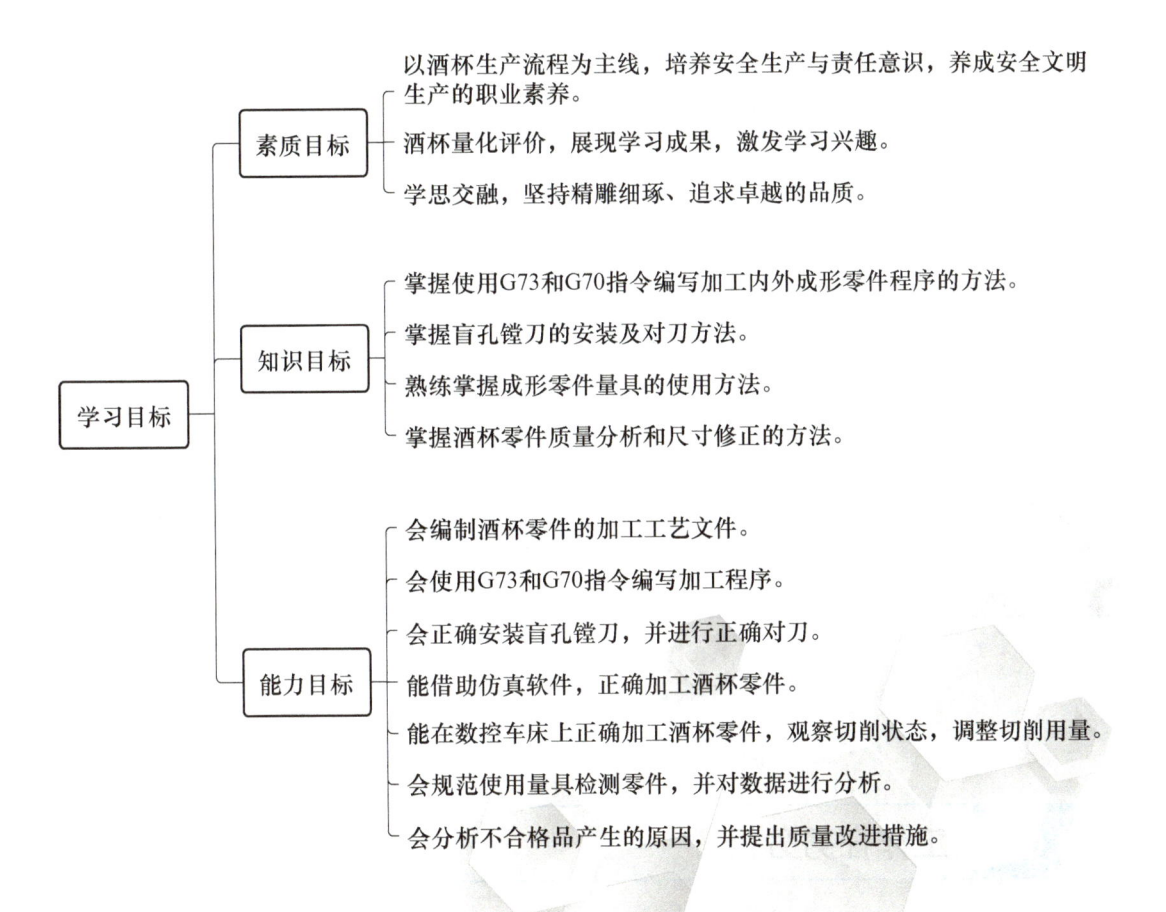

学习目标

- **素质目标**
  - 以酒杯生产流程为主线，培养安全生产与责任意识，养成安全文明生产的职业素养。
  - 酒杯量化评价，展现学习成果，激发学习兴趣。
  - 学思交融，坚持精雕细琢、追求卓越的品质。

- **知识目标**
  - 掌握使用G73和G70指令编写加工内外成形零件程序的方法。
  - 掌握盲孔镗刀的安装及对刀方法。
  - 熟练掌握成形零件量具的使用方法。
  - 掌握酒杯零件质量分析和尺寸修正的方法。

- **能力目标**
  - 会编制酒杯零件的加工工艺文件。
  - 会使用G73和G70指令编写加工程序。
  - 会正确安装盲孔镗刀，并进行正确对刀。
  - 能借助仿真软件，正确加工酒杯零件。
  - 能在数控车床上正确加工酒杯零件，观察切削状态，调整切削用量。
  - 会规范使用量具检测零件，并对数据进行分析。
  - 会分析不合格品产生的原因，并提出质量改进措施。

领取生产任务

机械制造厂数车生产班组接到一个酒杯零件的生产订单，如图 6-1 所示，来料毛坯外径为 $\phi35mm$、内孔为 $\phi16mm$、孔深 21.5mm（手工钻孔）、长为 600mm 的 2A11 铝棒，加工数量为 20 件，工期为 1 天。

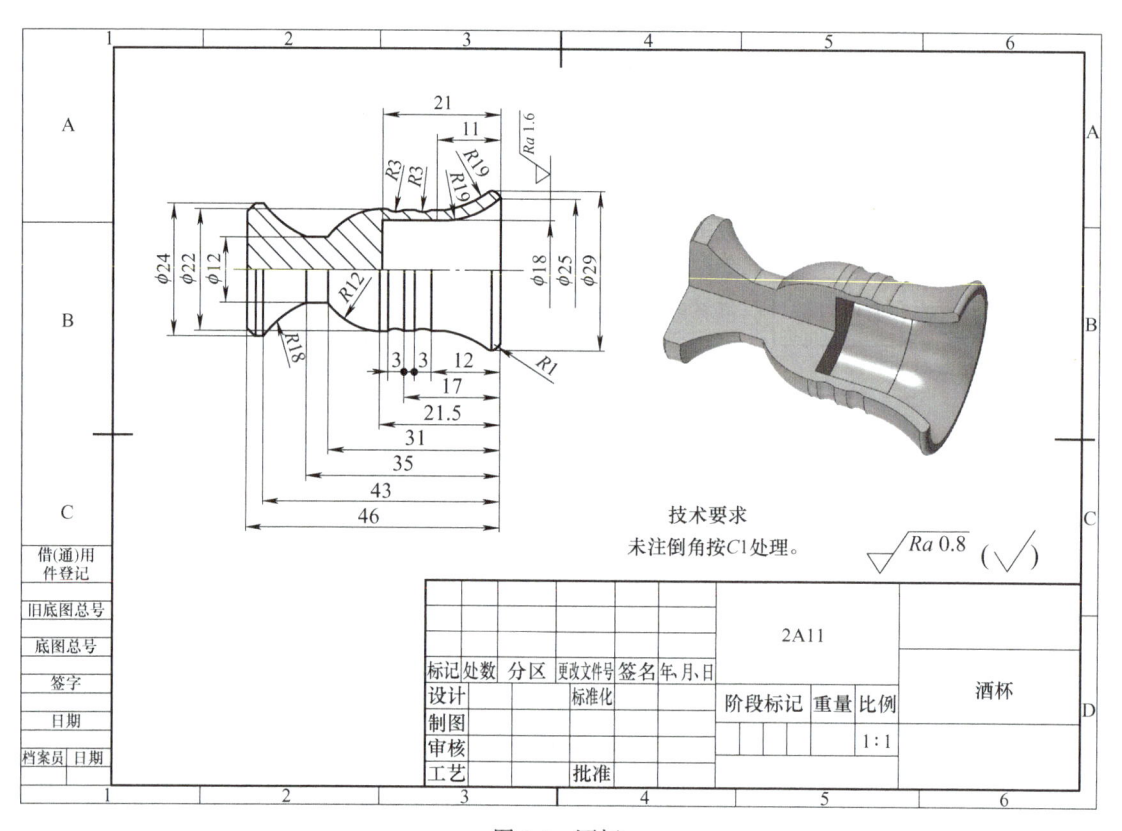

图 6-1 酒杯

任务 6.1　工作任务分析

6.1.1　分析零件图样

1）如图 6-1 所示，该零件属于成形轴套，加工内容不仅包括外轮廓，还有内轮廓，主要有倒角、圆弧、外圆和内孔，形状复杂，且孔为平底盲孔，形状复杂，加工难度较大。

2）零件图上的重要尺寸直接标注，符合数控加工尺寸标注的特点。零件图样上均为未注公差尺寸，编程时取其公称尺寸。

3）表面粗糙度以及技术要求的标注齐全、合理。

4）零件材料 2A11 是一种标准硬铝，具有中等强度，切削加工性能良好，该零件无热处理和硬度要求。安排工序时，一次装夹即可完成零件的加工。

6.1.2 制定工艺方案

1. 确定装夹方案

根据该零件的形状、尺寸、加工精度及生产批量要求，选择自定心卡盘夹持毛坯棒料，伸出卡盘外 56～60mm，找正工件。

2. 确定加工顺序及进给路线

（1）工序的划分 该零件数控加工工序可划分为：手动钻孔→粗车、半精车外轮廓→精车外轮廓→粗镗、半精镗内轮廓→精镗内轮廓→切断六个工步。

（2）加工顺序及进给路线（走刀路线）的确定 该酒杯零件按基面先行、先粗后精、先主后次、先面后孔、先近后远、内外交叉、刀具集中等原则确定，一次装夹即可完成零件的加工。外轮廓为成形面，内轮廓形状相对比较简单，符合单调减，且为小批量生产，设计走刀路线时可利用数控系统的复合循环功能，沿循环进给路线进行。

1）加工零件的外轮廓。用 G73 指令进行粗加工，用 G70 指令进行精加工。
2）加工零件的内轮廓。用 G71 指令进行粗加工，用 G70 指令进行精加工。
3）切断，保总长。

3. 选择刀具

根据加工要求，选用一把 ϕ16mm 的麻花钻、三把机夹可转位车刀和配套的涂层硬质合金刀片，将刀具信息填入表 6-1 所示的酒杯数控加工刀具卡中。采用试切法对刀，对外圆车刀的同时车出右端面，以此端面与主轴轴线的交点为原点建立工件坐标系。

表 6-1 酒杯数控加工刀具卡

产品名称或代号			零件名称		酒杯	零件图号	6-1
序号	刀具号	刀具名称及规格	数量		加工部位	刀尖半径/mm	备注
1	T0101	35°菱形车刀	1		车端面，粗、精车外轮廓	0.2	
2	T0202	内孔镗刀（ϕ12mm）	1		粗、精镗内轮廓	0.2	
3	T0303	B=4mm 切槽刀	1		切断，保总长		左刀尖
4		ϕ16mm 麻花钻	1		钻 ϕ18mm 孔的底孔		
编制		审核	批准		日期	共 1 页	第 1 页

4. 选择量具

根据加工要求选用检测酒杯的量具，将信息填入表 6-2 所示的酒杯数控加工量具清单中。

表 6-2　酒杯数控加工量具清单

序号	用途	名称	简图	规格	分度值 /mm	数量
1	测量长度方向尺寸	游标卡尺		0～125mm	0.02	1
2	测量外圆直径尺寸	外径千分尺		25～50mm	0.01	1
3	测量外圆直径尺寸 调试内径量表	外径千分尺		0～25mm	0.01	1
4	测量内孔直径尺寸	内径量表		ϕ18mm	0.01	1
5	测量孔深	深度游标卡尺		0～150mm	0.02	1
6	测量圆弧半径	R规		R1～6.5mm		1
				R7～14.5mm		1
				R15～25mm		1
7	测量槽部直径尺寸	卡规（卡板）		12mm	通端 止端	1
8	测量倒角	倒角游标卡尺		0～6mm/45°	0.02	1
9	测量表面粗糙度	表面粗糙度检测仪		Ra0.8μm		1
				Ra1.6μm		1
10	工件装夹时找正或测量几何公差	百分表		0～3mm	0.01	1
11		万向磁力表座				1

5. 切削用量的选择

确定合适的切削用量，将数据填入表 6-3 所示的酒杯数控加工工序卡中。

6. 数控加工工序卡的拟定

将前面分析的各项内容填入表 6-3 所示的酒杯数控加工工序卡中。

表6-3 酒杯数控加工工序卡

数控加工工序卡	产品型号		零（部）件图号	6-1		部门	
	产品名称		零（部）件名称	酒杯		共1页	第1页

工序号	工序名称		材料牌号	
10	数控加工		2A11	

毛坯种类	规格尺寸	每毛坯可制件数	每台件数
棒料	φ35mm×600mm	10	1

设备 名称/编号	夹具 名称/编号	同时加工件数
	自定心卡盘	1

辅具 名称/编号	量具 名称/编号	工时/min
		单件 准备

简图及技术要求：

技术要求
未注倒角按C1处理。
$Ra\ 0.8$ (√)

工步号	工步内容	刀具号	刀具名称及规格	主轴转速 n/(r/min)	切削速度 v_c/(m/min)	进给量 f/(mm/r)	背吃刀量 a_p/mm
1	手动车右端面	T0101	35°菱形车刀	500			
2	粗车外轮廓	T0101	35°菱形车刀	500		0.15	0.5
3	精车外轮廓	T0101	35°菱形车刀	1200		0.08	1.0
4	粗镗内轮廓	T0202	内孔镗刀（φ12mm）	400		0.10	0.1
5	精镗内轮廓	T0202	内孔镗刀（φ12mm）	800		0.05	1.0
6	切断，保总长	T0303	B=4mm切槽刀	400		0.1/0.05	0.1

	设计（日期）	校对、标准化（日期）	会签（日期）	定额（日期）
			会签（日期）	审核（日期）
			会签（日期）	批准（日期）

更改文件号			签字	日期			

任务 6.2 编写零件加工程序

6.2.1 数值计算

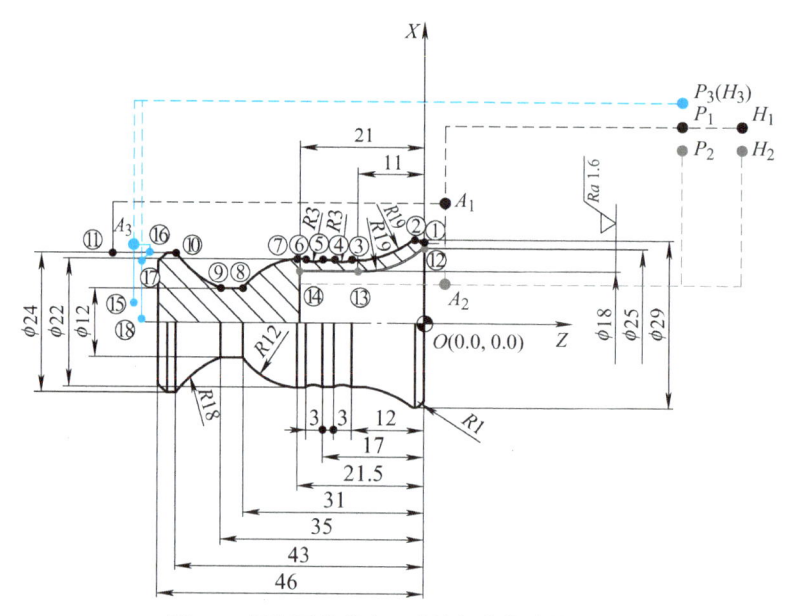

酒杯零件的走刀路线与数值计算点位如图 6-2 所示。外轮廓走刀路线为：$P_1 \to A_1 \to ① \to ② \to ③ \to ④ \to ⑤ \to ⑥ \to ⑦ \to ⑧ \to ⑨ \to ⑩ \to ⑪ \to A_1 \to H_1$，坐标见表 6-4；内轮廓走刀路线为：$P_2 \to A_2 \to ⑫ \to ⑬ \to ⑭ \to A_2 \to H_2$，坐标见表 6-5；倒角、切断走刀路线为：$P_3 \to A_3 \to ⑮ \to ⑯ \to ⑰ \to ⑱ \to H_3$，坐标见表 6-6。

图 6-2 酒杯零件的走刀路线与数值计算点位

表 6-4 酒杯外轮廓坐标

	编程原点 O	对刀点 O	安全点 P_1	换刀点 H_1	循环起点 A_1	
X 坐标值	0.0	0.0	100.0	100.0	37.0	
Z 坐标值	0.0	0.0	100.0	150.0	2.0	
	①	②	③	④	⑤	⑥
X 坐标值	27.0	29.0	22.0	22.0	22.0	22.0
Z 坐标值	0.0	−1.0	−12.0	−15.0	−17.0	−20.0
	⑦	⑧	⑨	⑩	⑪	
X 坐标值	22.0	12.0	12.0	24.0	24.0	
Z 坐标值	−21.5	−31.0	−35.0	−43.0	−52.0	

表 6-5 酒杯内轮廓坐标

	编程原点 O	对刀点 O	安全点 P_2	换刀点 H_2	循环起点 A_2
X 坐标值	0.0	0.0	100.0	100.0	14.0
Z 坐标值	0.0	0.0	100.0	150.0	2.0

	⑫	⑬	⑭		
X 坐标值	25.0	18.0	18.0		
Z 坐标值	0.0	−11.0	−21.0		

表 6-6 酒杯倒角、切断坐标

	编程原点 O	对刀点 O	安全点 P_3	换刀点 H_3	循环起点 A_3
X 坐标值	0.0	0.0	100.0	100.0	26.0
Z 坐标值	0.0	0.0	100.0	100.0	−50.1

	⑮	⑯	⑰	⑱	
X 坐标值	10.0	24.0	22.0	2.0	
Z 坐标值	−50.1	−49.0	−50.0	−50.0	

6.2.2 编写加工程序

酒杯数控加工参考程序 O0601 见表 6-7。

表 6-7 酒杯数控加工参考程序

程序段号	程序	程序说明
	O0601;	程序号
	G21 G40 G97 G99;	程序初始化
	T0101 M03 S500;	换1号刀调用1号刀补，主轴以每分钟500转正转，粗加工外轮廓
	G00 X100.0 Z100.0;	快速移动到1号刀的安全点 P_1
	M08;	切削液开
	G00 Z2.0;	快速移动到循环起点 A_1 的 Z 坐标
	X37.0;	快速移动到循环起点 A_1 的 X 坐标
	G73 U10.0 W0.0 R10;	仿形（封闭）切削循环指令 G73
	G73 P100 Q200 U0.2 W0.0 F0.15;	
N100	G00 G42 X27.0;	精加工程序开始段。加刀尖圆弧半径右补偿，快速移动到 R1 圆弧起点①的 X 坐标
	G01 Z0.0;	直线插补到 R1 圆弧起点①的 Z 坐标
	G03 X29.0 Z−1.0 R1.0;	逆时针圆弧插补到②点
	G02 X22.0 Z−12.0 R19.0;	顺时针圆弧插补到③点
	X22.0 Z−15.0 R3.0;	顺时针圆弧插补到④点
	G01 Z−17.0;	直线插补到⑤点
	G02 X22.0 Z−20.0 R3.0;	顺时针圆弧插补到⑥点

（续)

程序段号	程序	程序说明
	G01 Z-21.5;	直线插补到⑦点
	G03 X12.0 Z-31.0 R12.0;	逆时针圆弧插补到⑧点
	G01 Z-35.0;	直线插补到⑨点
	G02 X24.0 Z-43.0 R18.0;	顺时针圆弧插补到⑩点
	G01 Z-52.0;	直线插补到⑪点
N200	G01 G40 X37.0;	退刀到循环起点 A_1 的 X 坐标，取消刀尖圆弧半径右补偿
	G00 X37.0 Z2.0;	快速移动到精加工循环起点 A_1
	G70 P100 Q200 S1200 M03 F0.1;	精加工外轮廓
	G00 X100.0;	快速返回到换刀点 H_1 的 X 坐标
	Z150.0;	快速返回到换刀点 H_1 的 Z 坐标
	T0202 M03 S400;	换2号刀调用2号刀补，主轴以每分钟400转正转，粗加工内轮廓
	G00 X100.0 Z100.0;	快速移动到2号刀的安全点 P_2
	G00 X14.0;	快速移动到循环起点 A_2 的 X 坐标
	Z2.0;	快速移动到循环起点 A_2 的 Z 坐标
	G71 U1.0 R1.0;	内（外）圆粗车复合循环指令G71
	G71 P300 Q400 U-0.2 W0.0 F0.15;	
N300	G00 G41 X25.0;	精加工程序开始段。加刀尖圆弧半径左补偿，快速移动到R19圆弧起点⑫的 X 坐标
	G01 Z0.0;	直线插补到R19圆弧起点⑫的 Z 坐标
	G02 X18.0 Z-11.0 R19.0;	顺时针圆弧插补到R19圆弧终点⑬
	G01 Z-21.0;	直线插补到⑭点
N400	G01 G40 X14.0;	退刀到循环起点 A_2 的 X 坐标，取消刀尖圆弧半径左补偿
	G00 X14.0 Z2.0;	快速移动到精加工循环起点 A_2
	G70 P300 Q400 S800 M03 F0.05;	精加工内轮廓
	G00 Z150.0;	快速返回到换刀点 H_2 的 Z 坐标
	X100.0;	快速返回到换刀点 H_2 的 X 坐标
	T0303 M03 S400;	换3号刀调用3号刀补，主轴以每分钟400转正转，倒角、切断
	G00 X100.0 Z100.0;	快速移动到3号刀的安全点 P_3
	G00 Z-50.1;	快速移动到切断循环起点 A_3 的 Z 坐标
	X26.0;	快速移动到切断循环起点 A_3 的 X 坐标
	G94 X10.0 F0.1;	端面切削单一固定循环指令G94切槽至⑮点
	G01 W1.1 F0.2;	直线插补到倒角起点⑯的 Z 坐标
	X24.0 F0.1;	直线插补到倒角起点⑯的 X 坐标
	X22.0 W-1.0 F0.05;	直线插补到倒角终点⑰点

（续）

程序段号	程序	程序说明
	X2.0;	直线插补到切断终点⑱点
	G01 X26.0 F0.2;	退刀到距离外圆 X 坐标 2mm 处
	G00 X100.0;	快速返回到换刀点 H_3 点的 X 坐标
	Z100.0;	快速返回到换刀点 H_3 点的 Z 坐标
	M05 M09;	主轴停止，切削液关
	M30;	程序结束

任务 6.3　酒杯的仿真实战

在沈阳机床厂 –1 生产的 FANUC 0i Mate 系统数控车床上，酒杯仿真实战模拟结果如图 6-3 所示。

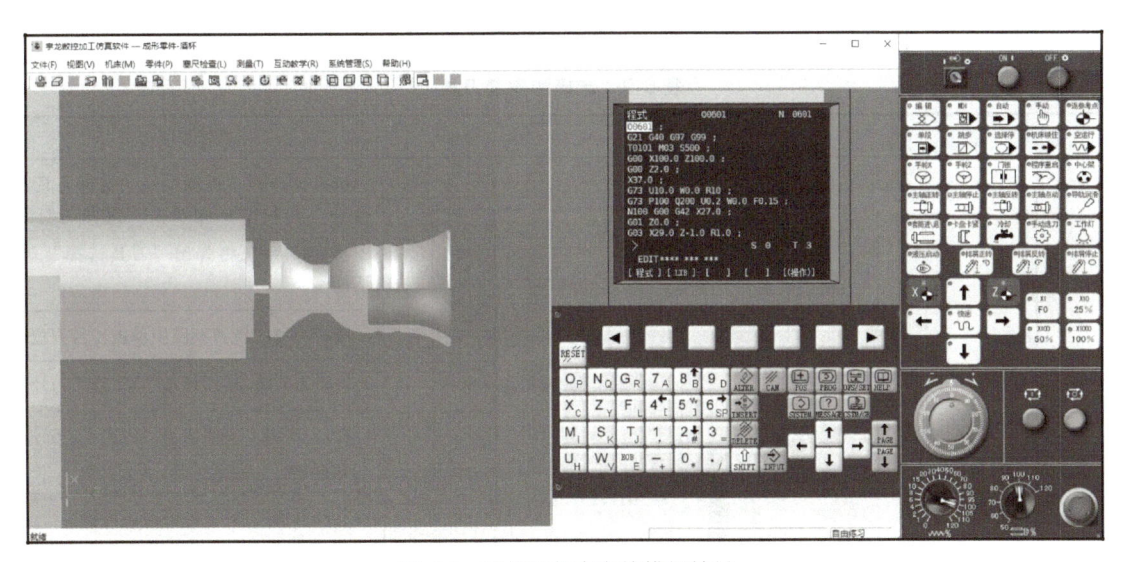

6-1 酒杯仿真实战

图 6-3　酒杯的仿真实战模拟结果

6.3.1　加工准备

1. 机床的准备

机床的准备包括选择机床、激活机床、返参考点（回零）操作、设置显示方式和保存项目。

2. 设置与装夹工件

设置与装夹工件包括定义毛坯、装夹工件和调整工件位置。其中定义毛坯的操作步骤及说明见表 6-8。

表 6-8　定义毛坯

步骤	图示	操作说明
定义毛坯		选择菜单栏"零件"→"定义毛坯"命令，或在工具栏单击"定义毛坯"图标，系统弹出"定义毛坯"对话框
		输入名字"酒杯"，选择材料"铝"，选择形状"U形"，输入参数"外圆直径 35mm，内孔直径 16mm，内孔深 22mm，长度 150mm"
		单击"确定"按钮，保存定义的毛坯，并退出操作
		单击"取消"按钮，不保存定义的毛坯，并退出操作

3. 选择和安装刀具

根据工艺要求，选择程序指定的刀具，并将其安装在刀架上。选择安装 T01 35°菱形车刀、T02 内孔镗刀和 T03 外圆切槽刀，操作步骤及说明见表 6-9。

表 6-9　选择和安装刀具

步骤		图示	操作说明
1	选择安装菱形车刀		选择菜单栏"机床"→"选择刀具"命令，或在工具栏单击"选择刀具"图标，系统将弹出"刀具选择"对话框
			选择刀位：在刀架图中单击 1 号刀位
			选择刀片类型："标准""V形"刀片
			在"刀片"列表框中选择刃长"11.00mm"，刀尖半径"0.20mm"
			选择刀柄类型："外圆左向横柄"
			在"刀柄"列表框中选择主偏角"93.0°"
2	选择安装内孔镗刀		选择刀位：在刀架图中单击 2 号刀位
			选择刀片类型："标准""T形"刀片
			在"刀片"列表框中选择刃长"6.00mm"，刀尖半径"0.20mm"
			选择刀柄类型："内孔柄"
			在"刀柄"列表框中选择加工深度"37.5mm"，最小直径"12.0mm"，主偏角"91.0°"

(续)

步骤		图示	操作说明
3	选择安装外圆切槽刀		选择刀位：在刀架图中单击3号刀位
			选择刀片类型："定制""方头切槽"刀片
			在"刀片"列表框中选择宽度"4.00mm"，刀尖半径"0.20mm"
			选择刀柄类型："外圆切槽刀柄"
			在"刀柄"列表框中选择切槽深度"20.0mm"
			刀具全部选择完成后，单击"确定"按钮，T01、T02和T03安装到刀架上

6.3.2 程序的输入与校验

1. 导入程序

将事先写入记事本并保存为文本格式的O0601号程序导入系统。

2. 程序校验

利用机床空运行和图形模拟功能进行程序校验，操作步骤及说明见表6-10。

表6-10 程序校验

步骤		图示	操作说明
1	选择运行模式		确认程序"O0601"的光标置于程序开始处
			单击<机床锁住>键和<空运行>键
			选择<自动>模式，指示灯亮，系统进入自动运行模式
2	图形模拟		按下<CSTM/GRAPH>键，打开"图形模拟"页面，按下"循环启动"按钮，观察程序的运行轨迹。对检查中发现的错误必须进行修改，直到程序试运行轨迹完全正确为止
			退出"图形模拟"页面，关闭<机床锁住>和<空运行>模式，执行返参考点操作

6.3.3 对刀设置

采用试切法对刀，将 T01 35°菱形车刀、T02 内孔镗刀和 T03 外圆切槽刀的对刀数据输入到刀具补偿页面，并分别进行对刀验证，检验对刀是否正确。

6-2 35°菱形车刀的对刀操作

6.3.4 首件试切

程序试运行轨迹完全正确后，可进行首件试切，模拟加工结果如图 6-3 所示。

6.3.5 零件的检测与质量分析

1. 零件的检测

选择菜单"测量"→"剖面图测量"命令，在弹出的如图 6-4 所示的"车床工件测量"对话框中分别单击 1 号刀、2 号刀和 3 号刀的加工表面，在下半部分的标号中，该线段会突出显示，可读取线段数据，记下对应的 X、Z 值，并填写表 6-11 酒杯零件质量检验单。与图样尺寸进行对比，若在公差范围内，则判定该零件为合格产品，如有超差，应分析产生原因，检查编程、对刀、补偿值设定等工作环节，有针对性地进行修改和调整，再次进行试切，直到产品合格为止。

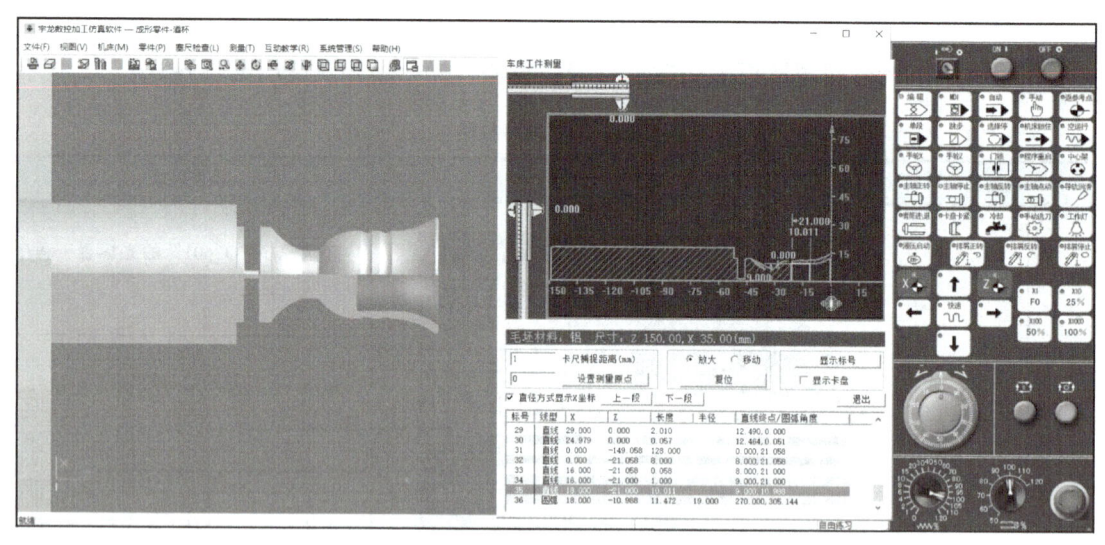

图 6-4 "车床工件测量"对话框

表 6-11 酒杯零件质量检验单

序号	项目	内容	量具	检测结果	结论 合格	结论 不合格
1	长度	3mm（2 处）	0～125mm 游标卡尺			
2		12mm				
3		17mm				
4		21.5mm				

(续)

序号	项目	内容	量具	检测结果	结论 合格	结论 不合格
5	长度	31mm	0～125mm 游标卡尺			
6		35mm				
7		43mm				
8		46mm				
9	深度	11mm	0～150mm 深度千分尺			
10		21mm				
11	外圆	ϕ12mm	12mm 卡规（卡板）			
12		ϕ22mm	0～25mm 外径千分尺			
13		ϕ24mm				
14		ϕ29mm	25～50mm 外径千分尺			
15	内孔	ϕ18mm	ϕ18mm 内径量表			
16		ϕ25mm	0～125mm 游标卡尺			
17	圆弧	R1mm	R1～6.5mm R规			
18		R3mm（2处）				
19		R12mm	R7～14.5mm R规			
20		R18mm	R15～25mm R规			
21		R19mm（2处）				
22	未注倒角	C1	45°倒角游标卡尺			
23	外轮廓表面粗糙度	Ra0.8μm	表面粗糙度检测仪			
24	内孔表面粗糙度	Ra1.6μm				
酒杯 检测结论		合格 □		不合格 □		

2. 质量分析

根据零件的加工过程和检测情况，分析不合格品产生的原因，并提出质量改进措施，优化程序，产生不合格项目的原因及质量改进措施见表6-12。

表6-12 酒杯零件质量改进措施单

序号	不合格项目	产生原因	改进措施
1	外圆直径尺寸超差	对刀不准确引起尺寸超差	在"刀具补正/磨耗"页面，与菱形车刀对应的番号 01 "X"处，若尺寸偏大，输入"－超差值"；若尺寸偏小，输入"＋超差值"
		刀具补偿参数不准确	在"刀具补正/形状"页面，与菱形车刀对应的番号 01 "R"或"T"处，修改刀尖圆弧半径补偿值或刀尖方位号
		车刀刀尖磨损	更换刀片或修改刀尖圆弧半径补偿值
2	总长尺寸超差	对刀不准确引起尺寸超差	在"刀具补正/磨耗"页面，与外圆切槽刀对应的番号 02 "Z"处，若尺寸偏大，输入"＋超差值"；若尺寸偏小，输入"－超差值"

(续)

序号	不合格项目	产生原因	改进措施
3	外圆弧尺寸超差	车刀刀尖磨损	更换菱形车刀刀片，修改其刀尖圆弧半径补偿值
		刀具补偿参数不准确	在"刀具补正/形状"页面，修改菱形车刀的刀尖圆弧半径补偿值或刀尖方位号
4	内圆弧尺寸超差	车刀刀尖磨损	更换内孔镗刀的刀片，修改其刀尖圆弧半径补偿值
		刀具补偿参数不准确	在"刀具补正/形状"页面，与内孔镗刀对应的番号02"R"或"T"处，修改刀尖圆弧半径补偿值或刀尖方位号
5	孔径尺寸超差	对刀不准确引起尺寸超差	在"刀具补正/磨耗"页面，与内孔镗刀对应的番号02"X"处，若尺寸偏大，输入"-超差值"；若尺寸偏小，输入"+超差值"
		刀具补偿参数不准确	在"刀具补正/形状"页面，修改内孔镗刀的刀尖圆弧半径补偿值或刀尖方位号
		热胀冷缩引起尺寸超差	选择合适的切削液
		车刀刀尖磨损	及时更换刀片或修改刀尖圆弧半径补偿值
		产生积屑瘤	避开产生积屑瘤的切削速度
6	孔深尺寸超差	对刀不准确引起尺寸超差	在"刀具补正/磨耗"页面，与内孔镗刀对应的番号02"Z"处，若尺寸偏大，输入"+超差值"；若尺寸偏小，输入"-超差值"
7	内孔有锥度	车刀刀尖磨损	及时更换内孔镗刀的刀片
		刀柄刚性差，产生让刀	选用刚性好的刀具，尽量采用大尺寸的刀柄，减小切削用量
		刀柄与孔壁干涉	检查内孔镗刀的安装情况，根据孔径选择合适的刀柄直径，重新正确安装该刀具
8	内孔不圆	热胀冷缩引起的变形	选择合适的切削液
		装夹引起的变形	选择合适的装夹方式，注意夹紧力的大小
9	表面粗糙度差	切削用量不合理	优化切削用量。提高相关刀具精加工的切削速度、减小进给量
		车刀刀尖磨损	及时更换刀片
		产生积屑瘤	避开产生积屑瘤的切削速度
		刀柄刚性差，产生振动	选用刚性好的刀具
		刀具安装不正确	检查安装情况，重新正确安装该刀具

任务 6.4　酒杯的生产加工

在 FANUC 0i Mate 系统数控车床上完成酒杯零件的生产加工。

6.4.1 加工准备

1. 零件生产前的准备工作

1）领取零件毛坯。领取毛坯，检验毛坯是否符合尺寸要求，是否留有足够的加工余量。

2）领取刀具和量具。携带表6-1"酒杯数控加工刀具卡"和表6-2"酒杯数控加工量具清单"去工具室领取所需刀具和量具。

3）熟悉数控车床安全操作与文明生产的内容。

2. 开机操作

（1）电源接通前检查　依据附录F《设备点检卡（数控车）》检查机床有无异常情况，检查完毕执行开机操作。

（2）接通电源　按机床通电顺序通电。

（3）通电后检查　检查"位置显示"页面屏幕是否显示。如有错误，依据提示正确处理，解除报警。

3. 返参考点操作

1）X轴返参考点操作。

2）Z轴返参考点操作。

3）移动刀架至换刀安全位置。

4. 装夹工件

手持毛坯将一端水平装入自定心卡盘，伸出卡盘外56～60mm，右手拿工件稍作转动，左手配合右手旋紧卡盘扳手，将工件夹紧，并找正工件。

5. 装夹刀具

（1）检查刀具　选择程序指定的刀具，检查所用刀具螺钉是否夹紧，刀片是否完好。

（2）安装刀具　正确、可靠地装夹刀具。将T01 35°菱形车刀安装在1号刀位，T02内孔镗刀安装在2号刀位，T03外圆切槽刀安装在3号刀位，安装刀具时应注意"伸出长度、刀尖高度和工作角度"。

6.4.2 程序的输入与校验

1. 程序的输入

采用手动输入方式，应用MDI键盘将程序O0601输入到机床中。

2. 程序的校验

为防止因数据输入错误等原因造成的不良后果，利用机床空运行和图形模拟功能进行程序校验，观察加工时刀具轨迹的变化。

6.4.3 对刀设置

采用试切法对刀,将T01 35°菱形车刀、T02 内孔镗刀和T03 外圆切槽刀的对刀数据输入到刀具补偿页面,并分别进行对刀验证,检验对刀是否正确。

6.4.4 首件试切

程序试运行轨迹完全正确后,调整"进给倍率"旋钮和"主轴倍率"旋钮至50%,调整"快速倍率"至25%,采用单段方式进行首件试切,加工中注意观察切削情况,逐步将进给倍率和主轴倍率调至最佳状态。

6.4.5 零件的检测与质量分析

1. 零件的检测

根据零件图样要求,自检零件各部分尺寸,并填写表 6-11 酒杯零件质量检验单。与图样尺寸进行对比,若在公差范围内,则判定该零件为合格产品;如有超差,应分析产生原因,检查编程、对刀、补偿值设定等工作环节,有针对性地进行修改和调整,再次进行试切,直到产品合格为止。

2. 质量分析

根据零件的加工过程和检测情况,分析不合格品产生的原因,并提出质量改进措施,优化程序,内孔产生不合格项目的原因及质量改进措施见表 6-12。

6.4.6 生产订单

1. 批量生产

首件合格,进入批量生产,每件产品自检合格方可下机。

2. 完工检验

加工结束后送检,完工检验合格,盖章入库。

3. 交付订单

4. 关机

日常保养、关机、整理好现场,做好交接班记录。

工作任务评价

将任务完成情况的检测与评价填入附录 G(XX 零件)工作任务评价表中。

技能巩固

想一想:酒杯的其他加工工艺方案。

查一查：加工螺纹零件的加工工艺方案。

试一试：编写螺纹零件的加工工艺方案。

练一练：机械制造厂数车生产班组接到一个国际象棋（国王）的生产订单，如图 6-5 所示，来料毛坯外径为 $\phi 45mm$，长为 600mm 的 2A11 铝棒，加工数量为 4 件，工期为 1 天。

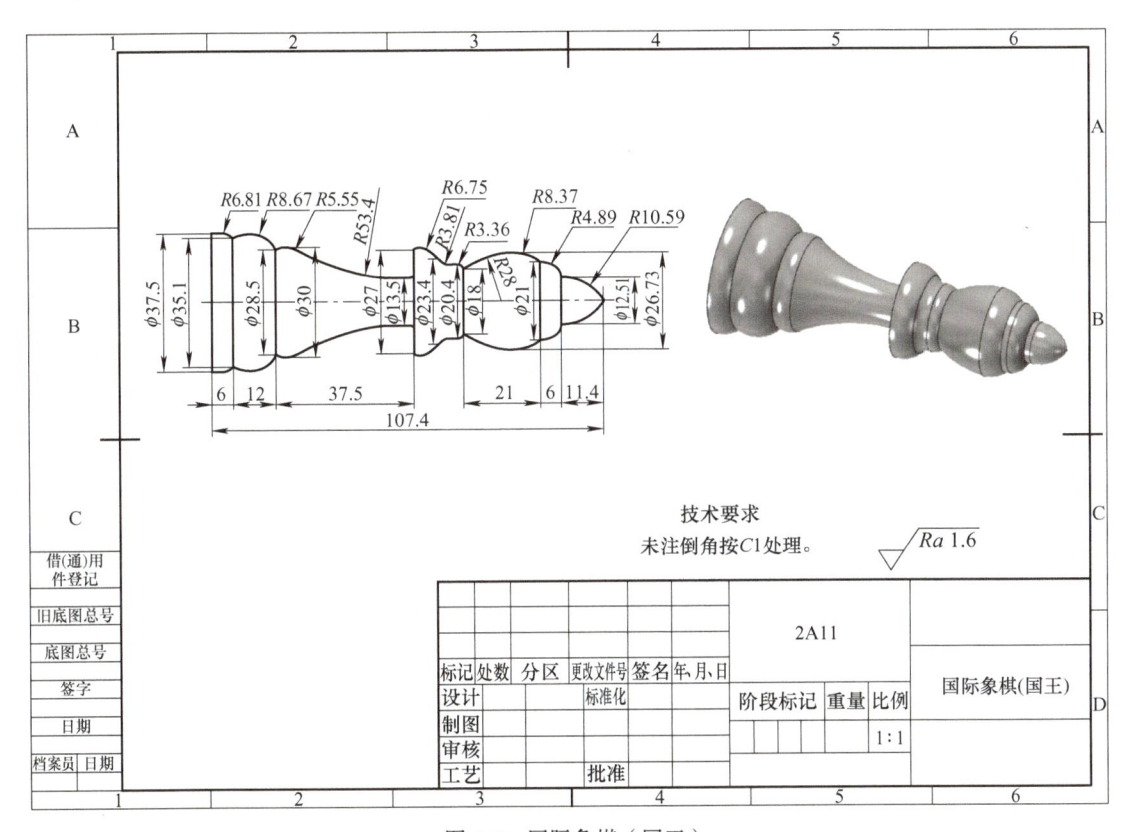

图 6-5　国际象棋（国王）

共话空间——精益求精

你好，神秘的深海！

我是"奋斗者"号潜水器，是由中国自主研发的万米载人潜水器。我拥有五项特殊本领，即设计、抗压、操控、通信和浮力。2020 年我创造了 10909 米中国载人深潜新纪录。能够取得如此骄人的成绩，离不开深潜勇士们精益求精的锤炼！瞧，我身上"会动"的观察窗，玻璃安装精度都是零点零几毫米的级别。

感谢深潜勇士们，

深海世界，我来了！

讨论：《卖油翁》中翁曰："无他，但手熟尔。"

项目 7　螺纹轴的编程与加工

思维导学

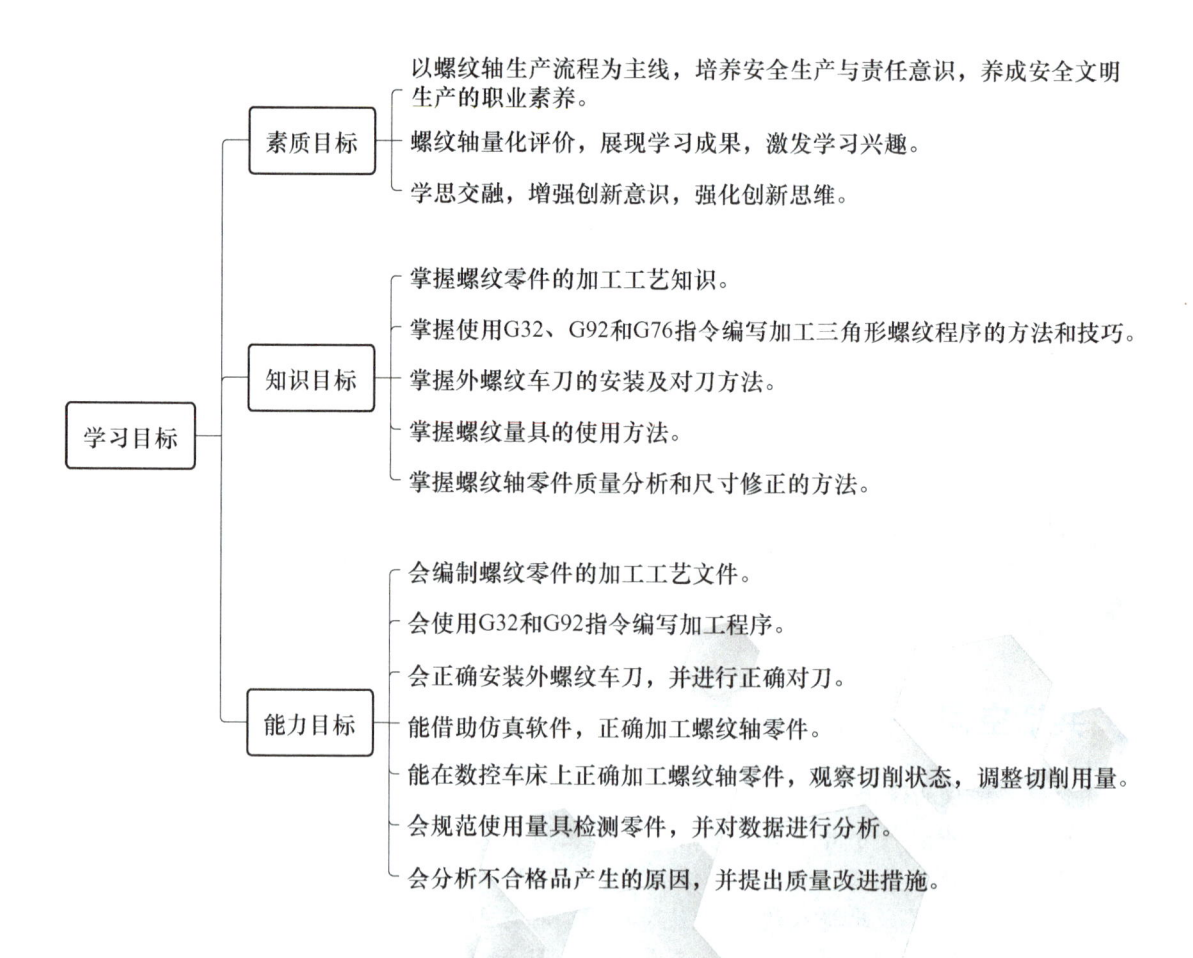

学习目标

- **素质目标**
  - 以螺纹轴生产流程为主线，培养安全生产与责任意识，养成安全文明生产的职业素养。
  - 螺纹轴量化评价，展现学习成果，激发学习兴趣。
  - 学思交融，增强创新意识，强化创新思维。

- **知识目标**
  - 掌握螺纹零件的加工工艺知识。
  - 掌握使用G32、G92和G76指令编写加工三角形螺纹程序的方法和技巧。
  - 掌握外螺纹车刀的安装及对刀方法。
  - 掌握螺纹量具的使用方法。
  - 掌握螺纹轴零件质量分析和尺寸修正的方法。

- **能力目标**
  - 会编制螺纹零件的加工工艺文件。
  - 会使用G32和G92指令编写加工程序。
  - 会正确安装外螺纹车刀，并进行正确对刀。
  - 能借助仿真软件，正确加工螺纹轴零件。
  - 能在数控车床上正确加工螺纹轴零件，观察切削状态，调整切削用量。
  - 会规范使用量具检测零件，并对数据进行分析。
  - 会分析不合格品产生的原因，并提出质量改进措施。

领取生产任务

机械制造厂数车生产班组接到一个螺纹轴零件的生产订单,如图7-1所示,来料毛坯为 $\phi40mm \times 500mm$ 的45钢棒料,加工数量为10件,工期为2天。

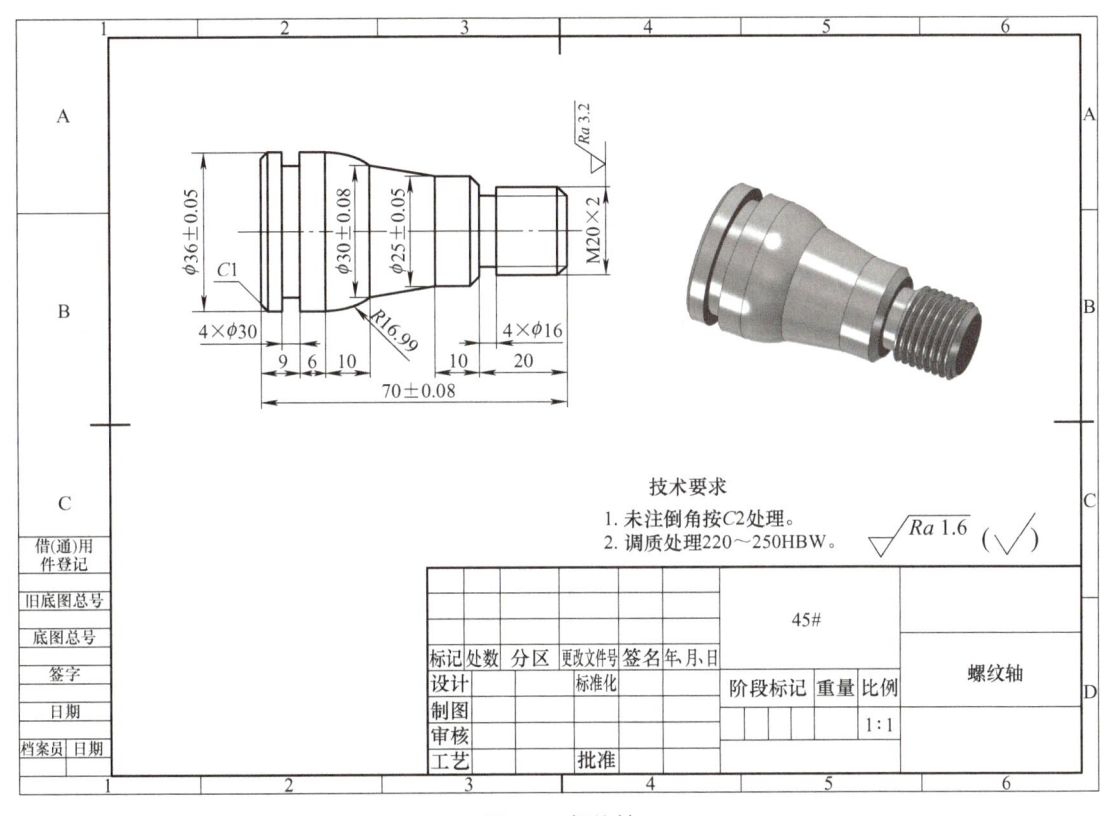

图 7-1 螺纹轴

任务 7.1 知识准备

7.1.1 螺纹的加工工艺

螺纹是零件上常见的一种结构,在实践中应用非常广泛,一般成对使用。螺纹加工是数控车削中必备的基本技能之一,主要有外螺纹加工和内螺纹加工两种,如图7-2所示。

图 7-2 外、内螺纹的加工

1. 螺纹的类型

螺纹的类型繁多，包括内/外圆柱螺纹和圆锥螺纹、单线螺纹和多线螺纹、左旋螺纹和右旋螺纹、联接螺纹和传动螺纹、恒螺距螺纹和变螺距螺纹等。

2. 螺纹的要素

螺纹的牙型、直径、线数 n、螺距 P 和导程 P_h、旋向称为螺纹的五要素。

（1）螺纹的牙型　在通过螺纹轴线的剖面上，螺纹的轮廓形状称为牙型，常见的有三角形螺纹、梯形螺纹、锯齿形螺纹和矩形螺纹等，如图 7-3 所示。

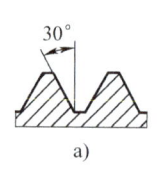

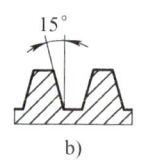

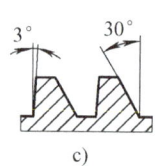

图 7-3　螺纹的牙型
a）三角形螺纹　b）梯形螺纹　c）锯齿形螺纹　d）矩形螺纹

（2）螺纹的直径　螺纹的各部分名称及代号如图 7-4 所示，其中，外螺纹的大径 d 及内螺纹的小径 D_1 也称为顶径；外螺纹的小径 d_1 及内螺纹的大径 D 也称为底径。

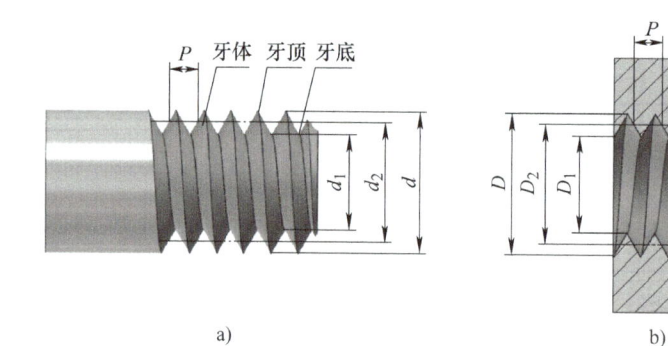

图 7-4　螺纹的各部分名称及代号
a）外螺纹　b）内螺纹

大径（d、D）：也称公称直径，与外螺纹牙顶或内螺纹牙底相切的假想圆柱的直径。

小径（d_1、D_1）：与外螺纹牙底或内螺纹牙顶相切的假想圆柱的直径。

中径（d_2、D_2）：母线通过牙型上沟槽和凸起宽度相等的假想圆柱的直径。

（3）螺纹的线数 n　螺纹有单线与多线之分，如图 7-5 所示。沿一条螺旋线形成的螺纹称为单线螺纹；沿两条或两条以上在轴向等距分布的螺旋线形成的螺纹称为多线螺纹。

（4）螺距 P 和导程 P_h　螺距和导程是两个不同的概念，如图 7-5 所示。

1）螺距是指相邻两牙在中径线上对应两点间的轴向距离 P。

2）导程是指同一条螺旋线上相邻两牙在中径线上对应两点间的轴向距离 P_h。

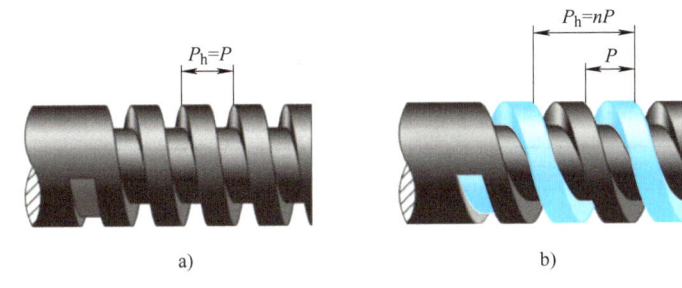

图 7-5 螺纹的线数、螺距与导程
a）单线螺纹　b）多线螺纹

（5）螺纹的旋向　螺纹的旋转方向称为旋向。螺纹有左旋和右旋之分，常用的是右旋螺纹，即顺时针旋转时旋入的螺纹；反之，为左旋螺纹。螺纹旋向的判定方法为：将外螺纹轴线垂直放置，螺纹的可见部分左高右低为左旋螺纹（LH）；右高左低为右旋螺纹，如图 7-6 所示。

图 7-6　螺纹旋向的判定

只有上述各要素完全相同的内、外螺纹才能旋合在一起。

3. 螺纹的标注

（1）普通螺纹（米制螺纹）的标注　普通螺纹是我国应用最广泛的三角形螺纹，常用于固定、联接或测量等，牙型角为 60°，有粗牙普通螺纹和细牙普通螺纹之分。

粗牙普通螺纹是标准螺距，其代号用字母"M"及公称直径表示，如 M10；细牙普通螺纹代号用字母"M"及公称直径 × 螺距表示，如 M10×1，多用于薄壁零件。螺纹的旋合长度有长旋合 L、短旋合 S 和中等旋合 N 三种，中等旋合 N 不标注。螺纹的旋向有左旋和右旋之分，左旋用字母"LH"表示，右旋不标。普通螺纹的标注方法见表 7-1。

表 7-1　普通螺纹的标注方法

牙型角	特征代号	标记示例	示例说明
60°	M	M30LH-6g-S	M—牙型代号：普通螺纹 30—公称直径：30mm LH—旋向：左旋（右旋不标）粗牙普通螺纹 6g—外螺纹中径和顶径公差带代号 S—旋合长度：短旋合
60°	M	M30×1-6H7H-L	M—牙型代号：普通螺纹 30—公称直径：30mm 1—螺距：螺纹为 1mm 的单线细牙普通螺纹 6H—内螺纹中径公差带代号 7H—内螺纹顶径公差带代号 L—旋合长度：长旋合

（2）梯形螺纹的标注　梯形螺纹是传动螺纹的主要形式，可传递双向动力，如机床丝杠，其牙型为梯形，牙型角为30°，代号为Tr，标注方法见表7-2。

表7-2　梯形螺纹的标注方法

牙型角	特征代号	标记示例	示例说明
30°	Tr	Tr30×6（P3）LH-8e-L	Tr——牙型代号：梯形螺纹 30——公称直径：30mm 6（P3）——导程为6mm，螺距为3mm的双线梯形螺纹 LH——旋向：左旋（右旋不标） 8e——梯形外螺纹中径和顶径公差带代号 L——旋合长度：长旋合

（3）内、外螺纹旋合的标注　内、外螺纹旋合时，标注公差带代号用斜线分开，左边标内螺纹，右边标外螺纹，旋合长度包括螺纹倒角部分，例如：M30LH-7H/6g。

4. 螺纹车削的进给方法

螺纹车刀属于成形车刀，刀具切削面积大，切削力大，需要采用不同的进给方式多次反复切削完成，这样可以减小切削力，保证螺纹精度。低速车削三角形螺纹的进给方法主要有直进法、左右切削法和斜进法三种，其特点及应用见表7-3。

表7-3　车削三角形螺纹进给方法的特点及应用

序号	进给方法	图示	特点及应用
1	直进法		车刀沿X向进给。车刀两侧切削刃同时切削，切削力较大，排屑困难，易"扎刀"，螺纹表面粗糙度值较大，但牙型精度高。一般用于加工小螺距（P<3mm）螺纹和精加工大螺距（P≥3mm）螺纹
2	左右切削法		车刀除了沿X向进给外，同时还进行Z向左右的微量进给。切削力小，不易"扎刀"，螺纹表面粗糙度值小，牙型精度较低。适用于粗加工大螺距（P≥3mm）螺纹
3	斜进法		车刀除了沿X向进给外，同时还进行Z向的微量进给。刀具负载较小，排屑容易，不易"扎刀"，单侧刃加工容易损伤和磨损，牙型精度较低。适用于加工大螺距（P≥3mm）螺纹和无退刀槽的螺纹

5. 车削螺纹时切削用量的选用

（1）切削速度　因受机床结构及数控系统、螺纹导程（螺距）、刀具、零件尺寸和材料等因素的影响，车螺纹时主轴转速的选择范围有一定的限制，一般根据实际情况选中低速，并且在螺纹车削加工中保持转速恒定。推荐主轴转速如下

$$n \leq \frac{1200}{P} - K \tag{7-1}$$

式中　n——主轴转速，单位为r/min；
　　　P——螺距，单位为mm；
　　　K——保险系数，一般取80。

（2）进给量　在车削螺纹时，加工程序段中的F指螺纹的导程，即单线螺纹中为螺距P，多线螺纹中为导程P_h。

（3）普通螺纹车削的进刀次数与进给量的确定　螺纹加工越接近螺纹牙底，切削面积越大，为减小切削力和提高螺纹加工质量，每次进给的背吃刀量用螺纹深度减精加工背吃刀量所得的差按递减规律分配，常用螺纹车削的进给次数与背吃刀量见表7-4，常用粗牙普通螺纹螺距见表7-5。

表7-4　常用螺纹车削的进给次数与背吃刀量（米制螺纹）　　　　（单位：mm）

牙型深度（半径值）=0.6495P								
螺距P		1.0	1.5	2.0	2.5	3.0	3.5	4.0
进给次数及背吃刀量（直径值）	1次	0.7	0.8	0.9	1.0	1.2	1.5	1.5
	2次	0.4	0.6	0.6	0.7	0.7	0.7	0.8
	3次	0.2	0.4	0.6	0.6	0.6	0.6	0.6
	4次		0.16	0.4	0.4	0.4	0.6	0.6
	5次			0.1	0.4	0.4	0.4	0.4
	6次				0.15	0.4	0.4	0.4
	7次					0.2	0.4	0.4
	8次						0.15	0.3
	9次							0.2

表7-5　常用粗牙普通螺纹螺距　　　　（单位：mm）

公称直径d、D	2	2.5	3	4	5	6	8	10	12
螺距P	0.4	0.45	0.5	0.7	0.8	1	1.25	1.5	1.75
公称直径d、D	14	16	18	20	22	24	30	33	36
螺距P	2	2	2.5	2.5	2.5	3	3.5	3.5	4

6. 三角形螺纹的尺寸计算

螺纹实际加工时与编程中涉及的尺寸，因刀尖圆弧半径和挤压等因素影响，与理论计算公式会略有差别，一般参照经验公式计算，车削三角形螺纹时的经验公式见表7-6。

表7-6　车削三角形螺纹时的经验公式　　　　（单位：mm）

基本参数	外螺纹经验公式	内螺纹经验公式
牙型高度h	$h_{实际}=0.65P$	
螺纹大径（d、D）	$d_{外圆}=d-0.1P\approx d-(0.2\sim 0.4)$	$D_{实际}=D$
螺纹小径（d_1、D_1）	$d_{1实际}=d-2h_{1实际}=d-1.3P$	塑性材料：$D_{孔}=D-P$ 脆性材料：$D_{孔}=D-1.05P$
螺纹中径（d_2、D_2）	$d_2=D_2=d-0.65P$	

7. 车螺纹时轴向进给距离的分析

车螺纹开始时有一个加速过程，结束前有一个减速过程，在这段距离中螺距不能保持均匀，因而为了在伺服电动机正常运转的情况下车削螺纹，两端必须设置足够的引入距离

（升速段）δ_1 和超越距离（减速段）δ_2，即在进刀和退刀时留有一定的空刀引入量和退出量，以剔除因变速而出现的非标准螺距的螺纹段，如图 7-7 所示。通常 δ_1 和 δ_2 的数值与螺距和转速有关，由各系统设定。

在实际生产中，螺纹的加工长度为：$W=L+\delta_1+\delta_2$

式中：L——螺纹的有效长度；

δ_1——引入距离，$\delta_1 \geq P$，一般取 2～5mm；

δ_2——超越距离，一般取退刀槽宽度的 1/2 左右。

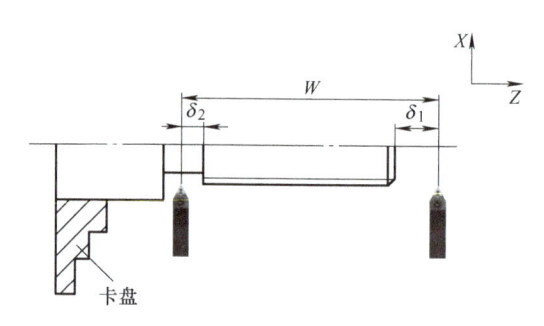

图 7-7 车削螺纹的引入距离和超越距离

8. 多线螺纹切削起点位置的确定

在加工多线螺纹时，分线方法有轴向分线法和圆周分线法两种。

（1）轴向分线法 轴向分线法是通过改变螺纹切削时刀具起始点的 Z 坐标来确定各线螺纹的位置。加工多线螺纹常用的方法是：在车削第二条螺旋线时，为了安全起见，螺纹的切削起点一般是沿 Z 轴向后移动一个螺距，同理加工第三条螺旋线……程序中的移动次数等于螺纹线数 n 减 1。

（2）圆周分线法 圆周分线法是通过改变螺纹切削时主轴在圆周方向起始点的 C 轴坐标来确定各线螺纹的位置，即每线螺纹起始点的位置在螺纹的端面圆上均匀分布。程序中的移动次数等于 $360°/n$（n 为螺纹线数）。这种方法只能在有 C 轴控制功能的数控车床上使用。

9. 螺纹车刀的安装

螺纹车刀安装的正确与否，直接影响螺纹的牙型和精度。在安装螺纹车刀时，应注意以下几点：

（1）螺纹车刀的伸出长度 在安装外螺纹车刀时，刀杆伸出长度不宜过长，一般为刀杆厚度的 1～1.5 倍，以增强刀杆刚度；在安装内螺纹车刀时，一般比被加工孔长 5～6mm。

（2）螺纹车刀的刀尖角 车刀的刀尖角等于螺纹的牙型角 α，其前角 $\gamma_0=0°$，以保证螺纹的牙型角，否则牙型角将产生误差。

（3）螺纹车刀的安装角度 在安装螺纹车刀时可将对刀样板内侧水平靠在精车外圆柱面上，然后将车刀移入样板相应角度的缺口中，通过对比车刀两刃与缺口的间隙来调整刀具的安装角度，如图 7-8 所示。

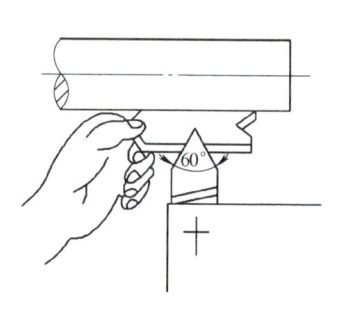

图 7-8 螺纹车刀安装示意图

（4）螺纹车刀的刀尖高度　用对刀样板安装刀具时，刀尖应与工件回转中心等高，以保证刀尖角的角平分线与工件的轴线垂直，这样车出的螺纹牙型才不会偏斜，为防止硬质合金车刀在高速切削时"扎刀"，刀尖允许高于工件轴线百分之一的螺纹大径。

（5）正确紧固刀架螺栓　至少要用两个螺钉压紧在刀架上，并轮流逐个拧紧，拧紧力要适当。

10. 螺纹零件常用的量具及检测方法

螺纹的主要测量参数有螺距、大径、小径和中径。外螺纹的大径和内螺纹的小径，公差比较大，一般用游标卡尺或千分尺测量。螺纹常用的量具及检测方法见表7-7，三针测量法检测外螺纹中径的简化计算公式见表7-8。

表7-7　螺纹常用的量具及检测方法

量具种类	图样	应用
螺纹塞规		螺纹塞规和螺纹环规是综合检测螺纹的量具，可分为普通粗牙、细牙和管螺纹三种。 塞规用于内螺纹的检测，环规用于外螺纹的检测，包括通端（T）与止端（Z）。检测时，像正常内、外螺纹旋合一样，若通端能与工件旋合，而止端不能旋合或不完全旋合，则该螺纹合格；反之，不合格。 此方法效率高、便于批量检测。但只能评定内、外螺纹的合格性，无法提供测量的具体数据。常用于检测一般精度的标准螺纹
螺纹环规		
螺纹牙规		螺纹牙规主要用比较法检验螺纹的螺距和牙型角。在测量时，最好是牙规样板全部与被测螺纹套合。 螺纹牙规与螺纹千分尺配合使用，常用于检测一般精度的非标准螺纹
螺纹千分尺		螺纹千分尺主要用于测量外螺纹中径。除了测量头以外，其他结构与外径千分尺的结构相同。测量时选用一套与螺纹牙型角相同的锥型和V型测头，锥型测头与牙型沟槽吻合，V型测头与牙型吻合，此时的读数就是螺纹中径的尺寸

（续）

量具种类	图样	应用
对刀样板		对刀样板主要用于检验螺纹及螺纹车刀的角度和校正螺纹车刀安装时的位置，也可检验顶尖的准确性
螺纹中径比较仪		单次测量可测出多个参数，测量精度高、速度快、范围广。适用于测量螺纹的中径
三针测量法	d_0：量针直径 d_2：螺纹中径 M：实际测量尺寸 α：螺纹牙型角	三针测量法是一种间接测量外螺纹中径的方法。测量时，将三根直径相等的高精度量针放在被测螺纹的沟槽中，用测量外尺寸的计量器具测得三根量针外表面的尺寸 M。再根据被测螺纹的螺距 P、牙型半角 $\alpha/2$ 和量针直径 d_0，计算出螺纹中径 d_2，计算公式见表 7-8。 三针测量法不受牙型的限制，常用于检测精度要求较高、螺纹升角小于 4° 的螺纹

表 7-8 三针测量法检测外螺纹中径的简化计算公式　　　　　（单位：mm）

螺纹种类	三针直径 d_0	测得值 M 的计算公式	测得中径 d_2 计算公式
米制普通螺纹	$d_0 = \dfrac{P}{2\cos(\alpha/2)} \approx 0.577P$	$M = d_2 + 3d_0 - 0.866P$	$d_2 = M - 3d_0 + 0.866P$
梯形螺纹	$d_0 = \dfrac{P}{2\cos(\alpha/2)} \approx 0.518P$	$M = d_2 + 4.864d_0 - 1.866P$	$d_2 = M - 4.864d_0 + 1.866P$

7.1.2　相关编程指令

1. 单一螺纹切削指令 G32

该指令执行单一行程螺纹切削。G32 指令格式、参数含义及使用说明见表 7-9。

表 7-9　G32 指令格式、参数含义及使用说明

类别	内容
指令格式	G32 X（U）＿ Z（W）＿ F＿；
参数含义	①X（U）＿ Z（W）＿—螺纹终点的绝对坐标或增量坐标，其中 X（U）为直径量，编程时二者可以混合使用，不运动的坐标可以省略； ②F—螺纹导程（单线螺纹为螺纹螺距）

类别	内容
运动轨迹	a) 圆柱螺纹　　　　　　　　　　b) 圆锥螺纹 如图所示，刀具从刀具起点 A 开始，按矩形或梯形经过四步完成一次螺纹切削加工，①车刀从刀具起点快速切入；②按给定的导程切削螺纹；③快速退刀；④快速返回。图中虚线轨迹表示快速移动，实线轨迹表示按默认的工作进给速度移动
使用说明	①在编程时，螺纹车刀从"进刀—螺纹切削—退刀—返回"四个动作均需要编入程序。 ②当圆锥螺纹的斜角 α<45° 时，导程 F 以 Z 轴方向指定；当圆锥螺纹的斜角 45°<α<90° 时，F 以 X 轴方向指定。 ③在车螺纹时，必须设置引入距离（升速段）$δ_1$ 和超越距离（降速段）$δ_2$。 ④螺纹起点与螺纹终点径向尺寸的确定。螺纹加工中的编程大径应根据螺纹尺寸标注及公差要求进行计算，由外圆车削来保证。 ⑤螺纹加工中的进给次数和背吃刀量（进刀量）会直接影响螺纹的加工质量，车削螺纹时的进给次数与背吃刀量可参考表 7-4。 ⑥加工左旋螺纹还是右旋螺纹，由主轴旋转方向、刀具的安装方向和刀具的移动方向确定
注意事项	①螺纹车削期间，进给速度倍率、主轴速度倍率无效（固定在100%）。 ②在螺纹车削加工中，不能使用恒线速控制指令 G96。 ③在执行圆锥螺纹切削时，螺纹切削起点与终点坐标受 $δ_1$、$δ_2$ 影响后，必须取锥度斜面延长线上的点，以保证螺纹锥度的正确性
适用场合	用于车削等螺距圆柱螺纹和圆锥螺纹，还可以加工不同锥度的连续螺纹

2. 螺纹切削单一固定循环指令 G92

该指令把"进刀—螺纹切削—退刀—返回"四个动作作为一个循环切削螺纹。G92指令格式、参数含义及使用注意事项见表 7-10。

表 7-10　G92 指令格式、参数含义及使用注意事项

类别	内容
指令格式	G92 X（U）_ Z（W）_ R_ F_ ；
参数含义	①X（U）_ Z（W）_ —螺纹终点的绝对坐标或增量坐标，其中 X（U）为直径量，编程时二者可以混合使用，不运动的坐标可以省略； ②R—螺纹部分的半径差，即螺纹切削起点与切削终点的半径差，在加工圆柱螺纹时，R=0；在加工圆锥螺纹时，当 X 向切削起点坐标小于切削终点坐标时，R 为负，反之为正，与 G90 指令的判断方法相同； ③F—螺纹导程（单线螺纹为螺距）； ④G92 指令为模态指令，F、R 均为模态代码

（续）

类别	内容
运动轨迹	a) 圆柱螺纹循环　　　　b) 圆锥螺纹循环 如图所示，刀具从循环起点 A 开始，按矩形或梯形进行自动循环，最后又回到循环起点 A
使用说明	① 用 G92 指令编程时，注意循环起点的正确选择。通常情况下，X 向取在离外圆表面 2～5mm（直径值）的地方，Z 向根据引入距离（升速段）δ_1 来进行选取。 ② 螺纹加工中的进给次数和背吃刀量（进刀量）会直接影响螺纹的加工质量，车削螺纹时的进给次数与背吃刀量可参考表 7-4。 ③ G92 指令为模态指令，当 Z 轴移动量没有变化时，只需对 X 轴指定其移动指令即可重复执行固定循环动作。 ④ 执行 G92 循环时，在螺纹切削的退尾处，刀具沿接近 45°的方向斜向退刀，Z 向退刀距离 r=（0.1～12.7）P_h，该值由系统参数设定。注意超越距离（降速段）δ_2 的选用。 ⑤ 在单段方式下执行 G92 指令，每执行一次循环必须按 4 次循环启动。 ⑥ 用 G90/G92/G94 指令以外的 01 组指令代码取消固定循环方式
注意事项	与 G32 指令的注意事项相同
适用场合	可循环车削等螺距圆柱螺纹和圆锥螺纹

3. 螺纹切削复合循环指令 G76

该指令用于多次自动循环车削螺纹。程序中只需给定相应的螺纹参数，就能自动进行加工。在车削过程中，除第一次车削深度外，其余各次车削深度系统自动进行计算。G76 指令格式、参数含义及使用说明见表 7-11。

表 7-11　G76 指令格式、参数含义及使用说明

类别	内容
指令格式	G76 P（m）（r）（α）Q（Δd_{min}）R（d）； G76 X（U）_ Z（W）_ R（i）P（k）Q（Δd）F _；
参数含义	① m —精加工重复次数（1～99），一般取 1～2 次； ② r —螺纹尾端倒角量，即螺纹切削退尾处（45°）的 Z 向退刀距离。是螺纹导程的 0～9.9 倍，系数为 0.1 的整数倍，用两位整数 00～99 表示； ③ α —刀尖角（螺纹牙型角），可选择 80°、60°、55°、30°、29°和 0°中的任意一种，用两位数来表示； 　　m、r、α 的值均为模态值，用地址 P 同时指定，每个两位数中的前置 0 不能省略，例如：若 m=2，r=1.0S，α =60°时，则 P 指定为 P021060； ④ Δd_{min} —最小切削深度（半径值），单位为 μm，该值为模态值，如运动轨迹图 b 所示，第 n 次循环运行的切削深度为 $\Delta d(\sqrt{n}-\sqrt{n-1})$，当计算深度小于此值时，切削深度锁定在这个值，例如：若 Δd_{min}=0.1mm 时，指定为 Q100；

(续)

类别	内容
参数含义	⑤d—精加工余量（半径值），单位为μm，该值为模态值； ⑥X（U）_ Z（W）_ —螺纹终点的绝对坐标或增量坐标，其中X（U）为直径量，编程时二者可以混合使用，不运动的坐标可以省略； ⑦i—螺纹部分的半径差，在加工圆柱螺纹时，i=0；在加工圆锥螺纹时，当X向切削起点坐标小于切削终点坐标时，i为负，反之为正，与G92指令的判断方法相同； ⑧k—螺纹牙型高度（半径值），单位为μm； ⑨Δd—第一次的切削深度（半径值）； ⑩F—螺纹导程，单位为mm
运动轨迹	a) 运动轨迹　　　　　b) 单侧刃加工切削参数 如图 a 所示，刀具从循环起点 A 以 G00 方式沿 X 向进给至螺纹牙顶 X 坐标处 B 点（X= 小径 +2k），然后沿基本牙型一侧平行的方向进给，如图 b 所示，X 向深度为 Δd，在以螺纹切削方式切削至离 Z 向终点距离为 r 处，倒角退刀至 D 点，再 X 向退刀至 E 点，最后返回 A 点，准备第二次切削循环，直至循环结束
使用说明	① G76 可以在 MDI 方式下使用。 ② G76 指令为非模态指令，所以必须每次指定
注意事项	在 G32 指令注意事项的基础上，还应注意以下几点： ① 在 G76 指令中，P 和 Q 不能使用小数点输入，必须以最小输入增量 μm 为单位指定移动量和切深。 ② 循环中不能使用刀尖圆弧半径补偿。 ③ 在 G76 指令执行过程中，可以停止循环而进行手动操作，若要重新启动循环，刀具必须返回到循环停止时的位置，否则，后面的轨迹将被移动一个手动操作的移动量
适用场合	常用于大螺距螺纹、无退刀槽的螺纹以及蜗轮、蜗杆等梯形螺纹的加工

【例 7-1】如图 7-9a 所示圆柱螺纹零件，外轮廓和退刀槽已加工完成，试用 G32、G92、G76 指令编写螺纹加工的程序。

1. 工艺分析及数值计算

以圆柱螺纹零件装夹后的右端面与主轴轴线的交点为原点建立工件（编程）坐标系，如图 7-9b 所示。

1）根据已知条件 M30×2，查表 7-4 可知：螺纹牙型深度为 1.3mm，分五次进给，背吃刀量（直径值）分别为 0.9mm、0.6mm、0.6mm、0.4mm、0.1mm。

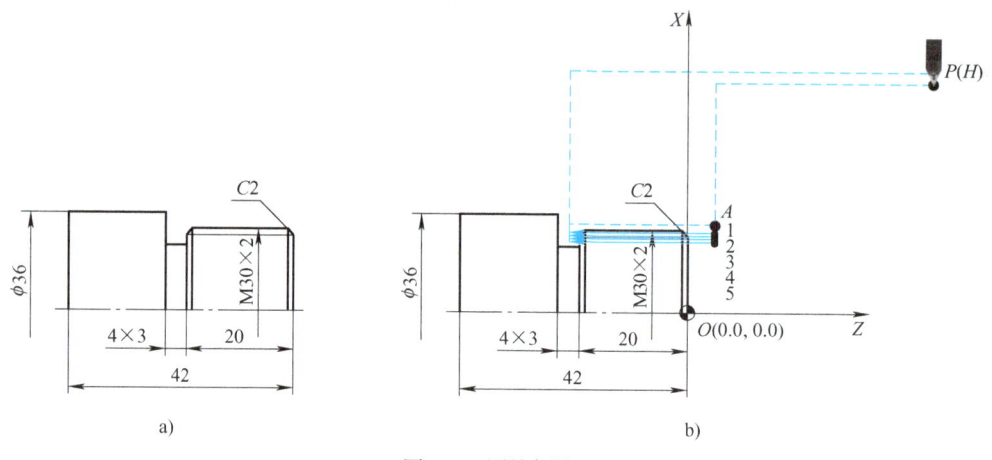

图 7-9 圆柱螺纹

a）零件图　b）走刀路线与数值计算点位

2）设：升速段 δ_1=5mm，降速段 δ_2=2mm。

3）$d_{外圆}$=d-0.2mm=30.0mm-0.2mm=29.8mm；

$d_{1实际}$=d-1.3P=30mm-1.3×2mm=27.4mm。

4）采用绝对值方式编程，加工螺纹坐标及参数的计算见表 7-12。

表 7-12　圆柱螺纹坐标及参数的计算

	编程原点 O	对刀点 O	安全点 P	换刀点 H	G32 切削起点 A	G92/G76 循环起点 A
X 坐标值	0.0	0.0	100.0	100.0	32.0	32.0
Z 坐标值	0.0	0.0	100.0	100.0	5.0	5.0
进刀次数	背吃刀量（直径值）	螺纹分次进刀 X 值		螺纹起点		螺纹终点
第一次①	0.9mm	X_1=（30.0-0.9）mm=29.1mm		（29.1，5.0）		（29.1，-22.0）
第二次②	0.6mm	X_2=（29.1-0.6）mm=28.5mm		（28.5，5.0）		（28.5，-22.0）
第三次③	0.6mm	X_3=（28.5-0.6）mm=27.9mm		（27.9，5.0）		（27.9，-22.0）
第四次④	0.4mm	X_4=（27.9-0.4）mm=27.5mm		（27.5，5.0）		（27.5，-22.0）
第五次⑤	0.1mm	X_5=（27.5-0.1）mm=27.4mm		（27.4，5.0）		（27.4，-22.0）

2. 编写加工程序

使用 G32 指令编写的参考程序 O0702 见表 7-13，使用 G92 指令编写的参考程序 O0703 见表 7-14，使用 G76 指令编写的参考程序 O0704 见表 7-15。

表 7-13　圆柱螺纹数控加工参考程序（G32）

程序段号	程序	程序说明
	O0702;	程序号
	G21 G40 G97 G99;	程序初始化
	T0101 M03 S200;	换 1 号刀调用 1 号刀补，主轴以每分钟 200 转正转，车 M30×2 的螺纹
	G00 X100.0 Z100.0;	快速移动到 1 号刀的安全点 P

（续）

程序段号	程序	程序说明
	G00 Z5.0;	快速移动到切削起点 A 的 Z 坐标
	X32.0;	快速移动到切削起点 A 的 X 坐标
	X29.1;	进刀至第一次①螺纹起点
	G32 Z-22.0 F2.0;	单一螺纹切削指令 G32 第一次车螺纹
	G00 X32.0;	第一次沿 X 方向退刀
	Z5.0;	第一次沿 Z 方向返回
	X28.5;	进刀至第二次②螺纹起点
	G32 Z-22.0 F2.0;	第二次车螺纹
	G00 X32.0;	第二次沿 X 方向退刀
	Z5.0;	第二次沿 Z 方向返回
	X27.9;	进刀至第三次③螺纹起点
	G32 Z-22.0 F2.0;	第三次车螺纹
	G00 X32.0;	第三次沿 X 方向退刀
	Z5.0;	第三次沿 Z 方向返回
	X27.5;	进刀至第四次④螺纹起点
	G32 Z-22.0 F2.0;	第四次车螺纹
	G00 X32.0;	第四次沿 X 方向退刀
	Z5.0;	第四次沿 Z 方向返回
	X27.4;	进刀至第五次⑤螺纹起点
	G32 Z-22.0 F2.0;	第五次车螺纹
	G00 X32.0;	第五次沿 X 方向退刀
	Z5.0;	第五次沿 Z 方向返回
	G00 X100.0;	快速返回到换刀点 H 的 X 坐标
	Z100.0;	快速返回到换刀点 H 的 Z 坐标
	M05;	主轴停止
	M30;	程序结束

表 7-14 圆柱螺纹数控加工参考程序（G92）

程序段号	程序	程序说明
	O0703;	程序号
	G21 G40 G97 G99;	程序初始化
	T0101 M03 S200;	换 1 号刀调用 1 号刀补，主轴以每分钟 200 转正转，车 M30×2 的螺纹
	G00 X100.0 Z100.0;	快速移动到 1 号刀的安全点 P
	G00 Z5.0;	快速移动到循环起点 A 的 Z 坐标

(续)

程序段号	程序	程序说明
	X32.0;	快速移动到循环起点 A 的 X 坐标
	G92 X29.1 Z-22.0 F2.0;	螺纹切削单一固定循环指令 G92 第一次车螺纹
	X28.5;	第二次车螺纹
	X27.9;	第三次车螺纹
	X27.5;	第四次车螺纹
	X27.4;	第五次车螺纹
	G00 X100.0;	快速返回到换刀点 H 的 X 坐标
	Z100.0;	快速返回到换刀点 H 的 Z 坐标
	M05;	主轴停止
	M30;	程序结束

表 7-15 圆柱螺纹数控加工参考程序（G76）

程序段号	程序	程序说明
	O0704;	程序号
	G21 G40 G97 G99;	程序初始化
	T0101 M03 S200;	换 1 号刀调用 1 号刀补，主轴以每分钟 200 转正转，车 M30×2 的螺纹
	G00 X100.0 Z100.0;	快速移动到 1 号刀的安全点 P
	G00 Z5.0;	快速移动到循环起点 A 的 Z 坐标
	X32.0;	快速移动到循环起点 A 的 X 坐标
	G76 P020060 Q50 R0.1;	螺纹切削复合循环指令 G76
	G76 X27.4 Z-22.0 P1300 Q500 F2.0;	
	G00 X100.0;	快速返回到换刀点 H 的 X 坐标
	Z100.0;	快速返回到换刀点 H 的 Z 坐标
	M05;	主轴停止
	M30;	程序结束

通过例题可以看出，使用单一螺纹切削指令 G32 编写加工程序时计算量大，程序长而繁琐，容易出错。为此，数控系统中设置了螺纹切削单一固定循环指令 G92，把"进刀—螺纹切削—退刀—返回"四个动作作为一个循环，使程序得到简化，编程时相对简单而且容易掌握，但必须计算出每一次进刀的编程位置。而螺纹切削复合循环指令 G76 只需给定相应的螺纹参数，就能自动进行加工。该指令工艺性比较合理，编程效率高，采用斜进法进刀方式，粗加工时为单侧刃切削，可以减轻刀尖的负荷，精加工时为双侧刃切削，可以保证加工精度。这种进刀方法有利于改善刀具的切削条件，在大螺距螺纹的编程中应优先考虑使用该指令。

任务 7.2　工作任务分析

7.2.1　分析零件图样

1）如图 7-1 所示，该零件属于螺纹轴类，加工内容主要有倒角、螺纹、槽、外圆、圆锥和圆弧，径向尺寸精度要求较高，零件形状复杂，加工难度较大。

2）零件图上的重要尺寸直接标注，符合数控加工尺寸标注的特点。零件图样上注有公差的尺寸，编程时取其中间公差尺寸；未注公差的尺寸，编程时取其公称尺寸。

3）表面粗糙度及技术要求的标注齐全、合理。

4）零件材料为 45 钢，且有热处理和硬度要求。在安排工序时，必须做好数控加工工艺与热处理工艺的衔接，需在数控加工工序提高精度，保障热处理完成后达到图样要求。

7.2.2　制定工艺方案

1. 确定装夹方案

根据该零件的形状、尺寸、加工精度及生产批量的要求，选择自定心卡盘夹持毛坯棒料，棒料伸出卡盘外 80～85mm，找正工件。

2. 确定加工顺序及进给路线

（1）工序的划分　该零件可划分为：数控加工（包括粗车、半精车外轮廓→精车外轮廓→车槽→切断四个工步）→热处理→后续工序。

（2）加工顺序及进给路线（走刀路线）的确定　该螺纹轴零件的加工顺序按基面先行、先粗后精、先主后次、先近后远、刀具集中等原则确定，一次装夹即可完成零件的加工。外轮廓符合单调增，且为小批量生产，设计走刀路线时可利用数控系统的复合循环功能，沿循环进给路线进行。

1）加工零件的外轮廓。用 G71 指令进行粗加工，用 G70 指令进行精加工。

2）车 4×ϕ16mm 和 4×ϕ30mm 的槽。使用暂停指令 G04 提高槽底质量。

3）车 M20×2mm 的螺纹。用 G92 指令或 G76 指令加工螺纹。

4）切断，保总长。

3. 选择刀具

根据加工要求，选用三把机夹可转位车刀和配套的涂层硬质合金刀片，将刀具信息填入表 7-16 所示的螺纹轴数控加工刀具卡中。采用试切法对刀，对外圆车刀的同时车出右端面，以此端面与主轴轴线的交点为原点建立工件坐标系。

表 7-16　螺纹轴数控加工刀具卡

产品名称或代号			零件名称	螺纹轴	零件图号	7-1
序号	刀具号	刀具名称及规格	数量	加工部位	刀尖半径/mm	备注
1	T0101	91°外圆车刀	1	车端面，粗、精车外轮廓	0.4	

（续）

产品名称或代号		零件名称		螺纹轴	零件图号	7-1
序号	刀具号	刀具名称及规格	数量	加工部位	刀尖半径/mm	备注
2	T0202	B=4mm 切槽刀	1	车槽、切断，保总长		左刀尖
3	T0303	60°外螺纹车刀	1	车 M20×2mm 外螺纹		
编制		审核		批准	日期	共1页	第1页

4. 选择量具

根据加工要求选用检测螺纹轴的量具，将信息填入表 7-17 所示的螺纹轴数控加工量具清单中。

表 7-17　螺纹轴数控加工量具清单

序号	用途	名称	简图	规格	分度值/mm	数量
1	测量长度方向尺寸	游标卡尺		0～125mm	0.02	1
2	测量外圆直径尺寸	外径千分尺		0～25mm	0.01	1
3				25～50mm	0.01	1
4	测量圆弧半径	R 规		R15～25mm		1
5	测量槽部宽度尺寸	卡规（卡板）		4mm	通端 止端	1
6	测量槽部直径尺寸			16mm		1
7				30mm		1
8	测量倒角	倒角游标卡尺		0～6mm/45°	0.02	1
9	测量表面粗糙度	表面粗糙度检测仪		Ra1.6μm		1
				Ra3.2μm		1
10	测量 M20×2 螺纹	螺纹环规		M20×2	通端 止端	1
11	工件装夹时找正或测量几何公差	百分表		0～3mm	0.01	1
12		万向磁力表座				1

5. 切削用量的选择

确定合适的切削用量，将数据填入表 7-18 所示的螺纹轴数控加工工序卡中。

6. 数控加工工序卡的拟定

将前面分析的各项内容填入表 7-18 所示的螺纹轴数控加工工序卡中。

表 7-18 螺纹轴数控加工工序卡

数控加工工序卡		产品型号		零(部)件图号		工序号	7-1	部门		共1页	第1页
		产品名称		零(部)件名称		工序名称	螺纹轴			材料牌号	45钢

简图及技术要求：

工序号：10　毛坯种类：棒料　规格尺寸：$\phi 40\text{mm} \times 500\text{mm}$　每毛坯可制件数：6　每台件数：1

设备：数控加工

夹具 名称/编号：自定心卡盘　　同时加工件数：

辅具 名称/编号：　　量具 名称/编号：

技术要求：
1. 未注倒角按C2处理。
2. 调质处理220~250HBW。

工步号	工步内容	刀具号	刀具名称及规格	切削速度 v_c (m/min)	主轴转速 n (r/min)	进给量 f (mm/r)	背吃刀量 a_p mm
1	手动车右端面	T0101	91°外圆车刀		500		
2	粗车外轮廓	T0101	91°外圆车刀		500	0.2	2.0
3	精车外轮廓	T0101	91°外圆车刀		1200	0.1	0.5
4	车 $4\times\phi16\text{mm}$ 和 $4\times\phi30\text{mm}$ 的槽	T0202	$B=4\text{mm}$ 切槽车刀		400	0.1	
5	车 M20×2 螺纹	T0303	60°外螺纹车刀		200		
6	切断，保总长	T0202	$B=4\text{mm}$ 切槽刀		400	0.1/0.05	

	设计(日期)	校对、标准化(日期)	会签(日期)	会签(日期)	会审(日期)	定额(日期)	审核(日期)	批准(日期)
签字								
日期								

更改文件号

工时/min 单件： 准备：

任务 7.3　编写零件加工程序

7.3.1　数值计算

1）根据已知条件 M20×2，查表 7-4 可知：螺纹牙型深度为 1.3mm，分五次进给，背吃刀量（直径值）分别为：0.9mm、0.6mm、0.6mm、0.4mm、0.1mm。

2）设：升速段 δ_1=2mm，降速段 δ_2=2mm。

3）$d_{外圆}$=d−0.2=（20.0−0.2）mm=19.8mm；
$d_{1实际}$=d−1.3P=（20−1.3×2）mm=17.4mm。

4）采用绝对值方式编程，加工螺纹坐标及参数的计算见表 7-19。

表 7-19　加工螺纹坐标及参数的计算

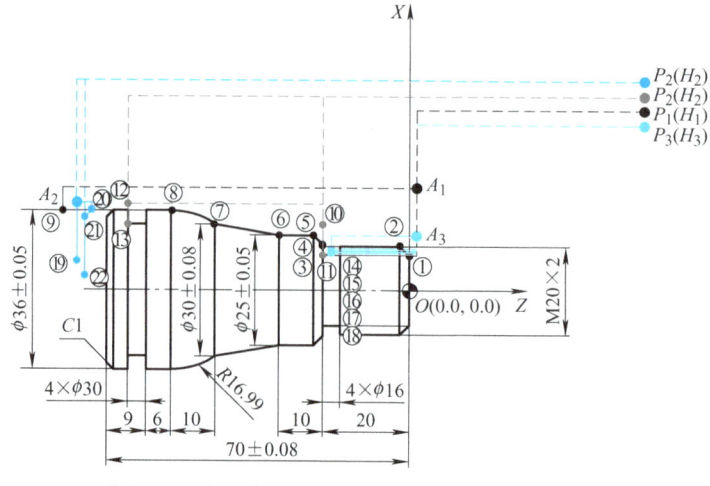

进刀次数	背吃刀量（直径值）	螺纹分次进刀 X 值	螺纹起点	螺纹终点
第一次①	0.9mm	X_1=（20.0−0.9）mm=19.1mm	（19.1，2.0）	（19.1，−18.0）
第二次②	0.6mm	X_2=（19.1−0.6）mm=18.5mm	（18.5，2.0）	（18.5，−18.0）
第三次③	0.6mm	X_3=（18.5−0.6）mm=17.9mm	（17.9，2.0）	（17.9，−18.0）
第四次④	0.4mm	X_4=（17.9−0.4）mm=17.5mm	（17.5，2.0）	（17.5，−18.0）
第五次⑤	0.1mm	X_5=（17.5−0.1）mm=17.4mm	（17.4，2.0）	（17.4，−18.0）

螺纹轴零件的走刀路线与数值计算点位如图 7-10 所示。外轮廓走刀路线为：$P_1 \to A_1 \to$ ① $\to$ ② $\to$ ③ $\to$ ④ $\to$ ⑤ $\to$ ⑥ $\to$ ⑦ $\to$ ⑧ $\to$ ⑨ $\to A_1 \to H_1$，坐标见表 7-20；车槽走刀路线为：$P_2 \to$ ⑩ $\to$ ⑪ $\to$ ⑫ $\to$ ⑬ $\to H_2$，坐标见表 7-21；车螺纹走刀路线为：$P_3 \to A_3 \to$ ⑭ $\to$ ⑮ $\to$ ⑯ $\to$ ⑰ $\to$ ⑱ $\to A_3 \to H_3$，坐标见表 7-22；倒角、切断走刀路线为：$P_2 \to A_2 \to$ ⑲ $\to$ ⑳ $\to$ ㉑ $\to$ ㉒ $\to H_2$，坐标见表 7-23。

图 7-10　螺纹轴零件的走刀路线与数值计算点位

表 7-20 螺纹轴外轮廓坐标

	编程原点 O	对刀点 O	安全点 P_1	换刀点 H_1	循环起点 A_1	
X 坐标值	0.0	0.0	100.0	100.0	42.0	
Z 坐标值	0.0	0.0	100.0	100.0	2.0	
	①	②	③	④	⑤	⑥
X 坐标值	16.0	19.8	19.8	21.0	25.0	25.0
Z 坐标值	0.0	−2.0	−20.0	−20.0	−22.0	−30.0
	⑦	⑧	⑨			
X 坐标值	30.0	36.0	36.0			
Z 坐标值	−45.0	−55.0	−76.0			

表 7-21 螺纹轴车槽坐标

	编程原点 O	对刀点 O	安全点 P_2	换刀点 H_2
X 坐标值	0.0	0.0	100.0	100.0
Z 坐标值	0.0	0.0	100.0	100.0
	⑩	⑪	⑫	⑬
X 坐标值	27.0	16.0	38.0	30.0
Z 坐标值	−20.0	−20.0	−65.0	−65.0

表 7-22 螺纹轴车螺纹坐标

	编程原点 O	对刀点 O	安全点 P_3	换刀点 H_3	循环起点 A_3
X 坐标值	0.0	0.0	100.0	100.0	22.0
Z 坐标值	0.0	0.0	100.0	100.0	2.0
	⑭	⑮	⑯	⑰	⑱
X 坐标值	19.1	18.5	17.9	17.5	17.4
Z 坐标值	−18.0	−18.0	−18.0	−18.0	−18.0

表 7-23 螺纹轴倒角、切断坐标

	编程原点 O	对刀点 O	安全点 P_2	换刀点 H_2	循环起点 A_2
X 坐标值	0.0	0.0	100.0	100.0	38.0
Z 坐标值	0.0	0.0	100.0	100.0	−74.1
	⑲	⑳	㉑	㉒	
X 坐标值	10.0	36.0	34.0	2.0	
Z 坐标值	−74.1	−73.0	−74.0	−74.0	

7.3.2 编写加工程序

螺纹轴数控加工参考程序 O0701 见表 7-24。

表 7-24　螺纹轴数控加工参考程序

程序段号	程序	程序说明
	O0701；	程序号
	G21 G40 G97 G99；	程序初始化
	T0101 S500 M03；	换1号刀调用1号刀补，主轴以每分钟500转正转，粗加工外轮廓
	G00 X100.0 Z100.0；	快速移动到1号刀的安全点 P_1
	M08；	切削液开
	G00 Z2.0；	快速移动到循环起点 A_1 的 Z 坐标
	X42.0；	快速移动到循环起点 A_1 的 X 坐标
	G71 U2.0 R1.0；	内/外圆粗车复合循环指令 G71
	G71 P100 Q200 U1.0 W0.0 F0.2；	
N100	G00 G42 X16.0；	精加工程序开始段。加刀尖圆弧半径右补偿快速移动到倒角起点①的 X 坐标
	G01 Z0.0；	直线插补到倒角起点①的 Z 坐标
	X19.8 Z-2.0；	直线插补到倒角终点②
	Z-20.0；	直线插补到③点
	X21.0；	直线插补到④点
	X25.0 W-2.0；	直线插补到⑤点
	Z-30.0；	直线插补到⑥点
	X30.0 Z-45.0；	直线插补到⑦点
	G03 X36.0 W-10.0 R16.99；	逆时针圆弧插补到圆弧终点⑧
	G01 Z-76.0；	直线插补到⑨点
N200	G01 G40 X42.0；	退刀到循环起点 A_1 的 X 坐标，取消刀尖圆弧半径右补偿
	G00 X42.0 Z2.0；	快速移动到精加工循环起点 A_1
	G70 P100 Q200 S1200 M03 F0.1；	精加工外轮廓
	G00 X100.0；	快速返回到换刀点 H_1 的 X 坐标
	Z100.0；	快速返回到换刀点 H_1 的 Z 坐标
	T0202 M03 S400；	换2号刀调用2号刀补，主轴以每分钟400转正转，车 $4\times\phi16mm$ 和 $4\times\phi30mm$ 的槽
	G00 X100.0 Z100.0；	快速移动到2号刀的安全点 P_2
	G00 Z-20.0；	快速移动到 $4\times\phi16mm$ 槽的切槽起点⑩的 Z 坐标
	X27.0；	快速移动到切槽起点⑩的 X 坐标
	G01 X16.0 F0.1；	直线插补到切槽终点⑪
	G04 X2.0；	槽底暂停2秒
	G01 X27.0 F0.2；	退刀到切槽起点⑩
	G00 X38.0；	快速移动到 $4\times\phi30mm$ 槽的切槽起点⑫的 X 坐标
	Z-65.0；	快速移动到切槽起点⑫的 Z 坐标
	G01 X30.0 F0.1；	直线插补到切槽终点⑬

（续）

程序段号	程序	程序说明
	G04 X2.0;	槽底暂停 2 秒
	G01 X38.0 F0.2;	退刀到切槽起点⑫
	G00 X100.0;	快速返回到换刀点 H_2 的 Z 坐标
	Z100.0;	快速返回到换刀点 H_2 的 X 坐标
	T0303 M03 S200;	换 3 号刀调用 3 号刀补，主轴以每分钟 200 转正转，车 M20×2mm 螺纹
	G00 X100.0 Z100.0;	快速移动到 3 号刀的安全点 P_3 点
	G00 Z2.0;	快速移动到循环起点 A_3 的 Z 坐标
	X22.0;	快速移动到循环起点 A_3 的 X 坐标
	G92 X19.1 Z−18.0 F2.0;	螺纹切削单一固定循环指令 G92，车螺纹至⑭点
	X18.5;	第二次车螺纹至⑮点
	X17.9;	第三次车螺纹至⑯点
	X17.5;	第四次车螺纹至⑰点
	X17.4;	第五次车螺纹至⑱点
	G00 X100.0;	快速返回到换刀点 H_3 点的 X 坐标
	Z100.0;	快速返回到换刀点 H_3 点的 Z 坐标
	T0202 M03 S400;	换 2 号刀调用 2 号刀补，主轴以每分钟 400 转正转，倒角、切断
	G00 X100.0 Z100.0;	快速移动到 2 号刀的安全点 P_2
	G00 Z−74.1;	快速移动到切断循环起点 A_2 的 Z 坐标
	X38.0;	快速移动到切断循环起点 A_2 的 X 坐标
	G94 X10.0 F0.1;	端面切削单一固定循环指令 G94，切槽至⑲点
	G01 W1.1 F0.2;	直线插补到倒角起点⑳的 Z 坐标
	X36.0 F0.1;	直线插补到倒角起点⑳的 X 坐标
	X34.0 W−1.0 F0.05;	直线插补到倒角终点㉑
	X2.0;	直线插补到切断终点㉒
	G01 X38.0 F0.2;	退刀到距离外圆 X 坐标 2mm 处
	G00 X100.0;	快速返回到换刀点 H_3 的 X 坐标
	Z100.0;	快速返回到换刀点 H_3 的 Z 坐标
	M05 M09;	主轴停止，切削液关
	M30;	程序结束

任务 7.4　螺纹轴的仿真实战

在沈阳机床厂 −1 生产的 FANUC 0i Mate 系统数控车床上，螺纹轴仿真实战模拟结果如图 7-11 所示。

7-1 螺纹轴仿真实战

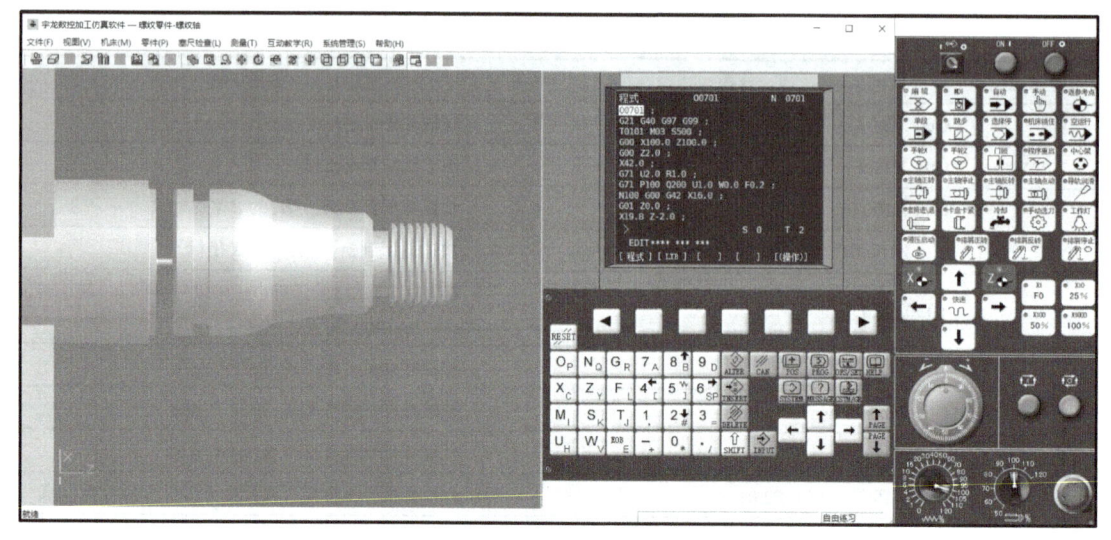

图 7-11 螺纹轴的仿真实战模拟结果

7.4.1 加工准备

1. 机床的准备

机床的准备包括选择机床、激活机床、返参考点（回零）操作、设置显示方式和保存项目。

2. 设置与装夹工件

设置与装夹工件包括定义毛坯、装夹工件和调整工件位置。其中定义毛坯的操作步骤及说明见表 7-25。

表 7-25 定义毛坯

步骤		图示	操作说明
1	定义毛坯		选择菜单栏"零件"→"定义毛坯"命令，或在工具栏单击"定义毛坯"图标，系统弹出"定义毛坯"对话框
			输入名字"螺纹轴"，选择材料"45# 钢"，选择形状"圆柱形"，输入参数"直径 40mm，长度 150mm"
			单击"确定"按钮，保存定义的毛坯，并退出操作
			单击"取消"按钮，不保存定义的毛坯，并退出操作

3. 选择和安装刀具

根据工艺要求，选择程序指定的刀具，将其安装在刀架上。选择安装 T01 外圆车刀、

T02 外圆切槽刀和 T03 60°外螺纹车刀，操作步骤及说明见表 7-26。

表 7-26 选择和安装刀具

步骤		图示	操作说明
1	选择安装外圆车刀		选择菜单栏"机床"→"选择刀具"命令，或在工具栏单击"选择刀具"图标，系统将弹出"刀具选择"对话框
			选择刀位：在刀架图中单击 1 号刀位
			选择刀片类型："标准""T 型"刀片
			在"刀片"列表框中选择刃长"11.00mm"，刀尖半径"0.40mm"
			选择刀柄类型："外圆左向横柄"
			在"刀柄"列表框中选择主偏角"91.0°"
2	选择安装外圆切槽刀		选择刀位：在刀架图中单击 2 号刀位
			选择刀片类型："定制""方头切槽"刀片
			在"刀片"列表框中选择宽度"4.00mm"，刀尖半径"0.20mm"
			选择刀柄类型："外圆切槽柄"
			在"刀柄"列表框中选择切槽深度"22.0mm"
3	选择安装外螺纹车刀		选择刀位：在刀架图中单击 3 号刀位
			选择刀片类型："标准""60°螺纹"刀片
			在"刀片"列表框中选择刀尖角度"60.00°"，刃长"7.00mm"，刀尖半径"0.00mm"
			选择刀柄类型："外螺纹柄"
			刀具全部选择完成后，单击"确定"按钮，T01、T02 和 T03 安装到刀架上

7.4.2 程序的输入与校验

1. 导入程序

将事先写入记事本并保存为文本格式的 O0701 号程序导入系统。

2. 程序校验

利用机床空运行和图形模拟功能进行程序校验，操作步骤及说明见表 7-27。

表 7-27 程序校验

步骤		图示	操作说明
1	选择运行模式		确认程序"O0701"的光标置于程序开始处
			单击<机床锁住>键和<空运行>键
			选择<自动>模式，指示灯亮，系统进入自动运行模式
2	图形模拟		按下<CSTM/GRAPH>键，打开"图形模拟"页面，按下"循环启动"按钮，观察程序的运行轨迹。对检查中发现的错误必须进行修改，直到程序试运行轨迹完全正确为止
			退出"图形模拟"页面，关闭<机床锁住>和<空运行>模式，执行返参考点操作

7.4.3 对刀设置

采用试切法对刀，将 T01 外圆车刀、T02 外圆切槽刀和 T03 60° 外螺纹车刀的对刀数据输入到刀具补偿页面，并分别进行对刀验证，检验对刀是否正确。其中，60° 外螺纹车刀的对刀操作步骤及说明见表 7-28。

7-2 60° 外螺纹车刀的对刀

表 7-28 60° 外螺纹车刀的对刀

步骤		图示	操作说明
1	换 3 号刀		选择<手动>模式，移动刀架至换刀安全位置
			选择<MDI>模式，按下<PROGRAM>键，打开 MDI 程式界面
			在程序"O0000"中输入"T0300;"，按下<INSERT>键→"循环启动"按钮，3 号刀成为当前刀具

（续）

步骤		图示	操作说明
2	指定主轴转速	（程式MDI画面，显示 S200 M03）	在程序 "O0000" 中输入 "S200 M03;"，按下 <INSERT> 键 → "循环启动" 按钮，主轴以 200r/min 正转
3	接近工件	（刀具接近工件图示）	选择 <手动> 模式，单击相应的 <轴方向> 键，选择合适的倍率，再单击 <快速> 键，控制机床向相应轴方向 "+X/-X/+Z/-Z" 手动连续移动，将刀具快速移动到接近工件位置 10～20mm
4	Z 向对刀	（刀具与工件右端面对齐图示；刀具补正/形状画面）	Z 向对刀即对齐右端面
			选择手轮轴。单击操作面板上的 <手轮 X> 键或 <手轮 Z> 键
			选择手轮步长 <1×100> 键，<手轮 X>、<手轮 Z> 交替使用，接近时选 <1×10> 或 <1×1> 键，将鼠标指针对准手轮，单击鼠标右键或左键来转动手轮，向选定轴 "+、-" 方向精确移动机床，使外螺纹车刀刀尖与工件右端面对齐，不进行切削加工
			按下 <OFFSET/SETT> 键，进入参数设定页面，按下 <形状> 软键，进入 "刀具补正/形状" 页面
			按下 MDI 键盘上的 <翻页> 键或 <光标> 键，将光标移动到与刀具号对应的番号 03 "Z" 处，输入 "Z0"，按 <测量> 软键，系统自动把计算后的工件 Z 向零点偏置值输入到 "Z" 处，完成 Z 向的对刀操作
			单击 <手轮 Z> 键，选择手轮步长 <1×100> 键，+Z 方向移出至准备车削外圆的位置

(续)

步骤		图示	操作说明
5	X向对刀	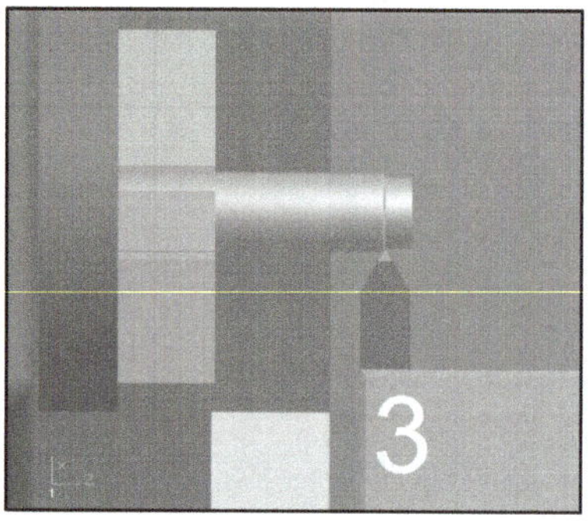	X向对刀即车削外圆
			单击<手轮X>键，选择手轮步长<1×100>键，-X方向移动刀架使刀具接触工件外圆，背吃刀量尽量小一些，减少刀具损坏
			单击<手轮Z>键，选择手轮步长<1×10>键，-Z方向连续车削一段长约10mm的外圆（比外圆切槽刀车削的略短一点）
			单击<手轮X>键，选择手轮步长<1×100>键，+X方向移动2格（0.2mm），该数值以实际移动量为准
			在X轴不动的情况下，单击<手轮Z>键或<手动>模式，+Z方向移动到安全位置
			单击<主轴停止>键，使主轴停止转动
			选择菜单栏"测量"→"剖面图测量"命令，在弹出的对话框中，选择"否"
		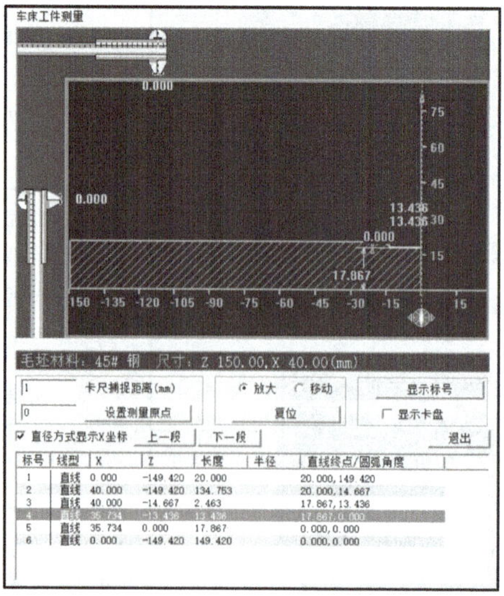	在弹出的"车床工件测量"对话框中，测得所车外圆直径"35.734"，将此测量值35.734+0.2=35.934备用

（续）

步骤		图示	操作说明
5	X向对刀		按下 <OFFSET/SETT> 键，进入参数设定页面，按下 < 形状 > 软键，进入"刀具补正 / 形状"页面
			按下 < 翻页 > 键或 < 光标 > 键，将光标移动到与刀具号对应的番号 03"X"处，输入"X35.934"，按 < 测量 > 软键，系统自动把计算后的工件 X 向零点偏置值输入到"X"处，完成 X 向的对刀操作。至此完成外螺纹车刀的对刀操作
6	对刀验证		选择 < 手动 > 模式，移动刀架至换刀安全位置
			选择 <MDI> 模式，按下 <PROGRAM> 键，打开 MDI 程式界面，在程序"O0000"中输入测试程序段"T0303 S200 M03；/G00 X100.0 Z100.0；/Z0.0；/X42.0；"（X 取毛坯直径 +2mm）
			单击 < 单段执行 > 键，按下"循环启动"按钮，运行测试程序
			执行完"Z0.0；"，观察外螺纹车刀刀尖与工件右端面是否对齐，如对齐则 Z 向对刀正确。 否则，对刀操作不正确
			执行完"X42.0；"，观察刀尖与工件外圆处的间隙是否适当，若适当则 X 向对刀正确。 否则，对刀操作不正确
			若对刀操作不正确，查找原因，重新对刀

7.4.4 首件试切

程序试运行轨迹完全正确后,可进行首件试切,模拟加工结果如图 7-11 所示。

7.4.5 零件的检测与质量分析

1. 零件的检测

选择菜单"测量"→"剖面图测量"命令,在弹出的如图 7-12 所示的"车床工件测量"对话框中分别单击 1 号刀、2 号刀和 3 号刀的加工表面,在下半部分的标号中,该线段会突出显示,可读取线段数据,记下对应的 X、Z 值,并填写表 7-29 螺纹轴零件质量检验单。与图样尺寸进行对比,若在公差范围内,则判定该零件为合格产品,如有超差,应分析产生原因,检查编程、对刀、补偿值设定等工作环节,有针对性地进行修改和调整,再次进行试切,直到产品合格为止。

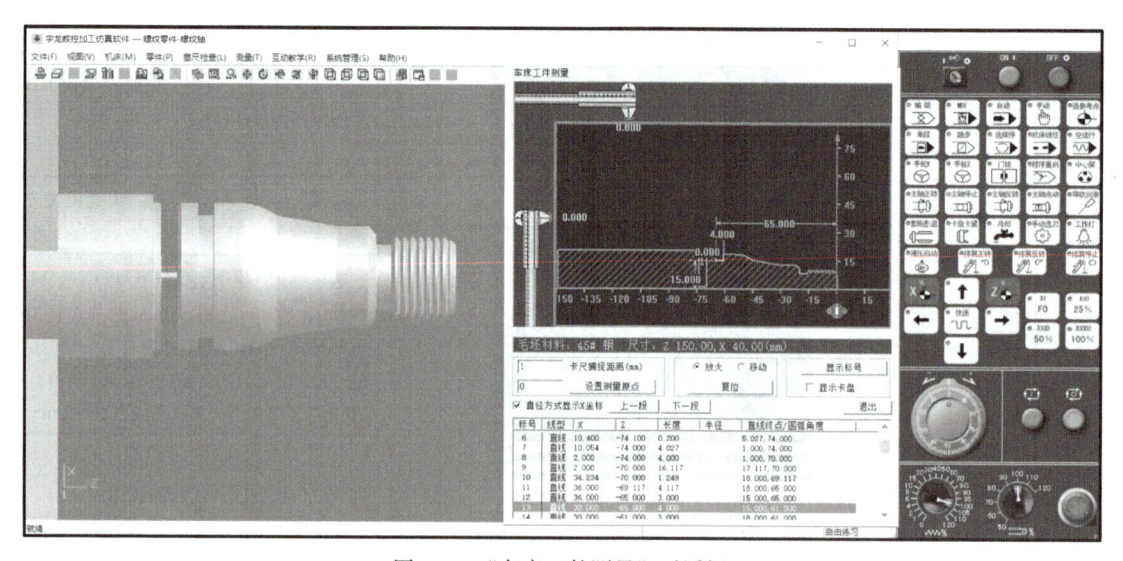

图 7-12 "车床工件测量"对话框

表 7-29 螺纹轴零件质量检验单

序号	项目	内容	量具	检测结果	结论 合格	结论 不合格
1	长度	20mm	0～125mm 游标卡尺			
2	长度	10mm	0～125mm 游标卡尺			
3	长度	10mm	0～125mm 游标卡尺			
4	长度	6mm	0～125mm 游标卡尺			
5	长度	9mm	0～125mm 游标卡尺			
6	长度	70±0.08mm	0～125mm 游标卡尺			

（续）

序号	项目	内容	量具	检测结果	结论 合格	结论 不合格
7	外圆	$\phi 19.8$mm（$d_{外圆}$）	0～25mm外径千分尺			
8	外圆	$\phi 25 \pm 0.05$mm	25～50mm外径千分尺			
9	外圆	$\phi 30 \pm 0.08$mm				
10	外圆	$\phi 36 \pm 0.05$mm				
11	圆弧	$R16.99$mm	$R15$～25mm$R$规			
12	倒角	$C1$	45°倒角游标卡尺			
13	未注倒角	$C2$				
14	槽尺寸	槽宽4mm（2处）	4mm卡规（卡板）			
15	槽尺寸	槽直径$\phi 16$mm	16mm卡规（卡板）			
16	槽尺寸	槽直径$\phi 30$mm	30mm卡规（卡板）			
17	外螺纹	$M20 \times 2$	$M20 \times 2$mm螺纹环规			
18	外轮廓表面粗糙度	$Ra1.6\mu m$	表面粗糙度检测仪			
19	槽表面粗糙度	$Ra1.6\mu m$				
20	外螺纹表面粗糙度	$Ra3.2\mu m$				
螺纹轴 检测结论			合格 □		不合格 □	

2. 质量分析

根据零件的加工过程和检测情况，分析不合格品产生的原因，并提出质量改进措施，优化程序。外螺纹部分产生不合格项目的原因及质量改进措施见表7-30。

表7-30 外螺纹部分质量改进措施

序号	不合格项目	产生原因	改进措施
1	通规难以拧入	对刀不准确引起尺寸超差	在"刀具补正/磨耗"页面，与外螺纹车刀对应的番号03"X"处，输入"-超差值"
		螺纹大径或小径尺寸不准确	按照经验公式重新计算
		牙型角误差影响尺寸	检查刀具及其安装情况，重新正确安装
		螺纹车刀刀尖磨损	及时更换刀片
		螺纹部分有毛刺造成的假象	测量前先去毛刺

（续）

序号	不合格项目	产生原因	改进措施
2	止规通过	对刀不准确引起尺寸超差	在"刀具补正/磨耗"页面，与外螺纹车刀对应的番号03"X"处，输入"+超差值"
		螺纹大径或小径尺寸不准确	按照经验公式重新计算
3	表面粗糙度差	切削用量不合理	优化外螺纹车刀的切削用量
		车刀刀尖磨损	及时更换刀片
		产生积屑瘤	避开产生积屑瘤的切削速度
		刀柄刚性差，产生振动	选用刚性好的刀具
		刀具安装不正确	检查安装情况，重新正确安装该刀具
4	扎刀	刀柄刚性差	选用刚性好的刀具
		刀具安装不正确	检查安装情况，重新正确安装该刀具
		工件刚性差	重新选择进给方法
		切削用量不合理	优化外螺纹车刀的切削用量
5	螺纹平牙	螺纹外径尺寸小	检查对刀、尺寸计算是否准确
		牙型角误差的影响	检查刀具及其安装情况，重新正确安装
6	螺纹乱扣	螺纹起点或终点设定不合理	重新设定合理的螺纹起点或终点
		程序中的导程值不相同	检查程序，修改程序中的错误
		螺纹车削期间，进给速度倍率、主轴速度倍率有变化	进给速度倍率、主轴速度倍率固定在100%，不要随意改动

任务 7.5　螺纹轴的生产加工

在 FANUC 0i Mate 系统数控车床上完成螺纹轴零件的生产加工。

7.5.1　加工准备

1. 零件生产前的准备工作

1）领取零件毛坯。领取毛坯，检验毛坯是否符合尺寸要求，是否留有足够的加工余量。

2）领取刀具和量具。携带表 7-16 "螺纹轴数控加工刀具卡"和表 7-17 "螺纹轴数控加工量具清单"去工具室领取所需刀具、量具。

3）熟悉数控车床安全操作与文明生产的内容。

2. 开机操作

（1）电源接通前检查　依据附录 F《设备点检卡（数控车）》检查机床有无异常情况，检查完毕执行开机操作。

（2）接通电源　按机床通电顺序通电。

（3）通电后检查　检查"位置显示"页面屏幕是否显示。如有错误，依据提示，正确处理，解除报警。

3. 返参考点操作

1）X 轴返参考点操作。

2）Z 轴返参考点操作。

3）移动刀架至换刀安全位置。

4. 装夹工件

手持毛坯将一端水平装入自定心卡盘，伸出卡盘外（80～85）mm，右手拿工件稍作转动，左手配合右手旋紧卡盘扳手，将工件夹紧，并找正工件。

5. 装夹刀具

（1）检查刀具　选择程序指定的刀具，检查所用刀具螺钉是否旋紧，刀片是否完好。

（2）安装刀具　正确、可靠地装夹刀具。将 T01 外圆车刀安装在 1 号刀位，T02 外圆切槽刀安装在 2 号刀位，T03 60°外螺纹车刀安装在 3 号刀位，安装刀具时应注意"伸出长度、刀尖高度和工作角度"。

7.5.2　程序的输入与校验

1. 程序的输入

采用手动输入方式，应用 MDI 键盘将程序 O0701 输入到机床中。

2. 程序的校验

为防止因数据输入错误等原因造成的不良后果，利用机床空运行和图形模拟功能进行程序校验，观察加工时刀具轨迹的变化。

7.5.3　对刀设置

采用试切法对刀，将 T01 外圆车刀、T02 外圆切槽刀和 T03 60°外螺纹车刀的对刀数据输入到刀具补偿页面，并分别进行对刀验证，检验对刀是否正确。其中，60°外螺纹车刀的对刀操作步骤见表 7-31。

表 7-31　60°外螺纹车刀的对刀

步骤		操作说明
1	换 3 号 60°外螺纹车刀	选择＜手动＞模式，移动刀架至换刀安全位置
		选择＜MDI＞模式，按下 MDI 面板上的＜PROGRAM＞键，打开 MDI 程式界面，在程序"O0000"中输入"T0300；"，按下＜INSERT＞键→"循环启动"按钮，3 号刀成为当前刀具
2	指定主轴转速	在程序"O0000"中输入"S200 M03；"，按下＜INSERT＞键→"循环启动"按钮，主轴以 200r/min 正转
3	接近工件	选择＜手动＞模式，按下相应的＜轴方向＞键，选择合适的倍率，再按下＜快速＞键，将刀具快速移动到接近工件位置 10～20mm 处
4	Z 向对刀（对齐右端面）	选择＜手轮＞模式，＜X＞、＜Z＞轴交替使用，先选择＜1×100＞键，接近时选＜1×10＞或＜1×1＞键，执行 X 轴或 Z 轴的精确移动，使外螺纹车刀刀尖与工件右端面对齐，不进行切削加工
		按下＜OFFSET/SETT＞键，进入"刀偏显示/参数设置"页面→按下＜偏置＞软键→＜形状＞软键，进入"刀具补正/形状"页面
		按下＜翻页＞键或＜光标＞键，将光标移动到与刀具号对应的番号 03"Z"处，输入"Z0"，按＜测量＞软键，系统自动把计算后的工件 Z 向零点偏置值输入到"Z"处，完成 Z 向的对刀操作
		选择＜手轮＞或＜手动＞模式，+Z 方向移出至准备车削外圆的位置
5	X 向对刀（车削外圆）	选择＜手轮＞模式，选择＜X＞轴和＜1×100＞键，−X 方向移动刀架使刀具接触工件外圆，试切背吃刀量尽量小一些，减少刀具损坏
		选择＜Z＞轴和＜1×10＞键，−Z 方向连续车削一段长约 10mm 的外圆（比外圆切槽刀车削的略短一点）
		选择＜X＞轴和＜1×100＞键，+X 方向移动 2 格（0.2mm），该数值以实际移动量为准
		在 X 轴不动的情况下，选择＜手轮＞或＜手动＞模式，将刀具沿 +Z 方向移动到安全位置
		按下＜主轴停止＞键，使主轴停止转动
		用外径千分尺多点位多次测量所车外圆直径，将"测量值 +0.2"备用
		按下＜OFFSET/SETT＞键，进入"刀偏显示/参数设置"页面→按下＜偏置＞软键→＜形状＞软键，进入"刀具补正/形状"页面
		按下＜翻页＞键或＜光标＞键，将光标移动到与刀具号对应的番号 03"X"处，输入 X"备用值"，按＜测量＞软键，系统自动把计算后的工件 X 向零点偏置值输入到"X"处，完成 X 向的对刀操作。至此完成 60°外螺纹车刀的对刀操作

(续)

步骤		操作说明
6	对刀验证	选择＜手动＞模式，移动刀架至换刀安全位置
		选择＜MDI＞模式，按下＜PROGRAM＞键，打开 MDI 程式界面，在程序"O0000"中输入测试程序段"T0303 S200 M03；/G00 X100.0 Z100.0；/Z0.0；/X42.0；"（X取毛坯直径 +2mm）
		单击＜单段执行＞键，按下"循环启动"按钮，运行测试程序
		执行完"Z0.0；"，观察螺纹车刀刀尖与工件右端面是否对齐，如对齐则 Z 向对刀正确，否则，对刀操作不正确。执行完"X42.0；"，观察刀尖与工件外圆处的间隙是否适当，若适当则 X 向对刀正确，否则，对刀操作不正确
		若对刀操作不正确，查找原因，重新对刀

安全警示：
1. 外螺纹车刀 X 向设置时，切削外圆时背吃刀量尽量小一些。
2. 外螺纹车刀 Z 向设置时，只需用眼睛准刀尖对齐工件端面即可

7.5.4 首件试切

程序试运行轨迹完全正确后，调整"进给倍率"旋钮和"主轴倍率"旋钮至50%，调整"快速倍率"至25%，采用单段方式进行首件试切，加工中注意观察切削情况，逐步将进给倍率和主轴倍率调至最佳状态。

7.5.5 零件的检测与质量分析

1. 零件的检测

根据零件图样要求，自检零件各部分尺寸，并填写表 7-29 螺纹轴零件质量检验单。与图样尺寸进行对比，若在公差范围内，则判定该零件为合格产品；如有超差，应分析产生原因，检查编程、对刀、补偿值设定等工作环节，有针对性地进行修改和调整，再次进行试切，直到产品合格为止。

2. 质量分析

根据零件的加工过程和检测情况，分析不合格品产生的原因，并提出质量改进措施，优化程序，螺纹部分产生不合格项目的原因及质量改进措施见表 7-30。

7.5.6 生产订单

1. 批量生产

首件合格，进入批量生产，每件产品自检合格方可下机。

2. 转入后续工序

转入热处理工序，热处理结束，转入精车工序。

3. 完工检验

加工结束后送检，完工检验合格，盖章入库。

4. 交付订单

5. 关机

日常保养、关机、整理好现场，做好交接班记录。

工作任务评价

将任务完成情况的检测与评价填入附录 G（XX 零件）工作任务评价表中。

技能巩固

想一想：螺纹轴零件的其他加工工艺方案。
查一查：加工内螺纹零件的加工工艺方案。
试一试：编写内螺纹零件的加工工艺方案。
练一练：机械制造厂数车生产班组接到一个螺纹轴零件的生产订单，如图 7-13 所示。来料毛坯外径为 $\phi50mm$，内孔为 $\phi20mm$，孔深 20mm（手工钻孔），长为 600mm 的 45 钢棒料，加工数量为 5 件，工期为 2 天。

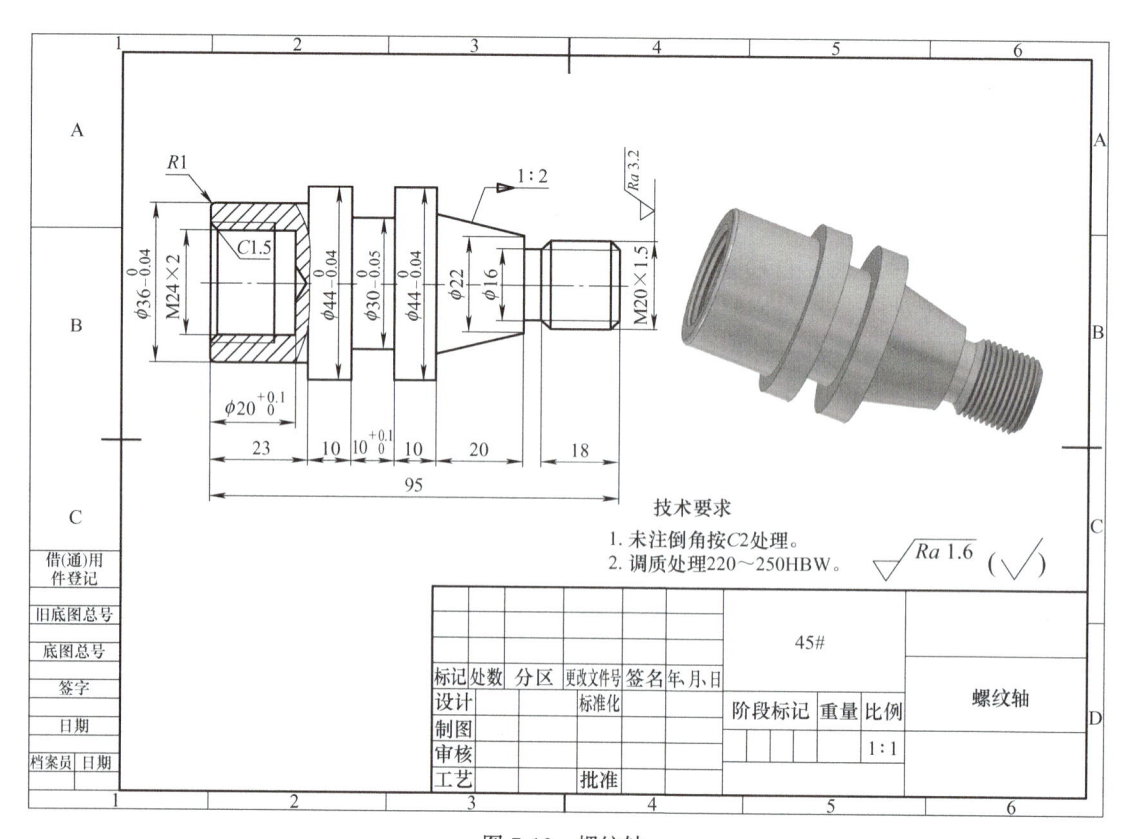

图 7-13　螺纹轴

共话空间——创新

仰望星空
穿梭时空之轮
从北斗七星到北斗卫星导航
是骄傲，中国的北斗
是奇迹，北斗人平均年龄31岁
北斗人自主创新，追求卓越的跨越
让"中国星座"闪耀全球

讨论：北斗导航系统的成长之路。

项目 8　椭圆盖的编程与加工

思维导学

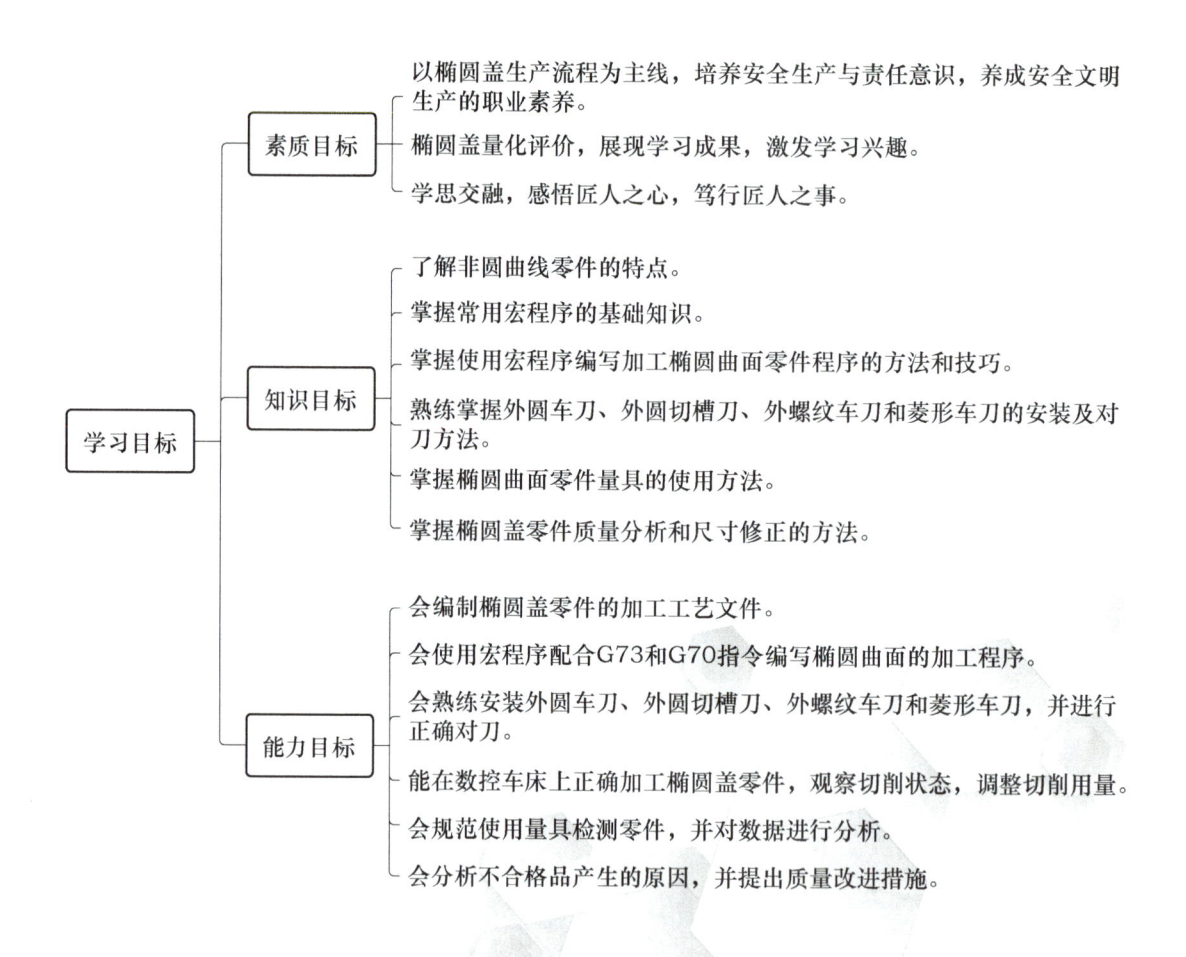

学习目标

- **素质目标**
  - 以椭圆盖生产流程为主线，培养安全生产与责任意识，养成安全文明生产的职业素养。
  - 椭圆盖量化评价，展现学习成果，激发学习兴趣。
  - 学思交融，感悟匠人之心，笃行匠人之事。

- **知识目标**
  - 了解非圆曲线零件的特点。
  - 掌握常用宏程序的基础知识。
  - 掌握使用宏程序编写加工椭圆曲面零件程序的方法和技巧。
  - 熟练掌握外圆车刀、外圆切槽刀、外螺纹车刀和菱形车刀的安装及对刀方法。
  - 掌握椭圆曲面零件量具的使用方法。
  - 掌握椭圆盖零件质量分析和尺寸修正的方法。

- **能力目标**
  - 会编制椭圆盖零件的加工工艺文件。
  - 会使用宏程序配合G73和G70指令编写椭圆曲面的加工程序。
  - 会熟练安装外圆车刀、外圆切槽刀、外螺纹车刀和菱形车刀，并进行正确对刀。
  - 能在数控车床上正确加工椭圆盖零件，观察切削状态，调整切削用量。
  - 会规范使用量具检测零件，并对数据进行分析。
  - 会分析不合格品产生的原因，并提出质量改进措施。

📑 领取生产任务

机械制造厂数车生产班组接到一个椭圆盖零件的生产订单,如图 8-1 所示,来料毛坯为 $\phi 50\text{mm} \times 500\text{mm}$ 的 45 钢棒料,加工数量为 5 件,工期为 1 天。

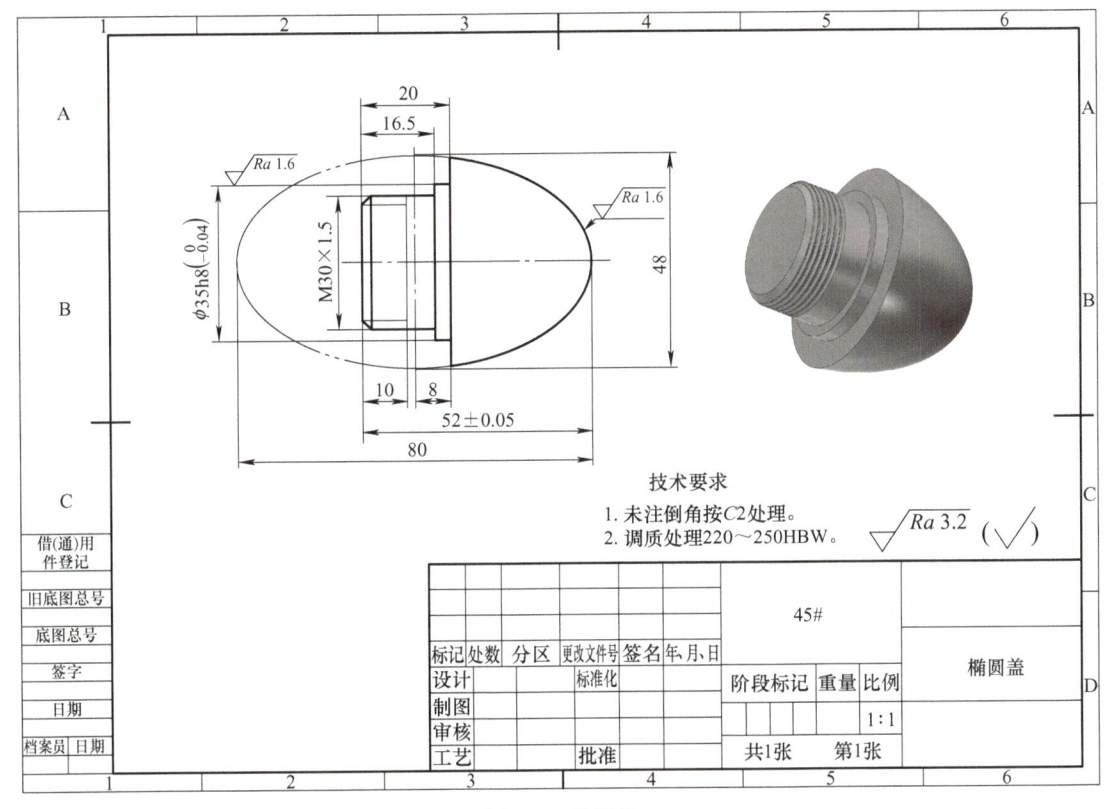

图 8-1 椭圆盖

任务 8.1 知识准备

8.1.1 用户宏程序

在实际生产中,会遇到椭圆、双曲线、抛物线等非圆曲线轮廓的加工内容,可以用宏程序功能简化编程,使复杂程序结构明晰,程序简短,通用性好。

1. 用户宏程序的定义

用户宏程序是 FANUC 数控系统及类似产品中的特殊编程功能。用户宏程序的实质与子程序相似,它是把一组实现某种功能的指令,以子程序的形式预先存入存储器中,用一个总指令来代表,使用时只需给出这个总指令就能执行其功能,所存入的这一系列指令称为用户宏程序本体,简称宏程序,这个总指令称为用户宏程序调用指令。宏程序本体既可以由机床生产厂家提供,也可以由用户自己编制。编程时,编程人员只需记住宏指令而不必记住宏程序。

宏程序可以使用变量进行编程，而子程序不能使用变量。用户宏程序可以实现变量赋值、数学运算、逻辑判断、程序循环及条件转移等功能，从而使程序应用更加灵活、方便。

2. 宏程序的分类

宏程序分为 A、B 两类，在实际生产中 B 类宏程序应用比较广泛。在 FANUC 0i 及其后的系统中，在面板上添加了"+、–、*、/、=、[ ]"这些符号后，就可运用这些符号进行赋值和数学运算。本书主要介绍 B 类宏程序的使用。

3. 宏程序的变量

用一个可赋值的代号代替具体的数值，这个代号就称为变量。使用变量可以使宏程序具有通用性。宏程序中可以使用多个变量，数值可以直接指定或用变量指定。

（1）变量的表示方法

① 变量由符号"#"及其后的变量号（数字）指定，即 #i（i=1，2，3…）。

② 变量用"#[表达式]"的形式指定，此时表达式必须全部写入方括号"[ ]"中，如 #[#100]、#[#1+#2－5] 等。

（2）变量的类型

变量有空变量、局部变量（内部变量）、公共变量（全局变量）和系统变量四种，由变量号区分。变量的类型及功能见表 8-1。

表 8-1 变量的类型及功能

变量号	变量类型	功能
#0	空变量	空变量是初始化为空的变量。该变量总是空，没有任何值能赋给该变量，空变量只能读，不能写入
#1～#33	局部变量	局部变量只能用在宏程序中存储数据，仅在主程序和当前宏程序中有效，如运算结果。同一代号的局部变量服务于不同的宏程序时，可赋予不同的值。系统断电时，局部变量初始化为空
#100～#199	公共变量	公共变量是在主程序和宏程序中通用的变量，在不同的宏程序中意义相同。系统断电时，#100～#199 初始化为空；而 #500～#999 保持数据不变
#500～#999		
#1000 以上	系统变量	系统变量是有固定用途的变量，必须按规定使用，它的值决定系统的状态，用于读和写 CNC 运行时的各种数据，如刀具的当前位置和补偿值等

同一个局部变量在不同的宏程序内的值是不通用的。例如，当宏程序 A 调用宏程序 B，而且都有 #1 变量时，因为它们在不同的局部，所以宏程序 A 中的 #1 和 B 中的 #1 不是同一个变量。FANUC 系统局部变量赋值（部分）对照表见表 8-2。

表 8-2 FANUC 系统局部变量赋值（部分）对照表

地址	变量号	地址	变量号	地址	变量号
A	#1	E	#8	J	#5
B	#2	F	#9	K	#6
C	#3	H	#11	M	#13
D	#7	I	#4	Q	#17

（续）

地址	变量号	地址	变量号	地址	变量号
R	#18	U	#21	X	#24
S	#19	V	#22	Y	#25
T	#20	W	#23	Z	#26

（3）变量的取值范围

局部变量和公共变量的取值范围为$-10^{47} \sim -10^{-29}$或$10^{-29} \sim 10^{47}$。如果计算结果无效，发出111号报警。

（4）变量的赋值

"#1=5"表示将数值5赋给变量"#1"。赋值有如下要求：

① 赋值号"="左边只能是变量，右边可以是表达式、数值或变量。

② 一个赋值语句只能给一个变量赋值。

③ 可以多次给一个变量赋值，新变量值将取代原变量值。

④ 当"="右边是表达式时，赋值语句具有运算功能，其运算顺序与数学运算顺序相同。

（5）变量的引用

程序中引用（使用）变量时，在地址后面指定变量号；当用表达式指定变量时，表达式必须全部写入方括号"[ ]"中。

变量引用时的注意事项：

① 除了地址G、L、N、O、P和跳段符号"/"外，其他功能字都可以引用变量。

② 被引用变量的值不能超过各地址的最大允许值。

③ 被引用变量的值根据地址的最小设定单位自动圆整成有效位数。如"G00 X#1;"，将34.5678赋值给变量#1，当CNC最小输入增量为1/1000mm时，实际命令为G00 X34.568。

④ 若要改变被引用变量的符号，只需将负号"-"放在#的前面。如"G01 Z -#1"。

⑤ 在程序中定义变量值时，小数点可以省略。如"#1=123"时，#1的实际值为123.000。

⑥ 当引用一个未定义的变量时，忽略变量及引用变量的地址。若#1=10.0，#2="空"，则"G00 X#1 Y#2;"的执行结果为"G00 X10.0;"。

4. 变量的算术和逻辑运算

变量运算包括算术运算、函数运算和逻辑运算。变量可进行各种运算，通用表达式为#i=<表达式>。运算指令右边的表达式可以是常数、变量、函数和运算符的组合，左边的变量也可以用表达式赋值。常用变量算术和逻辑运算见表8-3。

表8-3 常用变量算术和逻辑运算

功能	格式	备注与实例
定义或转换	#i=#j	#100=#1 #100=30.0
加法	#i=#j+#k	#100=#1+ #2

(续)

功能	格式	备注与实例
减法	#i=#j - #k	#100=100.0- #2
乘法	#i=#j * #k	#100=#1* #2
除法	#i=#j / #k	#100=#1/30.0
正弦	#i=SIN[#j]	角度以度（°）为单位指定 #100=SIN[#1] #100=COS[30.5+#2] #100=TAN[#1]/[#2]
余弦	#i=COS[#j]	
正切	#i=TAN[#j]	
反正切	#i=ATAN[#j] / [#k]	
平方根	#i=SQRT[#j]	
绝对值	#i=ABS[#j]	
舍入（取整）	#i=ROUND[#j]	
上取整	#i=FUP[#j]	
下取整	#i=FIX[#j]	
自然对数	#i=LN[#j]	
指数对数	#i=EXP[#j]	
与	#i=#j AND #k	逻辑运算按二进制执行
或	#i=#j OR #k	
异或	#i=#j XOR #k	
将 BCD 码转换成 BIN 码	#i=BIN[#j]	二进制转换为十进制
将 BIN 码转换成 BCD 码	#i=BCD[#j]	十进制转换为二进制

（1）运算次序

运算次序依次为：①函数；②乘、除（*、/、AND）；③加、减（+、-、OR、XOR）。

（2）括号嵌套

括号用于改变运算次序。最多可嵌套5层（包括函数内部使用的括号），最里层的 [ ] 优先运算。

5. 用户宏程序控制指令

控制指令可起到控制程序流向的作用。B类宏程序中有三种转移和循环语句可供使用，即无条件转移语句（GOTO 语句）、条件转移语句（IF 语句）和循环语句（WHILE 语句）。

（1）无条件转移语句（GOTO 语句）

该语句无条件转移到标有程序段号 n 的程序段。

格式：GOTO n；　　其中 n 表示程序段号（顺序号），范围 1～99999。

例如，当执行"GOTO 10；"时，无条件转移到 N10 程序段。当指定 1～99999 以外的顺序号时，会出现报警信号。

（2）条件转移语句（IF 语句）

在条件转移语句中，IF 后面指定一个条件表达式，可有两种表达方式。

① IF [条件表达式] GOTO n 当指定的条件表达式满足时，程序转移到标有程序段号 n 的程序段，否则，执行下一个程序段。

例如，"IF [#1 LE 10] GOTO 100；"表示如果变量 #1 的值≤10，即转移到程序段号为 N100 的程序段，否则，执行下一个程序段。

② IF [条件表达式] THEN 当条件表达式满足时，执行预先指定的 THEN 后面的宏语句，而且只执行一个宏程序语句，否则，继续往下执行。

例如，"IF [#1 EQ #2] THEN #3=10.0；"表示如果变量 #1 与 #2 的值相同时，10.0 赋给 #3。

条件转移语句（IF 语句）中条件表达式必须含有运算符。运算符及条件表达式见表 8-4。

表 8-4 运算符及条件表达式

运算符	意义	条件表达式	示例
EQ	等于（=）	#i EQ #j	IF [#1 EQ #2] GOTO 100
NE	不等于（≠）	#i NE #j	IF [#1 NE #2] GOTO 100
GT	大于（>）	#i GT #j	IF [#1 GT #2] GOTO 100
GE	大于等于（≥）	#i GE #j	IF [#1 GE #2] GOTO 100
LT	小于（<）	#i LT #j	IF [#1 LT #2] GOTO 100
LE	小于等于（≤）	#i LE #j	IF [#1 LE #2] GOTO 100

（3）循环语句（WHILE 语句）

用来有条件地重复执行某些程序段的数控程序。

格式：WHILE [条件表达式] DO m；（m=1，2，3）

　　　　……

　　　END m；

其中：DO 与 END 后面的 m 是指定程序执行范围的标号，标号值为 1，2，3。

WHILE 与 END 之间的程序段叫做循环体，当条件表达式满足时，重复执行循环体；当条件表达式不满足时，执行 END 后面的程序段。

循环语句（WHILE 语句）的使用说明：

① DO 与 END 后面的数字要一致，且只能是 1，2，3。

② WHILE 和 [条件表达式] 不可省略，否则程序会进入无限循环。

③ DO m 和 END m 必须成对使用，而且 DO m 一定要在 END m 指令之前，且识别号 m 可重复使用。

④ 从 DO m 到 END m 内部可以调用用户宏程序或子程序，可嵌套三重。

⑤ 循环体不可交叉。

⑥ 可由循环体内转出循环体外，但不能由循环体外转入循环体内。

⑦ 用跳转语句和重复语句编程时，一般重复语句执行的时间短。

6. 宏程序的编程步骤

1）变量赋初值，也就是将变量初始化。

2）编写加工程序，列出关系式（公式）。

3）走程序加工。

4）设置步进量。

5）条件判断。如果指定的条件满足，则程序结束，否则，继续执行加工程序。

7. 宏程序编程举例

【例 8-1】试编写宏程序，计算 1+2+…+99+100 的和。

用条件转移语句"IF [条件表达式] GOTO n；"编程，参考程序 O0811 见表 8-5。

表 8-5　计算 1+2+…+99+100 的和参考程序

程序段号	程序	程序说明
	O0811;	程序号
	#1=0;	被加数变量的初值
	#2=0;	存储和的变量初值
N10	#1=#1+1;	下一个被加数
	#2=#1+#2;	计算和
	IF [#1 LT 100] GOTO 10;	当被加数小于 100 时转移到 N10
N20	M00;	结果查询：按下 \<OFS/SET\> → ▶ → \<MACRO\>，显示计算结果 5050
	M30;	程序结束

【例 8-2】试编写宏程序，计算 1*2*…*9*10 的积。

用条件转移语句"IF [条件表达式] GOTO n；"编程，参考程序 O0812 见表 8-6。

表 8-6　计算 1*2*…*9*10 的积参考程序

程序段号	程序	程序说明
	O0812;	程序号
	#1=0;	被乘数变量的初值
	#2=1;	存储积的变量初值
N10	#1=#1+1;	下一个被乘数
	#2=#2*#1;	计算积
	IF [#1 LT 10] GOTO 10;	当被乘数小于 10 时转移到 N10
N20	M00;	结果查询：按下 \<OFS/SET\> → ▶ → \<MACRO\>，显示计算结果 40320
	M30;	程序结束

【例 8-3】试编写宏程序，计算 $1^2+2^2+…+9^2$ 的和。

用条件转移语句"IF [条件表达式] GOTO n；"编程，参考程序 O0813 见表 8-7。

表 8-7　计算 $1^2+2^2+…+9^2$ 的和参考程序

程序段号	程序	程序说明
	O0813;	程序号
	#1=0;	被加数变量的初值

（续）

程序段号	程序	程序说明
	#2=0;	存储和的变量初值
N10	#1=#1+1;	下一个被加数
	#2=#2+#1*#1;	计算和
	IF [#1 LT 9] GOTO 10;	当被加数小于9时转移到N10
N20	M00;	结果查询：按下 <OFS/SET> → ▶ → <MACRO>，显示计算结果 40320
	M30;	程序结束

8. 椭圆方程

如图 8-2 所示椭圆，短半轴为 a，长半轴为 b。

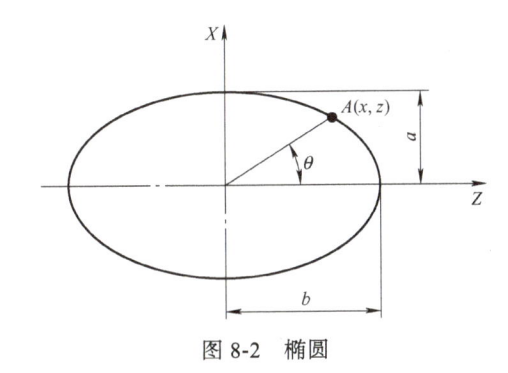

图 8-2 椭圆

（1）椭圆的标准方程　当焦点在 Z 轴时，椭圆的标准方程为：

$$\frac{x^2}{a^2}+\frac{z^2}{b^2}=1(b>a>0) \tag{8-1}$$

（2）椭圆的参数方程

$$\begin{aligned}x&=a\sin\theta\\z&=b\cos\theta\end{aligned} \tag{8-2}$$

8.1.2　知识拓展

1. 用户宏程序调用

宏程序可以用非模态调用（G65）、模态调用（G66、G67）和 M98 代码调用。
（1）非模态调用指令 G65
非模态调用指令 G65 的指令格式、参数含义见表 8-8。

表 8-8　G65 指令格式、参数含义

类别	内容
指令格式	G65 P △△△△ L×××× <自变量赋值>;
参数含义	①地址 P 后的 △△△△—宏程序号，为 4 位数。

（续）

类别	内容
参数含义	② 地址 L 后的 ××××—重复运行次数，为 4 位数，次数前面的零可以省略，系统允许重复调用的次数为 9999，如果重复次数为 1 时，此项可省略不写。 ③ 自变量赋值—宏程序中使用的变量赋值。 例如，"G65 P0520 L2 A10 B20；"表示调用 O0520 号宏程序 2 次，为调用的宏程序中相应的局部变量赋予实际数值

（2）模态调用指令 G66/G67

模态调用功能近似于固定循环的续效作用。当程序执行了模态调用指令 G66，在 G67 指令取消之前，每执行一段有移动指令的程序段，就调用一次宏程序。模态调用指令 G66/G67 的指令格式、参数含义和使用说明见表 8-9。

表 8-9　模态调用指令 G66/G67 的指令格式、参数含义和使用说明

类别	内容
指令格式	G66 P __ L __ ＜自变量赋值＞； … G67；
参数含义	① P __ —宏程序号，为 4 位数。 ② L __ —重复运行次数，为 4 位数，次数前面的零可以省略，系统允许重复调用的次数为 9999，如果重复次数为 1 时，此项可省略不写。 ③ 自变量赋值—宏程序中使用的变量赋值。 ④ G67—取消用户宏程序。 例如，"G66 P0520 L2 A10 B20；"表示模态调用 O0520 号宏程序 2 次，并且传送变量值 #1=10、#2=20
使用说明	① 在使用 G66 的程序段中不能调用多个宏程序。 ② G66 必须在自变量之前指定。 ③ 在只有辅助功能但无移动指令的程序段中不能调用宏程序。 ④ 局部变量（自变量）只能在 G66 程序段中指定，每次执行模态调用时不再设定局部变量

2. 抛物线标准方程

抛物线根据开口方向不同，有四种常见形式，见表 8-10。

表 8-10　抛物线标准方程

标准方程	$x^2=2pz(p>0)$	$x^2=-2pz(p>0)$	$z^2=2px(p>0)$	$z^2=-2px(p>0)$
图形				
焦点	$F\left(\dfrac{p}{2},0\right)$	$F\left(-\dfrac{p}{2},0\right)$	$F\left(0,\dfrac{p}{2}\right)$	$F\left(0,-\dfrac{p}{2}\right)$
准线	$z=-\dfrac{p}{2}$	$z=\dfrac{p}{2}$	$x=-\dfrac{p}{2}$	$x=\dfrac{p}{2}$

【例 8-4】试用宏程序编写如图 8-3 所示抛物线 $z=0.1x^2$ 的精加工程序。

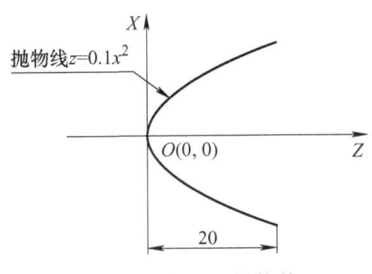

图 8-3 右开口抛物线

（1）工艺分析　抛物线 $z=0.1x^2$ 的焦点在 Z 轴的正半轴上，开口向右，以 z 为自变量，设为 #1，x 为应变量，设为 #2。

通过 $z=0.1x^2$ 可得：$x=\sqrt{10*z}$

（2）编写加工程序　抛物线轮廓数控加工参考程序 O0803 见表 8-11。

表 8-11　抛物线轮廓数控加工参考程序

程序段号	程序	程序说明
	O0803；	程序号
	……	
	#1=20；	公式中的 Z 向起始点坐标（相对于抛物线顶点）
N10	#2=SQRT[10*#1]；	公式中的 X 向起始点坐标（相对于抛物线顶点）
	#3=#1−20；	工件坐标系中的 Z 值
	#4=2*#2；	工件坐标系中的 X 值
	G01 X#4 Z#3 F0.1；	直线插补抛物线
	#1=#1−0.1；	抛物线 Z 向步进量
	IF [#1 GT 0] GOTO 10；	条件判断，当 Z 值大于 0 时转移到 N10
	……	

任务 8.2　工作任务分析

8.2.1　分析零件图样

1）如图 8-1 所示，该零件属于椭圆短轴类零件。加工内容主要包括椭圆曲面、外圆、螺纹和倒角，整体轮廓不符合单调增，且螺纹部分没有退刀槽，需要巧妙设计加工工艺，才能保证零件的尺寸精度、几何精度和表面质量要求，加工难度较大。

2）零件图上的重要尺寸直接标注，符合数控加工尺寸标注的特点。零件图样上注有公差的尺寸，编程时取其中间公差尺寸；未注公差的尺寸编程时取其公称尺寸。

3）表面粗糙度以及技术要求的标注齐全、合理。

4）零件材料为 45 钢，强度硬度适中，切削加工性能良好，可通过调质使工件具有良好的综合机械性能。该零件有热处理和硬度要求，在安排工序时，必须做好数控加工工艺与热处理工艺的衔接，并且需在数控加工工序提高加工精度，以保证热处理完成后达到图纸要求。

8.2.2 制定工艺方案

1. 确定装夹方案

根据该零件的形状、尺寸、加工精度及生产批量要求，先选择自定心卡盘夹持毛坯棒料，伸出卡盘外 62～65mm，找正工件，加工零件左端。

将零件左端与事先加工好的内螺纹套旋合，然后选择自定心卡盘夹持内螺纹套，找正工件，加工右端椭圆曲面。

2. 确定加工顺序及进给路线

（1）工序的划分　该椭圆盖零件整体轮廓不符合单调增，且为小批量生产，在安排工序时，需要掉头装夹。该零件的加工工序可划分为：数控加工左端外轮廓（包括粗车外轮廓→精车外轮廓→车螺纹→切断四个工步）→掉头，数控加工右端椭圆曲面（包括粗车椭圆曲面→精车椭圆曲面两个工步）→热处理→后续工序。

（2）加工顺序及进给路线（走刀路线）的确定　该椭圆盖零件左端，设计走刀路线时可利用数控系统的复合循环功能，沿循环进给路线进行。右端椭圆曲面，使用宏程序简化编程。

① 加工左端外轮廓。用 G71 指令进行粗加工，用 G70 指令进行精加工。

② 车 M30×1.5mm 的外螺纹。用 G76 指令加工没有退刀槽的螺纹。

③ 总长留余量，切断。留出不小于 0.5mm 的长度余量，切断。

④ 掉头，加工右端椭圆曲面。宏程序配合 G73 指令进行粗加工，用 G70 指令进行精加工。

3. 选择刀具

根据加工要求，选用四把机夹可转位车刀和配套的涂层硬质合金刀片，将刀具信息填入表 8-12 椭圆盖数控加工刀具卡。采用试切法对刀，对外圆车刀的同时车出右端面，以此端面与主轴轴线的交点为原点建立工件坐标系。

表 8-12　椭圆盖数控加工刀具卡

产品名称或代号			零件名称	椭圆盖	零件图号	8-1
序号	刀具号	刀具名称及规格	数量	加工部位	刀尖半径/mm	备注
1	T0101	91°外圆车刀	1	车端面，粗、精车左端外轮廓	0.4	
2	T0202	60°外螺纹车刀	1	车 M30×1.5mm 外螺纹		
3	T0303	B=4mm 切槽刀	1	总长留余量，切断		左刀尖
4	T0404	35°菱形车刀	1	粗、精车右端椭圆曲面	0.2	
编制		审核	批准	日期	共1页	第1页

4. 选择量具

根据加工要求选用检测椭圆盖的量具，将信息填入表 8-13 椭圆盖数控加工量具清单中。

表 8-13 椭圆盖数控加工量具清单

序号	用途	名称	简图	规格	分度值/mm	数量
1	测量长度方向尺寸	游标卡尺		0～125mm	0.02	1
2	测量深度方向尺寸	深度游标卡尺		0～150mm	0.02	1
3	测量外圆直径尺寸	外径千分尺		25～50mm	0.01	1
4	测量 ϕ35h8 外圆直径尺寸	卡规（卡板）		35h8mm	通端 止端	1
5	测量 M30×1.5mm 外螺纹	螺纹环规		M30×1.5mm	通端 止端	1
6		螺纹千分尺		25～50mm	0.01	1
7	测量椭圆曲面	椭圆样板				1
8	测量倒角	倒角游标卡尺		0～6mm/45°	0.02	1
9	测量表面粗糙度	表面粗糙度检测仪		Ra1.6μm		1
10	工件装夹时找正或测量几何公差	百分表		0～3mm	0.01	1
11		万向磁力表座				1

5. 切削用量的选择

根据切削用量的选择原则，确定合适的切削用量，将数据分别填入表 8-14 椭圆盖左端数控加工工序卡和表 8-15 椭圆盖右端数控加工工序卡中。

6. 数控加工工序卡的拟定

将前面分析的各项内容分别填入表 8-14 椭圆盖左端数控加工工序卡和表 8-15 椭圆盖右端数控加工工序卡中。

表 8-14 椭圆盖左端数控加工工序卡

数控加工工序卡		产品型号		零(部)件图号		8-1		部门		第 1 页
		产品名称		零(部)件名称		椭圆盖		共 1 页		

简图及技术要求：

	工序号	10	工序名称	数控加工零件左端	材料牌号	45#	每台件数	1
	毛坯种类	棒料	规格尺寸	φ50mm×500mm	每毛坯可制件数	7	同时加工件数	单件
	设备 名称/编号		夹具 名称/编号	自定心卡盘		工时/min	准备	
	辅具 名称/编号		量具 名称/编号					

工步号	加工内容及要求	刀具名称及规格	刀具号	主轴转速 n/(r/min)	切削速度 v_c/(m/min)	进给量 f/(mm/r)	背吃刀量 a_p/mm
1	手动车端面	91°外圆车刀	T0101	500		0.2	0.5
2	粗车左端外轮廓	91°外圆车刀	T0101	500		0.2	2.0
3	精车左端外轮廓	91°外圆车刀	T0101	1200		0.1	0.5
4	车M30×1.5mm螺纹	60°外螺纹车刀	T0202	300			
5	总长留余量，切断	B=4mm切槽刀	T0303	400		0.1/0.05	
		设计（日期）	校对、标准化（日期）		会签（日期）	定额（日期）		
					会签（日期）	审核（日期）		
更改文件号	签字	日期			会签（日期）	批准（日期）		

技术要求：
1. 未注倒角按C2处理。
2. 调质处理20～250HBW。

表 8-15 椭圆盖右端数控加工工序卡

数控加工工序卡	产品型号		零(部)件图号				部门		第 1 页
	产品名称		零(部)件名称					共 1 页	
			工序号	15	工序名称	8-1	零件名称	椭圆盖	材料牌号 45#
			毛坯种类	棒料	数控加工尺寸	规格φ48mm×52.5mm	每毛坯可制件数 1		每合件数 1
			设备	名称/编号	夹具	名称/编号 自定心卡盘	同时加工件数		
			辅具	名称/编号	量具	名称/编号		工时/min	单件 准备

简图及技术要求：

(图：椭圆盖零件图，标注 φ35h8(-0.04,0)、M30×1.5、48、20、16.5、10、8、52±0.05、80、Ra1.6、Ra3.2)

技术要求
1. 未注倒角按C2处理。
2. 调质处理220~250HBW。

工步号	加工内容及要求	刀具号	刀具名称及规格	切削速度 v_c/(m/min)	主轴转速 n/(r/min)	进给量 f/(mm/r)	背吃刀量 a_p/mm
1	掉头，手动车端面	T0404	35°菱形车刀		600	0.15	0.5
2	粗车右端椭圆曲面	T0404	35°菱形车刀	260	600	0.15	1.0
3	精车右端椭圆曲面	T0404	35°菱形车刀			0.08	0.3
	设计(日期)		校对、标准化(日期)		会签(日期)		
					会签(日期)	定额(日期)	
					会审(日期)	审核(日期)	
更改文件号	签字	日期					批准(日期)

任务 8.3　编写零件加工程序

8.3.1　数值计算

1. 螺纹部分尺寸的计算

根据已知条件 M30×1.5mm，计算可得：
$d_{外圆}=d-0.2=(30-0.2)\text{mm}=29.8\text{mm}$
$d_{1实际}=d-1.3P=(30-1.3\times1.5)\text{mm}=28.05\text{mm}$

2. 椭圆曲面尺寸的计算

该椭圆焦点在 Z 轴，用椭圆的标准方程编程，以 z 为自变量，x 为应变量，通过公式（8-1）可得：

$$x = a\sqrt{b^2-z^2}/b$$

将 $a=24$，$b=40$ 代入，可得：

$$x = a\sqrt{b^2-z^2}/b = 24\times\sqrt{40\times40-z^2}/40 = 24\times\sqrt{1600-z^2}/40$$

3. 椭圆盖零件左端轮廓走刀路线与数值计算点位（如图 8-4 所示）

左端外轮廓走刀路线为：$P_1 \to A_1 \to ① \to ② \to ③ \to ④ \to ⑤ \to ⑥ \to ⑦ \to A_1 \to H_1$，坐标见表 8-16；车螺纹走刀路线为：$P_2 \to A_2 \to ⑧ \to A_2 \to H_2$，坐标见表 8-17；切断走刀路线为：$P_3 \to A_3 \to ⑨ \to ⑩ \to ⑪ \to H_3$，坐标见表 8-18。

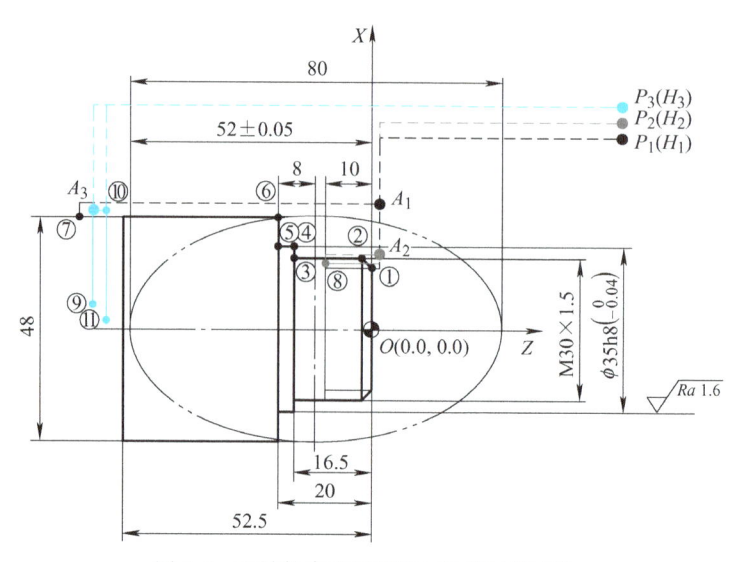

图 8-4　左端轮廓走刀路线与数值计算点位

表 8-16 椭圆盖左端外轮廓坐标

	编程原点 O	对刀点 O	安全点 P_1	换刀点 H_1	循环起点 A_1	①
X 坐标值	0.0	0.0	100.0	100.0	52.0	26.0
Z 坐标值	0.0	0.0	100.0	100.0	2.0	0.0

	②	③	④	⑤	⑥	⑦
X 坐标值	29.8	29.8	34.98	34.98	48.0	48.0
Z 坐标值	-2.0	-16.5	-16.5	-20.0	-20.0	-58.0

表 8-17 椭圆盖车螺纹坐标

	编程原点 O	对刀点 O	安全点 P_2	换刀点 H_2	循环起点 A_2	⑧
X 坐标值	0.0	0.0	100.0	100.0	32.0	28.05
Z 坐标值	0.0	0.0	100.0	100.0	2.0	-10.0

表 8-18 椭圆盖切断坐标

	编程原点 O	对刀点 O	安全点 P_3	换刀点 H_3	循环起点 A_3
X 坐标值	0.0	0.0	100.0	100.0	50.0
Z 坐标值	0.0	0.0	100.0	100.0	-56.6

	⑨	⑩	⑪
X 坐标值	10.0	50.0	2.0
Z 坐标值	-56.6	-56.5	-56.5

4. 椭圆盖零件右端椭圆曲面走刀路线与数值计算点位（如图 8-5 所示）

右端椭圆曲面走刀路线为：$P_4 \rightarrow A_4 \rightarrow ⑫ \rightarrow ⑬ \rightarrow A_4 \rightarrow H_4$，坐标见表 8-19。

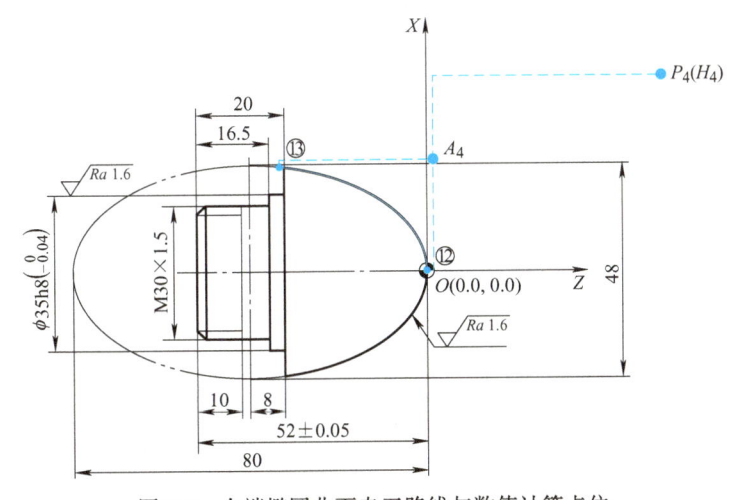

图 8-5 右端椭圆曲面走刀路线与数值计算点位

表 8-19　椭圆盖右端椭圆曲面坐标

	编程原点 O	对刀点 O	安全点 P_4	换刀点 H_4	循环起点 A_4
X 坐标值	0.0	0.0	100.0	100.0	50.0
Z 坐标值	0.0	0.0	100.0	100.0	2.0

	⑫	⑬	椭圆终点⑬计算过程
X 坐标值	0.0	47.259	$2x = 2 \times 24 \times \sqrt{1600 - 7^2} / 40 = 47.2593$
Z 坐标值	0.0	-33.0	$-(40-7) = -33$

8.3.2　编写加工程序

椭圆盖左端轮廓数控加工参考程序 O0801 见表 8-20。椭圆盖右端椭圆曲面数控加工参考程序 O0802 见表 8-21。

表 8-20　椭圆盖左端轮廓数控加工参考程序

程序段号	程序	程序说明
	O0801;	程序号
	G21 G40 G97 G99;	程序初始化
	T0101 S500 M03;	换 1 号刀调用 1 号刀补，主轴以每分钟 500 转正转，粗加工外轮廓
	G00 X100.0 Z100.0;	快速移动到 1 号刀的安全点 P_1
	M08;	切削液开
	G00 Z2.0;	快速移动到循环起点 A_1 的 Z 坐标
	X52.0;	快速移动到循环起点 A_1 的 X 坐标
	G71 U2.0 R1.0;	内/外圆粗车复合循环指令 G71
	G71 P100 Q200 U1.0 W0.0 F0.2;	
N100	G00 G42 X26.0;	精加工程序开始段。加刀尖圆弧半径右补偿快速移动到倒角起点①的 X 坐标
	G01 Z0.0;	直线插补到倒角起点①的 Z 坐标
	X29.8 Z-2.0;	直线插补到倒角终点②
	Z-16.5;	车 M30×1.5mm 的外圆至③点
	X34.98;	车端面至④点
	Z-20.0;	车 ϕ35h8 外圆至⑤点
	X48.0;	车端面至⑥点
	Z-58.0;	车 ϕ48 外圆至⑦点
N200	G01 G40 X52.0;	退刀到循环起点 A_1 的 X 坐标，取消刀尖圆弧半径右补偿
	G00 X52.0 Z2.0;	快速移动到精加工循环起点 A_1
	G70 P100 Q200 S1200 M03 F0.1;	精加工外轮廓
	G00 X100.0;	快速返回到换刀点 H_1 的 X 坐标
	Z100.0;	快速返回到换刀点 H_1 的 Z 坐标

（续）

程序段号	程序	程序说明
	T0202 S200 M03;	换2号刀调用2号刀补，主轴以每分钟200转正转，车M30×1.5mm的外螺纹
	G00 X100.0 Z100.0;	快速移动到2号刀的安全点 P_2
	G00 Z2.0;	快速移动到循环起点 A_2 的 Z 坐标
	X32.0;	快速移动到循环起点 A_2 的 X 坐标
	G76 P020060 Q50 R0.1;	螺纹切削复合循环指令 G76
	G76 X28.05 Z-10.0 P975 Q300 F1.5;	
	G00 X100.0;	快速返回到换刀点 H_2 的 X 坐标
	Z100.0;	快速返回到换刀点 H_2 的 Z 坐标
	T0303 S400 M03;	换3号刀调用3号刀补，主轴以每分钟400转正转，切断
	G00 X100.0 Z100.0;	快速移动到3号刀的安全点 P_3
	G00 Z-56.6;	快速移动到切断循环起点 A_3 的 Z 坐标
	X50.0;	快速移动到切断循环起点 A_3 的 X 坐标
	G94 X10.0 F0.1;	端面切削单一固定循环指令 G94 切槽至点⑨
	G01 W0.1;	直线插补到⑩点
	X2.0 F0.05;	直线插补到⑪点
	G01 X50.0 F0.2;	退刀到距离外圆 X 坐标 2mm 处
	G00 X100.0;	快速返回到换刀点 H_3 的 X 坐标
	Z100.0;	快速返回到换刀点 H_3 的 Z 坐标
	M05 M09;	主轴停止，切削液关
	M30;	程序结束

表 8-21 椭圆盖右端椭圆曲面数控加工参考程序

程序段号	程序	程序说明
	O0802;	程序号
	G21 G40 G97 G99;	程序初始化
	T0404 S600 M03;	换4号刀调用4号刀补，主轴以每分钟600转正转，粗加工右端椭圆曲面
	G00 X100.0 Z100.0;	快速移动到4号刀的安全点 P_4
	M08;	切削液开
	G00 Z2.0;	快速移动到循环起点 A_4 的 Z 坐标
	X50.0;	快速移动到循环起点 A_4 的 X 坐标
	G73 U24.0 W0.0 R24;	仿形（封闭）切削循环指令 G73
	G73 P10 Q30 U0.6 W0.0 F0.15;	
N10	G00 G42 X0.0;	精加工程序开始段。加刀尖圆弧半径右补偿快速移动到椭圆起点⑫的 X 坐标
	G01 Z0.0;	直线插补到椭圆起点⑫的 Z 坐标

(续)

程序段号	程序	程序说明
	#1=40;	公式中的 Z 向起始点坐标（相对于椭圆中心）
N20	#2=24*SQRT[1600−#1*#1]/40;	公式中的 X 向起始点坐标（相对于椭圆中心）
	#3=#1−40;	工件坐标系中的 Z 值
	#4=2*#2;	工件坐标系中的 X 值
	G01 X#4 Z#3;	直线插补椭圆
	#1=#1−0.1;	椭圆 Z 向步进量
	IF [#1 GT 7.0] GOTO 20;	条件判断，当 Z 值大于 7 时转移到 N20
N30	G01 G40 X50.0;	退刀到循环起点 A_4 的 X 坐标，取消刀尖圆弧半径右补偿
	G00 X50.0 Z2.0;	快速移动到精加工循环起点 A_4 点
	G96 S260;	切削点线速度控制在每分钟 260 米
	G50 S2000;	限制最高转速为每分钟 2000 转
	G70 P10 Q30 F0.08;	精加工右端椭圆曲面
	G00 X100.0;	快速返回到换刀点 H_4 点的 X 坐标
	Z100.0;	快速返回到换刀点 H_4 点的 Z 坐标
	M05 M09;	主轴停止，切削液关
	M30;	程序结束

任务 8.4　椭圆盖的生产加工

在 FANUC 0i Mate 系统数控车床上完成椭圆盖零件的生产加工。

8.4.1　加工准备

1. 零件生产前的准备工作

1）领取零件毛坯。领取毛坯，检验毛坯是否符合尺寸要求，是否留有足够的加工余量。

2）领取刀具和量具。携带表 8-12"椭圆盖数控加工刀具卡"和表 8-13"椭圆盖数控加工量具清单"去工具室领取所需刀具和量具。

3）熟悉数控车床安全操作与文明生产的内容。

2. 开机操作

1）电源接通前检查。
2）接通电源。
3）通电后检查。

3. 返参考点操作

1）X 轴返参考点操作。
2）Z 轴返参考点操作。
3）移动刀架至换刀安全位置。

4. 装夹工件

手持毛坯将一端水平装入自定心卡盘，伸出卡盘外 62～65mm，右手拿工件稍做转动，左手配合右手旋紧卡盘扳手，将工件夹紧，并找正工件，加工零件左端。

将零件左端与事先加工好的内螺纹套旋合，然后选择自定心卡盘夹持内螺纹套，需仔细找正工件，将全跳动量控制在 $\phi 0.01mm$ 以内，加工右端椭圆曲面。

5. 装夹刀具

（1）检查刀具　选择程序指定的刀具，检查所用刀具螺钉是否夹紧，刀片是否完好。
（2）安装刀具　正确、可靠地装夹刀具。安装刀具时应注意伸出长度、刀尖高度和工作角度。

8.4.2　程序的输入与校验

1. 程序的输入

零件采用手动输入方式时，应用 MDI 键盘将程序 O0801、O0802 输入到机床中。

2. 程序的校验

利用机床空运行和图形模拟功能进行程序校验，观察加工时刀具轨迹的变化。

8.4.3　对刀设置

采用试切法对刀，将 T01 外圆车刀、T02 60° 外螺纹车刀、T03 外圆切槽刀和 T04 35° 菱形车刀的对刀数据输入到刀具补偿页面，并分别进行对刀验证，检验对刀是否正确。

8.4.4　首件试切

程序试运行轨迹完全正确后，调整"进给倍率"旋钮和"主轴倍率"旋钮至 50%，调整"快速倍率"至 25%，采用单段方式进行首件试切，加工中注意观察切削情况，逐步将进给倍率和主轴倍率调至最佳状态。

8.4.5　零件的检测与质量分析

1. 零件的检测

根据零件图样要求，自检零件各部分尺寸，并填写表 8-22 椭圆盖零件质量检验单。与图样尺寸进行对比，若在公差范围内，则判定该零件为合格产品；如有超差，应分析产生原因，检查编程、对刀、补偿值设定等工作环节，有针对性地进行修改和调整，再次进行试切，直到产品合格为止。

表 8-22　椭圆盖零件质量检验单

序号	项目	内容	量具	检测结果	结论 合格	结论 不合格
1	长度	52±0.05mm	0~125mm 游标卡尺			
2		16.5mm	0~150mm 深度游标卡尺			
3		20.0mm				
4	外圆	ϕ29.8mm（$d_{外圆}$）	25~50mm 外径千分尺			
5		ϕ48.0mm				
6		ϕ35h8($^{\ 0}_{-0.04}$)mm	35h8mm 卡规（卡板）			
7	椭圆弧		椭圆样板			
8	未注倒角	C2	45°倒角游标卡尺			
9	外螺纹	M30×1.5	M30×1.5 螺纹环规或 25~50mm 螺纹千分尺			
10	外轮廓表面粗糙度	Ra1.6μm	表面粗糙度检测仪			
11	外螺纹表面粗糙度	Ra3.2μm				
椭圆盖　检测结论			合格 □		不合格 □	

2. 质量分析

根据零件的加工过程和检测情况，分析不合格品产生的原因，并提出质量改进措施。

8.4.6　生产订单

1. 批量生产

首件合格，进入批量生产，每件产品自检合格方可下机。

2. 转入后续工序

转入热处理工序，热处理结束，转入后续工序。

3. 完工检验

加工结束后送检，完工检验合格，盖章入库。

4. 交付订单

5. 关机

日常保养、关机、整理好现场，做好交接班记录。

工作任务评价

将任务完成情况的检测与评价填入附录G（XX零件）工作任务评价表。

技能巩固

想一想：椭圆盖零件的其他加工工艺方案。
查一查：加工抛物线零件的加工工艺方案。
试一试：编写抛物线零件的加工工艺方案。
练一练：机械制造厂数车生产班组接到一个抛物线轴零件生产订单，如图8-6所示。来料毛坯为 $\phi 40\text{mm} \times 200\text{mm}$ 的45钢棒料，加工数量为3件，工期为1天。

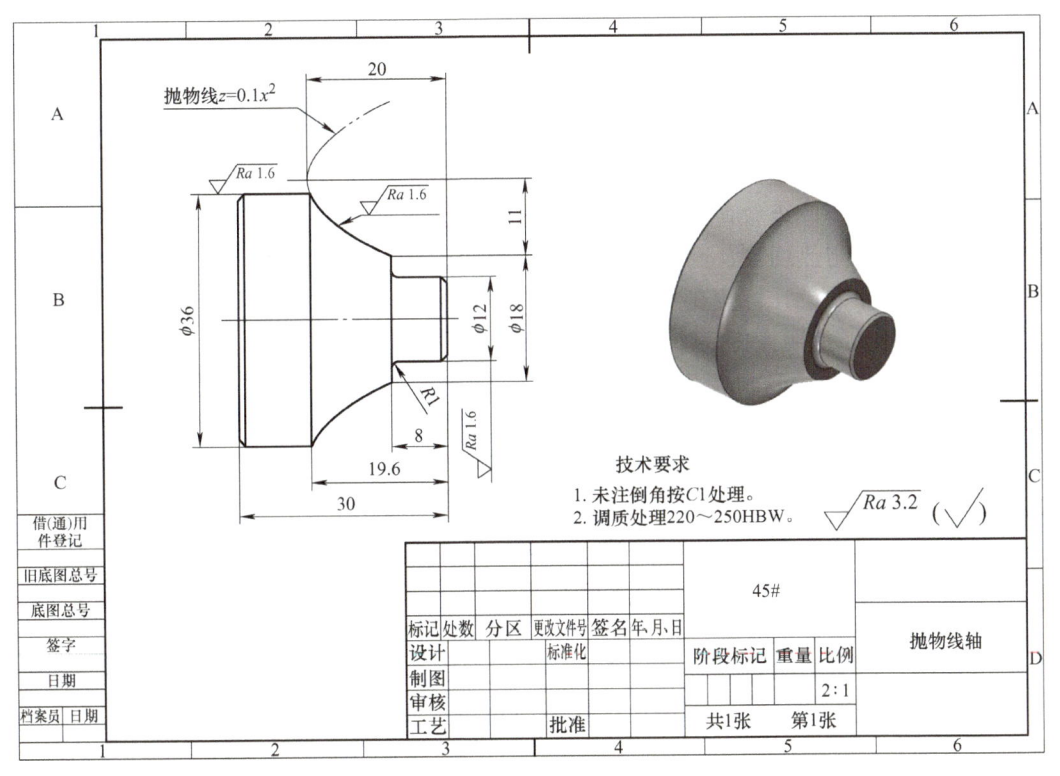

图8-6 抛物线轴

（图中：抛物线 $z=0.1x^2$）

技术要求
1. 未注倒角按C1处理。
2. 调质处理220～250HBW。

共话空间——工匠

他们耐心专注，秉承匠心，诠释极致追求；
他们锲而不舍，身体力行，传承匠人精神；
他们千锤百炼，精益求精，打磨"中国制造"；
他们是劳动者，一念执著，一生坚守；
他们就是大国工匠！

讨论：坚守平凡岗位，成就不凡人生。

附　录

附录A　安全技术操作总则

1. 安全生产，人人有责。所有员工必须认真贯彻执行"安全第一、预防为主、综合治理"的方针，严格遵守安全技术操作规程和各项安全生产规章制度。

2. 凡不符合安全生产要求，有严重危险的厂房、生产线和设备、设施，员工有权向上级报告。遇有严重危及生命安全的情况，员工有权停止操作并及时报告领导处理。

3. 操作人员未经三级教育或考试不合格者，不准参加生产或单独操作。高压电工、低压电工、熔化焊接与热切割、高处作业等特种作业人员和起重机械、厂内专用机动车辆驾驶等特种设备操作人员，均应在有资质安全培训机构经安全技术培训和考试合格，持特种（设备）作业操作证上岗操作。

4. 进入作业场所，必须按规定戴好防护用品。要把过长（拖过颈部）的发辫放入帽内；操作旋转机床时，严禁戴手套或敞开衣袖（襟）；不准穿脚趾及脚跟外露的凉鞋、拖鞋；不准赤脚赤膊；不准系领带或围巾；尘毒作业人员在现场工作时，必须戴好防护口罩或面具；在可能引起爆炸的场所，不准穿能集聚静电的服装。

5. 操作前，应检查设备和工作场地，排除故障和隐患；确保安全防护、信号联锁装置齐全、灵敏、可靠；设备应定人、定岗操作；对本工种以外的设备，须经单位主管领导批准，并经培训和考试合格后方可操作。

6. 工作中，应集中精力，坚守岗位，不准擅自把自己的工作交给他人；二人以上共同工作时，必须有主有从，统一指挥；工作场所不准打闹、睡觉和做与本职工作无关的事；严禁酗酒者进入工作岗位。

7. 凡运转的设备，不准跨越或横跨运转部件传递物件，不准触及运转部位；不得用手拉、嘴吹铁屑；不准站在旋转工件、可能爆裂飞出物件或碎屑部位的正前方进行操作、调整、检查、清扫设备；当装卸、测量工件或需要拆卸防护罩时，先要停电关车；不准无罩或敞开防护罩开车；不准超限使用设备机具；工作完毕或中途停电，应切断电源，才能离岗。

8. 修理机械、电器设备或进入其工作前，必须在动力开关处挂上"有人工作，严禁合闸"的警示牌。必要时设人监护或采取防止意外接通的技术措施。警示牌必须谁挂谁摘，非工作人员禁止摘牌合闸。一切动力开关在合闸前应细心检查，确认无人检修时方准合闸。

9. 一切电气、机械设备及装置的外露和可导电部分，除另有规定外，必须有可靠的接零（地）装置并保持其连续性。非电气工作人员不准检修电气设备和线路。使用Ⅰ类手持电动工具必须绝缘可靠，配用漏电保护器或隔离变压器，并戴好绝缘手套后操作。行灯和机床、钳台等局部照明应采用安全电压，容器内和危险潮湿地点不得超过12V。

10. 行人要走指定通道，注意警示标志，严禁贪便道跨越危险区；严禁攀登吊运中的物件，以及在吊物、吊臂下通过和停留；严禁从行驶中的机动车辆爬上、跳下或抛卸物品。在厂区路面或车间安全通道上进行土建施工时，要设安全遮栏和标记，夜间应设红标灯。

11. 高处作业、带电作业、禁火区动火、易燃或承载压力的容器、管道动火施焊、爆破或爆破作业、有中毒或窒息危险的作业，必须向有关部门申报和办理危险作业审批手续，同时采取可靠的安全防护措施和专人监护，方可作业。

12. 安全、防护、监测、信号、照明、警戒标志和防雷接地等装置，不准随意拆除或非法占用，消防器材、灭火工具不准随便动用，其安放地点周围，不得堆放无关物品。

13. 对易燃、易爆、有毒、放射和腐蚀性的物品，必须分类妥善存放，并设专人管理。易燃、易爆等危险场所，严禁吸烟和明火作业。不得在有毒、粉尘作业场所进餐、饮水。

14. 变电室、配电室、空压站、发电机房、油库、油漆库和危险品库等要害部位，非本岗位人员未经批准严禁入内。在封闭厂房（空调、净化间）作业和夜班、加班作业时，必须安排两人以上一起工作。

15. 生产过程中产生有害气体、液体、粉尘、渣滓、放射线、噪声的场所或设备设施，必须使用防尘、防毒装置和采用安全技术措施，并保持可靠有效；操作前应先检查和开动防护装置、设施，运转有效方能进行作业。

16. 搞好生产作业环境的安全卫生。保持厂区、车间、库房的安全通道畅通；现场物料堆放整齐、稳妥、不超高；及时清除工作场地散落的粉尘、废料和工业垃圾。

17. 新安装的设备、新作业场所及经过大修或改造后的设施，须经安全验收后，方准进行生产作业。

18. 严格执行交接班制度，安全隐患必须记入值班记录。末班人员下班前必须断开电源、气源、熄灭火种，检查、清理场地。

19. 当发生生产安全事故或恶性未遂事故时，要及时抢救，保护事故现场或保留事故现场影像资料，并立即报告领导和上级主管部门。

20. 公司各类人员除遵守本总则外，还必须遵守本工种安全操作规程。

附录B　数控车床安全操作规程

为了正确合理地使用设备，减少故障发生率，保护人身安全。应使用正确的操作方法，经三级教育及专业组织培训合格后，经主管部门批准，方可参加生产或独立操作机床。

1. 操作者必须熟悉机床使用说明书和机床的一般性能结构，熟悉手动控制、自动控制等配套装置的使用性能和各操作面板、电气开关等的作用，经培训合格方可独立操作。

2. 操作者应熟悉所用机床及辅助设施的主要技术规格、使用范围及注意事项，掌握自动控制的操作技能和方法，并能按规定的程序、要求进行操作。

3. 操作者必须按规定穿戴好防护用品。
4. 操作者严禁戴手套操作。
5. 开车前检查清理周围环境，保持设备上无杂物。
6. 开车前先检查机床各安全防护装置应完好、牢固可靠。
7. 检查润滑、液压，油位保持在上下限位之间，有手动润滑的部位先要进行手动润滑。
8. 每周一次，在卡盘上加注 0# 锂基脂，注油时应将油缸置于后极限位置。
9. 开机：依次开启电源开关、系统开关、急停开关、液压开关。
10. 机床通电后，检查各开关、按钮和按键是否正常、灵活，机床有无异常现象。
11. 执行返参考点操作。空运转检查各部位运转正常方可开始操作。
12. 加工前需对程序进行校验，程序是否与加工零件相匹配，校验正确后方可加工。
13. 新程序录入或程序变更后，要严格按照要求进行调整试运行，低倍率、缓进刀、单段执行，调整无误后方可进行加工。禁止超负荷、超性能使用机床。
14. 当发现机床有异常或出现报警信号时，应及时停机检查排除故障。
15. 在设备运转过程中，如遇突发情况，首先按下急停按钮，必要时关闭总电源。
16. 在机床开动中，如突然停电，需先关闭急停按钮、电源开关，然后手动将刀具移出干涉区域。
17. 设备加工过程中，严禁开启防护门。
18. 工作结束，依次关闭急停按钮、系统开关、电源开关。
19. 下班前做好设备例行保养工作。
20. 多班生产时做好交接班记录。

附录 C　机械加工工艺守则总则

1. 范围

本标准规定了机械加工工人在工作时应遵守的工艺守则总则。

本标准适用于各类机械加工操作，各专业工种的工人除应遵守本守则外，还应遵守本工种的专业工艺守则。

2. 技术内容

2.1　加工前看清产品图样、工艺、核对机床设备、坯料和工夹量具，严格按产品图样、按工艺、按标准进行生产，做到"五统一"。操作工人不得擅自更改技术文件。

2.2　认真操作，努力做到"中间公差"，凡未注线性公差尺寸按规定执行。严格执行"三自"（自检、自分、自打标记），零件合格才能生产，上道工序不合格，下道工序有权拒绝加工。

2.3　经加工产生的毛刺及油污，由本工序操作者清除干净，凡产品图样未注明倒角处均按"0.3~0.5×45°倒角"。对坯料、半成品、成品、退修品、废次品应分别堆放整齐。

工艺规定使用专用单位容器的零件必须放入容器内。经磨削的零件应及时擦洗干净，并采取防锈措施。加工不同材质零件产生的废屑（钢、铸铁、铜铝、不锈钢、非金属等）必须认真清除分别堆放。加工零件轻拿轻放，防止磕碰划伤，做到文明生产。

2.4 严格控制产品主要件主要项目的质量波动，并将自检和巡检时测量的数据及时填入规定的数据统计表格内。

2.5 认真做好交接班工作。

2.6 产品图样、工艺和技术文件应妥善保管，发现破损、遗失应及时报本单位相关技术室或办公室予以更换补充。

附录 D　数控车加工工艺守则

1. 操作者必须全面掌握本机床操作使用说明书的内容。

2. 操作者必须熟悉本机床的性能、规格及机床精度。必须熟练掌握机床按钮、手柄、开关的作用及使用方法。

3. 定期检查各按钮、手柄、开关的灵敏性，特别是急停、进给保持、倍率开关、退位开关等。

4. 班前必须检查各手柄、开关和按钮是否在正确位置，严禁非操作人员乱动机床上任何手柄、开关和按钮。

5. 班前应进行空运转，并检查润滑系统是否正常，检查机床是否有异常现象。

6. 操作者应能简单地调整和维修机床。

7. 操作者应能看懂产品图样、工艺文件、程序、加工顺序及编程原点，并且能够进行简单的编程。

8. 安装刀具时，应注意刀具的使用顺序、安放位置与程序要求的是否一致。

9. 必须熟悉了解机床安全防护措施和安全操作规程，随时监控显示装置，发现报警信号时，能够判断报警内容及排除简单的故障。出现事故时应保留现场，及时报告有关人员。

10. 工件装夹的基准，不允许用粗基准。装夹必须合理、可靠。注意避免在工作中刀具与工件、刀具与夹具发生干涉，避免在工作台旋转时，发生干涉。

11. 进行首件加工时，必须进行程序检查（试走程序），轨迹检查，单程序段试切，及尺寸检验。

12. 操作者一般不允许擅自修改正常加工中的程序，确需修改时必须作修改记录。不允许在加工中离开机床，注意观察下列情况：

（1）刀具使用是否合理。

（2）机床各部件转动是否正常。

（3）切削路线、切削方位是否正确，切削用量是否合适。

（4）冷却和润滑液使用是否合理。

（5）工件在加工中是否有松动现象。

（6）机床是否有异常现象。

13. 加工中不得随意打开控制系统机柜，注意保持控制系统的清洁。

14. 零件加工完毕后，应将程序纸带、磁带或磁盘等收藏起来，妥善保管，以备再用。

附录 E　数控车床的维护与保养

1. 设备的三级保养

（1）设备的例行（日常）保养　每日每班的保养，以操作工为主。例保要求是：操作者每天上班后对设备的传动、操纵、安全防护、限位保险装置和滑动面等部位进行检查和空车运转，对润滑部位按规定加注润滑油，一切正常方可进行生产。下班前应停车进行设备的擦拭、清洁，打扫四周环境，做好设备的整齐、清洁、润滑、安全工作，每周末提前半小时彻底做好上述保养工作。

（2）设备的一级保养　指设备运行一个月后，以操作者为主，维修人员配合进行的设备保养。对设备进行解体检查和清洗；对设备的各部分配合间隙进行适当调整；各油毡、油线、过滤器及各种防尘、防屑装置要进行清洗；要保证管路、油路通畅无泄漏；并紧固各部位螺钉；做好内外清洁工作等。

（3）设备的二级保养　以维修工为主，列入设备检修计划。根据设备使用情况进行全部或局部解体清洗、检查、精度测量、更换或修复磨损零件，校正安装水平，测量精度，修复主要几何精度和性能要求；彻底清洗液压润滑箱和冷却液箱，更换或过滤油、液（经化验合格后可回用），疏通油路和完善润滑装置，修理漏油部位；所有电动机进行解体清洗加油，检查清洗和修换电气设施、配电线路，使之整齐、清洁、安全可靠。

2. "三好"

（1）管好

① 对设备负保管责任，未经领导同意，不许别人动用自己所使用的设备。

② 对设备及附件、仪器、仪表、冷却、安全、防护等装置，应保持完整无损。

（2）用好

① 严格执行设备安全操作规程，合理使用设备。严禁精机粗用。

② 不用脚踏踩设备外露表面，不用脚踢操纵把和电器开关等控制操纵系统，不在设备上乱堆放工具和加工的零件。

（3）修好

① 设备在修理或各级保养进行过程中，操作者应自始至终参加修理和保养，熟悉设备结构；掌握设备性能。

② 在不断摸清设备状况的基础上，基本上做到识别设备自然事故的部位和应急措施，在维修工人的指导下，培养独立修复设备的能力。

3. "四会"

（1）会使用

① 对新设备或未操作过的设备进行操作前，首先熟悉设备性能及操作机构。在确有把握的情况下，方可使用。新工人应在有关人员指导下，方可开动设备。

② 在使用设备过程中，应集中注意力，严格按照安全操作技术规程进行操作。变速时必须停车。在实践中不断摸索和积累经验，充分发挥设备潜力，并防止设备事故发生及精度丧失。

（2）会保养

① 经常保持设备内外整洁，工具、附件、工件摆放整齐。

② 认真做好每班日常保养。

③ 按照设备润滑图表加油润滑，做到定质、定量、定时、定点保证滑动面和传动部位运动正常。

④ 定期认真执行一级保养。

（3）会检查

① 在设备开动前，必须检查各操纵系统、挡铁、限位器等是否灵敏可靠，一切正常后再开车，如发现问题，及时向机械员或班组长反映。

② 在设备运行过程中，应经常观察各部位运转情况，如有异常情况，应立即停车检查，会同维修人员分析出原因。

（4）会排除故障

① 凡属设备一般机械故障，操作者应能自行排除，较大故障与维修人员共同排除。

② 操作者应在电气人员指点下，经常熟悉设备电器机构，如遇电器故障，应在电气人员参加下，协助排除电器故障。

③ 凡属责任事故所造成的设备损坏或故障，责任应按设备事故有关规定，保护现场，并立即向领导汇报。

4."三不放过"

三不放过是指设备事故发生后应严肃对待，不得隐瞒，认真检查分析，坚持做到三不放过：事故原因分析不清不放过；事故责任未经过处理与群众没有受到教育不放过；没有防范措施不放过。

5."五定"

五定是指润滑工作的定点、定时、定质、定量、定人。

附录F 设备点检卡（数控车）

部门：		班组：	设备编号：	年		月
点检顺序	点检作业名（点检部位）	点检项目及要点		点检日期		
				1	…	31
1	现场及设备·外观	整理、整顿、清洗机械周围、地面油污				
		外表干净，无油污、黄袍和灰尘				
2	操作面板	操作面板按键按钮是否灵活；指示灯、仪表灯是否正常，有无报警异常				
3	操作室	刀具是否处于安全位置（转动刀具不与工件或夹具干涉）				
		主轴是否归零，归零时各驱动轴是否有异响				
4	导轨及罩壳	各导轨运动是否有异响、爬行或震动，轨道罩壳是否完好				
5	冷却单元	由于冷却箱存在碎屑占位，建议不低于中位				
6	排屑器	排屑器是否开启，运转是否正常，有无卡滞异响				

（续）

点检顺序	点检作业名（点检部位）	点检项目及要点	点检日期 1	…	31
7	润滑单元	检查油量在上（H）、下（L）之间，建议不低于中位			
8	空气单元	各部位有无漏气，气压是否正常，空气压力不低于5MPa			
	点检人	（此处签名）			
	班组长	（此处签名）			

备注：

注：点检人对照项目实施点检，确认无误打"√"，有问题的打"×"，班组长进行确认

有问题项进行改善后由班组长再次确认，并在原"×"上画"O"，如有特殊情况在备注栏中加以说明

附录 G 工作任务评价表

班级		姓名		学号		日期	
任务名称					零件图号		

项目	序号	评价内容及要求	配分	学生自评	组间互评	教师评价	得分
工艺制定（10%）	1	确定装夹方案	2				
	2	确定加工顺序及进给路线	2				
	3	选择刀具和量具	2				
	4	选择合理的切削用量	2				
	5	数控加工工序卡的拟定	2				
程序编制（10%）	6	观看教学资源	2				
	7	正确选择编程坐标系原点	2				
	8	基点坐标正确	2				
	9	指令格式规范，使用正确	2				
	10	程序正确、完整	2				
仿真实战（20%）	11	观看教学资源	2				
	12	遵守机房管理规定	2				
	13	选择、激活机床与返参考点操作	3				
	14	定义毛坯与装夹工件	2				
	15	对刀设置	5				
	16	程序的输入与校验	3				
	17	零件的检测与质量分析	3				

（续）

项目	序号	评价内容及要求	配分	学生自评	组间互评	教师评价	得分
机床操作（20%）	18	开机前检查、开机及返参考点操作	3				
	19	装夹工件与对刀设置	5				
	20	程序的输入与校验	4				
	21	量具的规范使用	3				
	22	零件的检测与质量分析	5				
零件质量（30%）	23	详见表X-X《XX零件质量检验单》，每有一项不合格扣2分	30				
安全文明生产（10%）	24	遵守数控车床安全操作规程	4				
	25	工具、量具、刀具放置规范整齐	3				
	26	设备的日常保养，场地整洁	3				
		综合评分	100				

参考文献

[1] 桑晓明.8S 管理在企业安全管理中的应用分析 [J]. 工程技术研究，2018（11）：120-121.
[2] 朱越.虚拟现实技术与机械训练的结合实践 [J]. 自动化应用，2023，64（8）：249-251.
[3] 朱明松.数控车床编程与操作项目教程 [M]. 北京：机械工业出版社，2019.
[4] 李兴凯.数控车床编程与操作 [M]. 北京：北京理工大学出版社，2019.
[5] 丑幸荣.数控加工工艺编程与操作 [M]. 北京：机械工业出版社，2013.
[6] 卓军，董成才，赵青.数控车床编程与操作 [M]. 北京：机械工业出版社，2022.
[7] 余娟，刘凤景，李爱莲.数控机床编程与操作 [M]. 北京：北京理工大学出版社，2018.